高等学校信息工程类专业系列教材

《微波技术与天线(第五版)》
学习指导与实验教程

郭辉萍　曹洪龙　刘学观　编著

西安电子科技大学出版社

内 容 简 介

"微波技术与天线"是电子信息类专业的重要专业课程,它涵盖了微波技术、天线工程及电波传播三个方面的知识。本书是按照西安电子科技大学出版社 2021 年出版的《微波技术与天线(第五版)》(刘学观,郭辉萍编著)一书的结构来编写的,除个别章节外,其余各章都由五部分组成:基本概念和公式、典型例题分析、基本要求、部分习题及参考解答、练习题(练习题均附有答案)。为了配合实验教学,本书还附有实验教程可供选用。

本书既可作为电子信息类专业本科生及电子信息与通信工程技术人员的学习参考书及实验教程,也可以作为主讲电磁场与电磁波、微波技术、天线及电波传播等相关课程教师的教学参考书。

图书在版编目(CIP)数据

《微波技术与天线(第五版)》学习指导与实验教程/郭辉萍,曹洪龙,刘学观编著.
—西安:西安电子科技大学出版社,2022.2
ISBN 978 - 7 - 5606 - 6364 - 7

Ⅰ.①微… Ⅱ.①郭… ②曹… ③刘… Ⅲ.①微波技术-高等学校-教学参考资料②微波天线-高等学校-教学参考资料 Ⅳ.①TN015 ②TN822

中国版本图书馆 CIP 数据核字(2022)第 018181 号

策划编辑 马乐惠
责任编辑 陈 婷
出版发行 西安电子科技大学出版社(西安市太白南路 2 号)
电 话 (029)88202421 88201467 邮 编 710071
网 址 www.xduph.com 电子邮箱 xdupfxb001@163.com
经 销 新华书店
印刷单位 陕西日报社
版 次 2022 年 2 月第 1 版 2022 年 2 月第 1 次印刷
开 本 787 毫米×1092 毫米 1/16 印张 14.5
字 数 342 千字
印 数 1~3000 册
定 价 35.00 元

ISBN 978 - 7 - 5606 - 6364 - 7/TN

XDUP 6666001 - 1

＊ ＊ ＊ 如有印装问题可调换 ＊ ＊ ＊

前　言

《微波技术与天线》自 2001 年出版至今已整整 20 年了，该教材连续改版四次，累计印刷了 28 次，共销售 16 万多册，全国几十所重点高校将其作为教材，东南大学等著名大学还将其作为研究生考试指定参考书。作者非常感谢广大师生的厚爱。为了紧跟技术的发展，2006 年对教材进行了第一次修订，2007 年本书被遴选为江苏省精品教材；随后跟进时代发展，不断改版，并于 2012 年、2017 年分别出版了第三版和第四版；2018 年列入江苏省"十三五"重点教材，近两年作者探索用二维码的形式将许多教学资源网络化，并在 2021 年出版的第五版中充分展现。

本书是在原学习指导书第四版的基础上，按照刘学观和郭辉萍编著的《微波技术与天线（第五版）》（西安电子科技大学出版社 2021 年出版）一书的结构来修订的。期望本书的出版能够为老师节约课堂时间，把握重点，探索课堂教学改革，为学生更好地掌握所学内容、实现理论与工程实践有机结合提供帮助。

全书共十一章，分别为绪论，均匀传输线理论，规则金属波导，微波集成传输线，微波网络基础，微波电路基础，天线辐射与接收的基本理论，电波传播概论，线天线，面天线和微波应用系统。除绪论、第 7 章和第 10 章之外，其余各章都由五部分组成：第一部分为"基本概念和公式"，第二部分为"典型例题分析"，第三部分为"基本要求"，第四部分为"部分习题及参考解答"，第五部分为"练习题"，练习题均附有答案。

为了配合实验教学，本书还附有实验教程以供选用。另将射频工程师初级班培训资料一并展示，期待更多的学校开展"理实一体"教学改革实践。

本书是由郭辉萍、曹洪龙、刘学观共同编写的。由于编者水平所限，书中难免有不当之处，衷心希望使用本书的老师、同学和读者批评指正。

编　者

2021 年 11 月

目　　录

绪　　论

一、基本概念

1．微波在电磁波谱中的位置

微波是电磁波谱中介于超短波与红外线之间的波段，频率范围是 300 MHz～3000 GHz，波长范围是 1 m～0.1 mm。

通常，微波波段分为分米波、厘米波、毫米波和亚毫米波四个分波段。近年来成为热点的太赫兹(THz)是介于毫米波和远红外之间的一段特殊的频段，值得关注。

2．微波的特点及特性

因为微波在电磁波谱的特殊位置，所以它具有以下特性：① 似光性；② 穿透性；③ 宽频带特性；④ 热效应特性；⑤ 散射特性；⑥ 抗低频干扰特性；⑦ 视距传播性；⑧ 分布参数的不确定性；⑨ 电磁兼容和电磁环境污染。

3．微波技术、天线与电波传播的相互关系

微波技术、天线与电波传播是无线电技术的重要组成部分，它们共同的基础是电磁场理论，但三者研究的对象和目的有所不同。

微波技术主要研究引导电磁波在微波传输系统中如何进行有效的传输，它希望电磁波按一定要求沿传输系统无辐射地传输。

天线是将微波导行波变成向空间定向辐射的电磁波，或将空间的电磁波变为微波设备中的导行波。

电波传播研究电波在空间的传播方式和特点。

4．分析方法

整体来讲是用"场"的分析方法，即用麦克斯韦方程结合边界条件来分析。但在微波低频情况下，可近似用"路"的方法，在高频端近似用"光"的分析方法。

5．仿真软件

随着计算机的不断发展，各种商业化的微波仿真软件也逐步完善。仿真软件为我们解决微波问题提供了极大的方便。而微波仿真软件与电磁场的数值解法密切相关，因此，建立在不同数值分析方法基础上的各种仿真软件各有其功能特点和使用范围，使用者应根据自己的需求而有所取舍和比较。

二、练习题

① 微波的频率和波长范围分别是多少？

② 微波与其它电磁波相比，有什么特点？

③ 微波技术、天线、电波传播三者研究的对象分别是什么？它们有何区别和联系？

④ 熟悉 HFSS 仿真软件。

第 1 章　均匀传输线理论

1.1　基本概念和公式

1.1.1　微波传输线及其分类

1. 微波传输线(或导波系统)

微波传输线是用以传输微波信息和能量的各种形式的传输系统的总称。它的作用是引导电磁波沿一定的方向传输,因此又称为导波系统。它所引导的电磁波称为导行波。

2. 均匀传输线(或规则导波系统)

1) 定义

截面尺寸、形状、媒质分布、材料及边界条件均不变的导波系统称为规则导波系统或均匀传输线。

2) 分类

均匀传输线大致分为以下三类:

① 双导体传输系统(或 TEM 波传输线):由两根或两根以上的平行导体构成,主要包括平行双线、同轴线、带状线和微带线等。由于其上传输的电磁波是 TEM 波或准 TEM 波,因此又称为 TEM 波传输线。

② 波导:均匀填充介质的金属波导管,主要包括矩形波导、圆波导、脊形波导和椭圆波导等。

③ 介质传输线:因电磁波沿此类传输线表面传播,故又称为表面波波导,主要包括介质波导、镜像线和单根表面波传输线等。

1.1.2　均匀传输线方程的解

1. 均匀传输线方程

由均匀传输线组成的导波系统都可等效为如图 1-1(a)所示的均匀平行双导线系统。其中传输线的始端接微波信号源,终端接负载。选取传输线的纵向坐标为 z,坐标原点选在终端处,波沿负 z 方向传播。将一微分线元 $\Delta z(\Delta z \ll \lambda)$ 视为集总参数电路,其上有电阻 $R\Delta z$、电感 $L\Delta z$、电容 $C\Delta z$ 和漏电导 $G\Delta z$,得到的等效电路如图 1-1(b)所示。其中,R 为单位长电阻,L 为单位长电感,C 为单位长电容,G 为单位长漏电导。

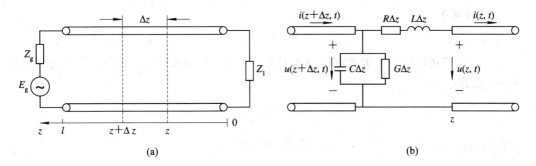

图 1-1 均匀平行双导线系统及其等效电路

（a）均匀平行双导线系统；（b）等效电路

应用基尔霍夫定律，在时谐情况下，可推得均匀传输线的方程为

$$\left.\begin{aligned}
\frac{\mathrm{d}U(z)}{\mathrm{d}z} &= ZI(z) \\
\frac{\mathrm{d}I(z)}{\mathrm{d}z} &= YU(z)
\end{aligned}\right\}$$

(1-1-1)

式中，$Z=R+\mathrm{j}\omega L$，$Y=G+\mathrm{j}\omega C$，分别称为单位长度的串联阻抗和单位长度的并联导纳。

2. 均匀传输线方程的一般解

方程（1-1-1）的一般解为

$$\left.\begin{aligned}
U(z) &= A_1\mathrm{e}^{\gamma z} + A_2\mathrm{e}^{-\gamma z} \\
I(z) &= \frac{1}{Z_0}(A_1\mathrm{e}^{\gamma z} - A_2\mathrm{e}^{-\gamma z})
\end{aligned}\right\}$$

(1-1-2)

式中，$Z_0=\sqrt{\dfrac{R+\mathrm{j}\omega L}{G+\mathrm{j}\omega C}}$，称为传输线的特性阻抗；$\gamma=\sqrt{(R+\mathrm{j}\omega L)(G+\mathrm{j}\omega C)}$，称为传输线的传播常数；$A_1$，$A_2$ 为待定系数，由边界条件确定。

传输线的边界条件通常有以下三种：

① 已知 $z=0$ 处的终端电压和终端电流。

② 已知 $z=l$ 处的始端电压和始端电流。

③ 已知 $z=l$ 处信号源内阻和电动势及 $z=0$ 处的负载阻抗。

如果已知终端负载电压 U_1、电流 I_1 及传输线特性参数 γ、Z_0，则传输线上任意一点的电压和电流就可由下式求得：

$$\begin{bmatrix} U(z) \\ I(z) \end{bmatrix} = \begin{bmatrix} \mathrm{ch}\gamma z & Z_0\,\mathrm{sh}\gamma z \\ \dfrac{1}{Z_0}\,\mathrm{sh}\gamma z & \mathrm{ch}\gamma z \end{bmatrix}\begin{bmatrix} U_1 \\ I_1 \end{bmatrix}$$

(1-1-3a)

对于无耗传输线，$\gamma=\mathrm{j}\beta$，上式可表达为

$$\begin{bmatrix} U(z) \\ I(z) \end{bmatrix} = \begin{bmatrix} \cos\beta z & \mathrm{j}Z_0\sin\beta z \\ \dfrac{\mathrm{j}}{Z_0}\sin\beta z & \cos\beta z \end{bmatrix}\begin{bmatrix} U_1 \\ I_1 \end{bmatrix}$$

(1-1-3b)

1.1.3 传输线的工作特性参数

传输线的工作特性参数主要有特性阻抗、传播常数、相速及波长。

1. 特性阻抗

1）定义

特性阻抗即传输线上入射波电压与入射波电流的比值或反射波电压与反射波电流比值的负值，其表达式为

$$Z_0 = \sqrt{\frac{R + j\omega L}{G + j\omega C}}$$

它仅由自身的分布参数决定，而与负载及信号源无关。

2）结论

① 一般情况下，特性阻抗为复数，且与频率有关。

② 对于均匀无耗（$R = G = 0$）传输线，其特性阻抗 $Z_0 = \sqrt{L/C}$ 为实数，且与频率无关。

③ 对于损耗很小（$R \ll \omega L$，$G \ll \omega C$）的传输线，其特性阻抗 $Z_0 \approx \sqrt{L/C}$，也为实数，且与频率无关。

2. 传播常数

1）定义

传播常数 γ 是描述传输线上导行电磁波衰减和相移的参数，且 $\gamma = \alpha + j\beta$。其中，α 和 β 分别称为衰减常数和相移常数。其一般表达式为

$$\gamma = \sqrt{(R + j\omega L)(G + j\omega C)}$$

2）结论

① 对于无耗传输线，$\alpha = 0$，$\beta = \omega\sqrt{LC}$。

② 对于损耗很小的传输线，$\alpha = \frac{1}{2}(RY_0 + GZ_0)$，$\beta = \omega\sqrt{LC}$。

3. 相速与波长

1）定义

传输线上电压、电流入射波（或反射波）的等相位面沿传播方向传播的速度，称为相速，即

$$v_p = \frac{\omega}{\beta} \qquad\qquad (1-1-4)$$

传输线上电磁波的波长 λ 与自由空间波长 λ_0 的关系为

$$\lambda = \frac{2\pi}{\beta} = \frac{\lambda_0}{\sqrt{\varepsilon_r}} \qquad\qquad (1-1-5)$$

2）结论

① 对于均匀无耗传输线，相速 $v_p = \dfrac{1}{\sqrt{LC}}$，与频率无关，这种波称为无色散波。

② 对于有耗传输线，相速与频率有关，这种波称为色散波。

1.1.4 传输线的状态参量

传输线的状态参量主要有输入阻抗、反射系数、驻波比等。

1. 输入阻抗

1）定义

传输线上任意一点的电压与电流的比值称为传输线在该点的输入阻抗，它与导波系统的状态特性有关。对于无耗传输线，它的表达式为

$$Z_{in}(z) = Z_0 \frac{Z_1 + jZ_0 \tan\beta z}{Z_0 + jZ_1 \tan\beta z} \qquad (1-1-6)$$

式中，Z_0 为无耗传输线的特性阻抗，Z_1 为终端负载阻抗，β 为相移常数。

2）结论

① 均匀无耗传输线上任意一点的输入阻抗与观察点的位置、传输线的特性阻抗、终端负载阻抗及工作频率有关，且一般为复数，故不宜直接测量。

② 无耗传输线上任意相距为 $\lambda/2$ 处的阻抗相同，一般称之为 $\lambda/2$ 重复性。

2. 反射系数

1）定义

传输线上任意一点反射波电压（或电流）与入射波电压（或电流）的比值称为传输线在该点的反射系数。对于无耗传输线，它的表达式为

$$\Gamma(z) = \frac{Z_1 - Z_0}{Z_1 + Z_0} e^{-j2\beta z} = |\Gamma_1| e^{j(\phi_1 - 2\beta z)} \qquad (1-1-7)$$

式中，$\Gamma_1 = \dfrac{Z_1 - Z_0}{Z_1 + Z_0} = |\Gamma_1| e^{-j\phi_1}$ 为终端反射系数。

2）结论

对于均匀无耗传输线，传输线上任意点的反射系数大小相等，永远等于终端反射系数。其相位按周期变化，周期为 $\lambda/2$，即反射系数也具有 $\lambda/2$ 重复性。

3. 反射系数与输入阻抗的关系

1）相互关系

$$Z_{in}(z) = Z_0 \frac{1 + \Gamma(z)}{1 - \Gamma(z)} \qquad (1-1-8)$$

或

$$\Gamma(z) = \frac{Z_{in}(z) - Z_0}{Z_{in}(z) + Z_0} \qquad (1-1-9)$$

2）结论

① 当传输线的特性阻抗一定时，输入阻抗与反射系数一一对应，因此，输入阻抗可通过反射系数的测量来确定（见附录实验五）。

② $Z_1 = Z_0$ 时，$\Gamma_1 = 0$，此时传输线上任意一点的反射系数都等于零，称之为负载匹配。

4. 驻波比、行波系数

1）定义

传输线上波腹点电压振幅与波节点电压振幅的比值为电压驻波比，也称为驻波系数，其倒数称为行波系数。

驻波比、行波系数与反射系数的关系为

$$\rho = \frac{1+|\Gamma_1|}{1-|\Gamma_1|} \tag{1-1-10}$$

或

$$|\Gamma_1| = \frac{\rho-1}{\rho+1}$$

其行波系数为

$$K = \frac{1}{\rho} \tag{1-1-11}$$

2）结论

① 驻波比的取值范围为 $1 \leqslant \rho < \infty$。

② 当传输线上无反射（即负载匹配）时，驻波比 $\rho=1$；当传输线上全反射（$|\Gamma_1|=1$）时，驻波比 $\rho \to \infty$。显然，驻波比反映了传输线上驻波的大小，即驻波比越大，传输线的驻波成分越大，表明负载匹配越差。

③ 当传输线上无反射（即负载匹配）时，行波系数 $K=1$；当传输线上全反射（$|\Gamma_1|=1$）时，行波系数 $K=0$。行波系数反映了传输线上行波的大小，即行波系数越大，传输线上行波成分越大，表明负载匹配较好。

④ 已知反射系数可以求得驻波比，已知驻波比也可以求得反射系数的模值。

⑤ 反射系数是复数，驻波比为实数。

⑥ 反射系数和驻波比都可以反映传输线的匹配状况。

1.1.5 无耗传输线的工作状态

无耗传输线共有三种工作状态：行波、驻波和行驻波状态。

1. 行波状态

1）定义

传输线上无反射（即反射系数 $\Gamma_1=0$）的传输状态称为行波状态，实质上就是阻抗匹配状态。此时，负载阻抗等于传输线的特性阻抗，即 $Z_1=Z_0$。

2）行波状态传输线的特点

① 沿线电压和电流的振幅不变，驻波比 $\rho=1$。

② 线上任意点的电压和电流都同相。

③ 传输线上各点输入阻抗均等于传输线的特性阻抗。

2. 纯驻波状态

1）定义

传输线上全反射状态（即反射系数 $|\Gamma_1|=1$）的传输状态称为纯驻波状态。

2）纯驻波状态的负载

满足反射系数 $|\Gamma_1|=1$ 的终端负载必然是下列三种负载之一：

① 终端短路，即 $Z_1=0$。

② 终端开路，即 $Z_1=\infty$。

③ 终端接纯电抗(电容或电感)负载，即 $Z_i = jX$。

3）纯驻波状态传输线的特点

三种负载下传输线上电压、电流分布分别如图1-2、图1-3和图1-4所示。

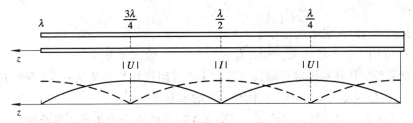

图1-2 终端短路的传输线上电压、电流分布

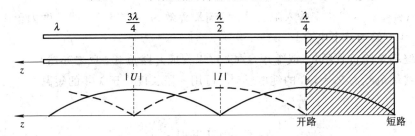

图1-3 终端开路的传输线上电压、电流分布

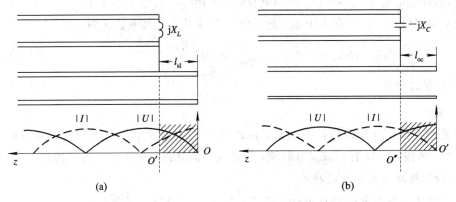

图1-4 终端接纯电感和纯电容负载时传输线上的电压、电流分布
(a)纯电感负载；(b)纯电容负载

它们有以下共同特点：

① 沿线各处的电压和电流振幅均按正弦规律变化，电压和电流的相位差为90°。也就是说，处于纯驻波状态的传输线不能传输能量。因此，实际中应避免这种情况而使负载与传输线匹配。

② 电压取最大值的地方电流取最小值(等于零)，电压等于零的地方电流取最大值。我们称电压最大的点为电压波腹点，电压最小值的点为电压波节点。在电压波节点处，输入阻抗 $Z_{in} = 0$，相当于串联谐振；在电压波腹点处，输入阻抗 $|Z_{in}| \to \infty$，相当于并联谐振。

③ 传输线上各点的输入阻抗为纯电抗。

④ 当终端短路时，传输线上各点的输入阻抗为

$$Z_{\text{in}}(z) = jZ_0 \tan\beta z \tag{1-1-12}$$

⑤ 当终端开路时，传输线上各点的输入阻抗为

$$Z_{\text{in}}(z) = -jZ_0 \cot\beta z \tag{1-1-13}$$

4）结论

由式（1-1-12）可见：

① 当 $z=0$ 时，输入阻抗 $Z_{\text{in}}=0$；当 $z=\lambda/4$ 时，输入阻抗 $Z_{\text{in}} \to \infty$；而当 $z=\lambda/2$ 时，$Z_{\text{in}}=0$。这就是说，从终端算起传输线每经过 $\lambda/4$ 其阻抗特性就变换一次，每经过 $\lambda/2$ 就重复一次，此性质分别称为 $\lambda/4$ 的变换性和 $\lambda/2$ 的重复性。

② 当 $0<z<\lambda/4$ 时，输入阻抗 $Z_{\text{in}}=jX(X>0)$ 等效为一个电感，即长度小于 $\lambda/4$ 的短路线等效为一个电感。

③ 当 $\lambda/4<z<\lambda/2$ 时，输入阻抗 $Z_{\text{in}}=-jX$ 等效为一个电容，即长度大于 $\lambda/4$ 而小于 $\lambda/2$ 的短路线等效为一个电容。

④ 将终端短路负载延长（或缩短）$\lambda/4$，可以变成开路负载，反之亦然。

⑤ 当终端负载为 $Z_1=jX_1$ 的纯电感时，可用一段长度小于 $\lambda/4$ 的短路线 l_{sl} 来代替，其表达式为

$$l_{\text{sl}} = \frac{\lambda}{2\pi} \arctan\left(\frac{X_1}{Z_0}\right) \tag{1-1-14}$$

⑥ 当终端负载为 $Z_1=-jX_c$ 的纯电容时，可用一段长度大于 $\lambda/4$ 而小于 $\lambda/2$ 的短路线来等效，也可以用一段长度小于 $\lambda/4$ 的开路线 l_{oc} 来代替，其表达式为

$$l_{\text{oc}} = \frac{\lambda}{2\pi} \text{arccot}\left(\frac{X_c}{Z_0}\right) \tag{1-1-15}$$

3. 行驻波状态

1）定义

传输线上接任意复数阻抗负载时，传输线上传输的功率部分被反射，部分被负载吸收。此时，传输线上既有行波又有驻波，构成混合波状态，称之为行驻波状态。

2）行驻波状态传输线的特点

传输线上接任意复数阻抗负载，即 $Z_1=R_1\pm jX_1$，其反射系数表达式为

$$\left.\begin{aligned} \Gamma_1 &= \frac{R_1-Z_0\pm jX_1}{R_1+Z_0\pm jX_1} = \sqrt{\frac{(R_1-Z_0)^2+X_1^2}{(R_1+Z_0)^2+X_1^2}}\, e^{\pm j\phi_1} \\ \phi_1 &= \arctan\frac{2X_1Z_0}{R_1^2+X_1^2-Z_0^2} \end{aligned}\right\} \tag{1-1-16}$$

此时，终端反射系数的模是一个既不等于 0 也不等于 1 的值。传输线上任意点输入阻抗为复数，表达式为

$$Z_{\text{in}}(z) = Z_0 \frac{Z_1+jZ_0\tan\beta z}{Z_0+jZ_1\tan\beta z}$$

3）行驻波状态的负载

当终端接下列三种负载时，传输线为行驻波状态。

① 终端接纯电阻 R_1，但电阻值不等于传输线的特性阻抗，即 $R_1 \neq Z_0$。

② 终端接电感性负载，即 $Z_1 = R_1 + jX_1$。

③ 终端接电容性负载，即 $Z_1 = R_1 - jX_1$。

行驻波状态传输线上电压、电流分布如图 1-5 所示。

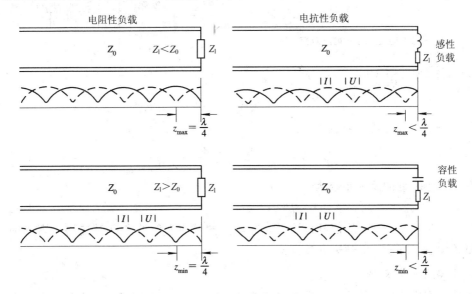

图 1-5 行驻波条件下传输线上电压、电流的分布

4）结论

① 传输线上在 $z = \frac{\lambda}{4\pi}\phi_1 + n\frac{\lambda}{2}(n=0,1,2,\cdots)$ 处，电压幅度最大，电流幅度最小，称为电压波腹点。该处的输入阻抗为纯电阻，其值为 $R_{max} = Z_0\rho$。

② 传输线上在 $z = \frac{\lambda}{4\pi}\phi_1 + (2n+1)\frac{\lambda}{4}(n=0,1,2,\cdots)$ 处，电压幅度最小，电流幅度最大，称为电压波节点。该处的输入阻抗也为纯电阻，其值为 $R_{min} = Z_0/\rho$。

③ 无耗传输线上相距 $\lambda/4$ 的任意两点处输入阻抗的乘积均等于传输线特性阻抗的平方，这种特性称为 $\lambda/4$ 的阻抗变换性，即

$$Z_{in}(z_0)Z_{in}\left(z_0 \pm \frac{\lambda}{4}\right) = Z_0^2 \tag{1-1-17}$$

综合上述三种工作状态，对无耗传输线来说均有 $\lambda/4$ 的变换性和 $\lambda/2$ 的重复性。

1.1.6 有耗传输线与传输效率

当考虑传输线的金属损耗和介质损耗时，长度为 l、终端接有任意负载 Z_1 的有耗传输线可用图 1-6(a) 表示，其特性阻抗 Z_0 为

$$Z_0 = \sqrt{\frac{R + j\omega L}{G + j\omega C}} \tag{1-1-18}$$

此时传输线的特性阻抗和传播常数均为复数，分别为 $Z_0 = \sqrt{\frac{R + j\omega L}{G + j\omega C}}$，$\gamma = \sqrt{(R + j\omega C)(G + j\omega L)} = \alpha + j\beta$。

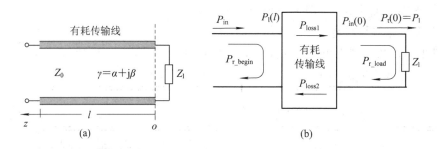

图 1-6　有耗传输线及其功率传输示意图

任意一点 z 处的输入阻抗可表达为

$$Z_{in}(z) = \frac{U(z)}{I(z)} = Z_0 \frac{Z_1 + Z_0 \,\mathrm{th}\gamma z}{Z_0 + Z_1 \,\mathrm{th}\gamma z} \tag{1-1-19}$$

任意一点 z 处的反射系数为

$$\Gamma(z) = \Gamma_1 e^{-2\alpha z}\, e^{-j2\beta z} \tag{1-1-20}$$

与无耗传输线相比，从信号角度看，有耗传输线的入射波和反射波均为衰减的行波，从能量角度看，信号边传输边衰减。

1. 传输功率与效率

不考虑多次反射的情形，信号功率的传输过程如图 1-6(b)所示。用公式表达为

$$P_{in} = P_t(l) + P_{r\_begin} = P_{loss1} + P_{loss2} + P_1 + P_{r\_begin}$$

则此时总的效率为

$$\eta = \frac{P_1}{P_{in}} \times 100\% = \frac{P_t(l)}{P_{in}} \cdot \frac{P_1}{P_t(l)} = \eta_r \eta_t \tag{1-1-21}$$

其中，$\eta_r = \dfrac{P_t(l)}{P_{in}} \times 100\%$ 为计及始端反射损耗的效率，而 $\eta_t = \dfrac{P_1}{P_t(l)} \times 100\%$ 为传输效率。

设传输线的传播常数为 $\gamma = \alpha + j\beta (\alpha \neq 0)$，负载吸收的功率为

$$P_1 = \frac{|A_1|^2}{2Z_0}(1 - |\Gamma_1|^2) \tag{1-1-22}$$

源端 $z = l$ 处向负载传输的功率为

$$P_t(l) = \frac{|A_1|^2}{2Z_0} e^{2\alpha l} (1 - |\Gamma_1|^2 e^{-4\alpha l}) \tag{1-1-23}$$

此时，传输线的传输效率为

$$\eta = \frac{1 - |\Gamma_1|^2}{e^{2\alpha l}(1 - |\Gamma_1|^2 e^{-4\alpha l})} \tag{1-1-24}$$

结论：

① 负载吸收的功率取决于负载的匹配状态，负载匹配时，负载吸收的功率最大。当传输线上为纯驻波状态时，负载得到的功率等于零。

② 传输线的效率取决于传输线的损耗和负载的匹配状态。当负载匹配时，效率为 $\eta = e^{-2\alpha l}$，对于无耗、负载匹配的传输线来说，效率 $\eta = 1$。

2. 损耗

传输线的损耗分为回波损耗和反射损耗，对于无耗传输线，回波损耗和反射损耗如下。

① 回波损耗：

$$L_r(z) = -20\lg|\Gamma_1|$$ (1-1-25)

可见，回波损耗只取决于反射系数，反射越大，回波损耗也越大。

② 反射损耗：

$$L_r(z) = -10\lg(1-|\Gamma_1|^2)$$ (1-1-26)

反射损耗也取决于反射系数，反射越大，回波损耗也越大。

回波损耗和反射损耗与反射系数的关系如图 1-7 所示。

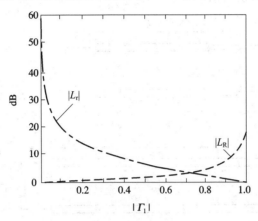

图 1-7 $|L_r|$ $|L_R|$ 随反射系数变化的曲线

1.1.7 阻抗匹配

1. 阻抗匹配的意义

对一个由信号源、传输线和负载构成的系统，希望信号源在输出最大功率时，负载全部吸收，以实现高效稳定的传输。阻抗匹配有三种不同的含义，分别是负载阻抗匹配、源阻抗匹配和共轭阻抗匹配，它们反映了传输线上三种不同的状态。

1）负载阻抗匹配

负载阻抗等于传输线的特性阻抗时，称之为负载阻抗匹配。此时，传输线上只有从信号源到负载方向传输的入射波，而无从负载向信号源方向传输的反射波。

负载阻抗匹配常用的方法是采用阻抗匹配器。

2）源阻抗匹配

电源内阻等于传输线的特性阻抗时，称之为源阻抗匹配。对匹配源来说，它给传输线的入射功率不随负载变化，负载有反射时，反射回来的反射波被电源吸收。

源阻抗匹配常用的方法是在信号源之后加一个去耦衰减器或隔离器。

3）共轭阻抗匹配

对于不匹配电源，当负载阻抗折合到电源参考面上的输入阻抗等于电源内阻的共轭值时，称之为共轭阻抗匹配。

2. 负载阻抗匹配的方法

负载阻抗匹配的方法，从频域上划分为窄带匹配和宽带匹配，从实现的手段上划分为

串联 $\lambda/4$ 阻抗变换器法和支节调配器法等。

1) 串联 $\lambda/4$ 阻抗变换器法

当负载阻抗为纯电阻 R_1 且与传输线的特性阻抗不相等时，可在传输线与负载之间加接一节长度为 $\lambda/4$、特性阻抗为 Z_{01} 的传输线来实现负载和传输线间的匹配，如图 1-8(a) 所示。如果负载阻抗不是纯电阻而是电容性负载（或电感性负载），在离负载最近的即第一个波节点（或波腹点）处，加接一节长度为 $\lambda/4$、特性阻抗为 Z_{01} 的传输线来实现负载和传输线间的匹配，如图 1-8(b) 所示。

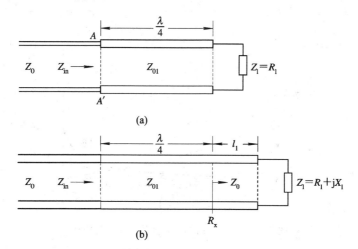

图 1-8 $\lambda/4$ 阻抗变换器

(a) 纯电阻负载的匹配；(b) 电抗负载的匹配

根据传输线的 $\lambda/4$ 的阻抗变换性，对图 1-8(a) 有

$$Z_{01} = \sqrt{R_1 Z_0} \tag{1-1-27}$$

对图 1-8(b)，设传输线上驻波比为 ρ，如果负载阻抗是电容性的，离负载第一个波节点的位置 $l_1 = \dfrac{\lambda}{4\pi}\phi_1 + \dfrac{\lambda}{4}$，此处输入阻抗等效为纯电阻 $R_x = Z_0/\rho$，则有

$$Z_{01} = \frac{Z_0}{\sqrt{\rho}} \tag{1-1-28}$$

如果是电感性的，离负载第一个波腹点的位置 $l_1 = \dfrac{\lambda}{4\pi}\phi_1$，此处输入阻抗等效为纯电阻，即 $R_x = Z_0 \rho$ 则有

$$Z_{01} = \sqrt{\rho}\, Z_0 \tag{1-1-29}$$

这种匹配法是窄带的。

2) 支节调配器法

支节调配器法分为串联支节调配器法和并联支节调配器法。

(1) 串联支节调配器法。

设在特性阻抗为 Z_0 的传输线上，不匹配负载的反射系数为 $|\Gamma_1| e^{j\phi_1}$，线上驻波比为 ρ。所谓串联支节调配器法，就是在离负载阻抗距离为 l_1（即 A 点）处串联长度为 l_2、特性阻抗 Z_0 的一段传输线，以达到阻抗匹配的目的，如图 1-9 所示。其中一组解为

$$l_1 = l_1' + l_{\max 1} = \frac{\lambda}{2\pi} \arctan \frac{1}{\sqrt{\rho}} + \frac{\lambda}{4\pi} \phi_1 \left.\right\}$$

$$l_2 = \frac{\lambda}{2\pi} \arctan \frac{\rho - 1}{\sqrt{\rho}} \qquad\qquad (1-1-30\text{a})$$

另一组解为

$$l_1 = \frac{\lambda}{2\pi} \arctan \left(-\frac{1}{\sqrt{\rho}} \right) \left.\right\}$$

$$l_2 = \frac{\lambda}{4} + \frac{\lambda}{2\pi} \arctan \frac{\sqrt{\rho}}{\rho - 1} \qquad\qquad (1-1-30\text{b})$$

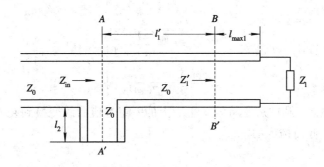

图 1 - 9　串联单支节匹配器

(2) 并联支节调配器法。

在特性导纳为 Y_0 的传输线上，不匹配负载的反射系数为 $|\Gamma_1| e^{j\phi_1}$，线上驻波比为 ρ。所谓并联支节调配器法，就是在离负载阻抗距离为 l_1（即 A 点）处并联长度为 l_2、特性导纳 Y_0 的一段传输线，以达到阻抗匹配，如图 1 - 10 所示。其中一组解为

$$l_1 = l_1' + l_{\min 1} = \frac{\lambda}{2\pi} \arctan \frac{1}{\sqrt{\rho}} + \frac{\lambda}{4\pi} \phi_1 \pm \frac{\lambda}{4} \left.\right\}$$

$$l_2 = \frac{\lambda}{4} - \frac{\lambda}{2\pi} \arctan \frac{1-\rho}{\sqrt{\rho}} \qquad\qquad (1-1-31)$$

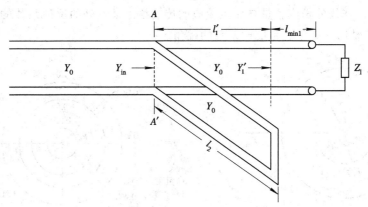

图 1 - 10　并联单支节匹配器

另一组解为

$$l_1 = -\frac{\lambda}{2\pi} \arctan\frac{1}{\sqrt{\rho}} + \frac{\lambda}{4\pi}\phi_1 \pm \frac{\lambda}{4}$$
$$l_2 = \frac{\lambda}{4} + \frac{\lambda}{2\pi}\arctan\frac{1-\rho}{\sqrt{\rho}} \qquad\qquad\qquad (1-1-32)$$

此类匹配法可设计成多支节匹配，使之在一定带宽内满足要求。

1.1.8 史密斯圆图及其应用

1. 圆图的概念

设传输线上任一点的归一化输入阻抗为 $\bar{z}_{in}(z) = Z_{in}(z)/Z_0$、反射函数为 $\Gamma(z)$，则它们之间的关系为

$$\Gamma(z) = \frac{\bar{z}_{in}(z) - 1}{\bar{z}_{in}(z) + 1}$$
$$\bar{z}_{in} = \frac{1 + \Gamma(z)}{1 - \Gamma(z)} \qquad\qquad\qquad (1-1-33)$$

按照复变函数的概念，圆图就是将复 z 平面上的一组等值曲线变换到复 Γ 平面上，然后将两簇等值线套在一起而构成的。

2. 阻抗圆图

1）阻抗圆图的定义

传输线上任一点的反射系数的极坐标表示为

$$\Gamma(z) = |\Gamma_1|\,e^{j(\phi_1 - 2\beta z)} = |\Gamma_1|\,e^{j\phi} \qquad\qquad (1-1-34)$$

式中，ϕ_1 为终端负载反射系数 Γ_1 的幅角；$\phi = \phi_1 - 2\beta z$ 是 z 处反射系数的幅角。当 z 增加时，即由终端向电源方向移动时，ϕ 减小，相当于顺时针转动；反之，由电源向负载移动时，ϕ 增大，相当于逆时针转动。沿传输线每移动 $\lambda/2$ 时，反射系数经历一周，如图 1-11 所示。又因为反射系数的模值不能大于1，因此，它的极坐标表示被限制在半径为1的单位圆内。图 1-12 为反射系数圆图，图中每个同心圆的半径表示反射系数的大小；沿传输线移动的距离以波长为单位来计量，其起点为实轴左边的端点（即 $\phi = 180°$ 处）。在这个图中，任一点与圆心的连线的长度就是与该点相应的传输线上某点处的反射系数的大小，连线与 $\phi = 0°$ 的那段实轴间的夹角就是反射系数的幅角。

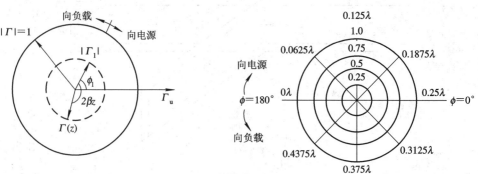

图 1-11 反射系数极坐标表示　　　　　图 1-12 反射系数圆图

当将传输线的反射系数 $\Gamma(z)$ 表示成直角坐标形式时，有

$$\Gamma(z) = \Gamma_u + j\Gamma_v \qquad\qquad (1-1-35)$$

传输线上任意一点的归一化阻抗为

$$\bar{z}_{in} = \frac{1 + (\Gamma_u + j\Gamma_v)}{1 - (\Gamma_u + j\Gamma_v)} \qquad\qquad (1-1-36)$$

令 $\bar{z}_{in} = r + jx$，则可得以下方程：

$$\left.\begin{array}{c} \left(\Gamma_u - \dfrac{r}{1+r}\right)^2 + \Gamma_v^2 = \left(\dfrac{1}{1+r}\right)^2 \\[3mm] (\Gamma_u - 1)^2 + \left(\Gamma_v - \dfrac{1}{x}\right)^2 = \left(\dfrac{1}{x}\right)^2 \end{array}\right\} \qquad (1-1-37)$$

这两个方程是以归一化电阻 r 和归一化电抗 x 为参数的两组圆方程。方程(1-1-37)的第一式为归一化电阻圆；第二式为归一化电抗圆(见图 1-13)。

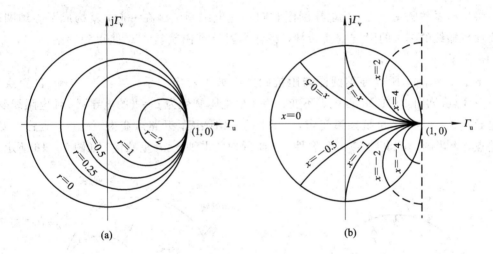

图 1-13　归一化电阻圆和电抗圆

将反射系数圆图、归一化电阻圆图和归一化电抗圆图画在一起，就构成了阻抗圆图。

2) 结论

① 在阻抗圆图的上半圆内的电抗 $x > 0$ 呈感性，下半圆内的电抗 $x < 0$ 呈容性。

② 阻抗圆图上有一些重要的点、线、面，如图 1-14 所示。

实轴上的点代表纯电阻点，左半轴上的点为电压波节点，其上的刻度既代表 r_{min} 又代表行波系数 K，右半轴上的点为电压波腹点，其上的刻度既代表 r_{max} 又代表驻波比 ρ。

③ 圆图旋转一周为 $\lambda/2$。

④ $|\Gamma| = 1$ 的圆周上的点代表纯电抗点。

⑤ 实轴左端点为短路点，右端点为开路点；中心点处有 $\bar{z} = 1 + j0$，它是匹配点。

⑥ 在传输线上由负载向电源方向移动时，在圆图上应顺时针旋转；反之，由电源向负载方向移动时，应逆时针旋转。

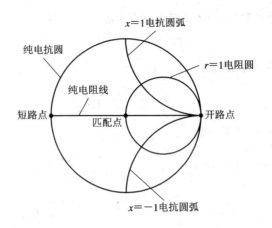

图 1 - 14　阻抗圆图上的重要点、线、面

3. 导纳圆图

将反射系数圆图、归一化电导圆图和归一化电纳圆图画在一起，就构成了导纳圆图。由无耗传输线的 $\lambda/4$ 的阻抗变换特性，将整个阻抗圆图旋转 180° 即得到导纳圆图，如图 1 - 15 所示。

由于 $\bar{z} = 1/\bar{y}$，所以导纳圆图与阻抗圆图有如下对应关系：当实施 $\Gamma \rightarrow -\Gamma$ 变换后，A 点 $\rightarrow B$ 点（见图 1 - 15），匹配点不变，$r = 1$ 的电阻圆变为 $g = 1$ 的电导圆；纯电阻线变为纯电导线；$x = \pm 1$ 的电抗圆弧变为 $b = \pm 1$ 的电纳圆弧；开路点变为短路点，短路点变为开路点；上半圆内的电纳 $b > 0$ 呈容性，下半圆内的电纳 $b < 0$ 呈感性，如图 1 - 16 所示。

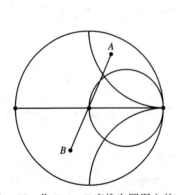

图 1 - 15　作 $\Gamma \rightarrow -\Gamma$ 变换在圆图上的表示

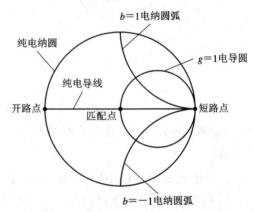

图 1 - 16　导纳圆图上的重要点、线、面

实际上，一张圆图是理解为阻抗圆图还是理解为导纳圆图，视具体问题而定。比如，处理并联情况时用导纳圆图较为方便，而处理沿线变化的阻抗问题时使用阻抗圆图较为方便。

4. 史密斯圆图及其应用

阻抗圆图或导纳圆图也称为史密斯圆图。在实际使用中，一般不需要知道反射系数 Γ 的情况，故不少圆图中并不画出反射系数圆图。用史密斯圆图来计算传输线阻抗（导纳）或分析阻抗（导纳）匹配问题具有概念明晰、求解直观、精度较高等特点，在微波工程领域已经沿用了半个多世纪。随着扫频源、网络分析仪的发展，将圆图显示在计算机屏幕上，可以快速直观地显示出阻抗或导纳随频率变化的轨迹，它在微波电路设计、天线特性测量等方面有着广泛的应用。

1.1.9　同轴线的特性阻抗

同轴线由内、外同轴的双导体柱构成，内、外半径分别为 a 和 b，两导体间填充介质，是一种典型的双导体传输系统，如图 1 - 17 所示。

同轴线的特性阻抗取决于同轴线的尺寸及内部填充的介质，其计算公式为

$$Z_0 = \sqrt{\frac{L}{C}} = \sqrt{\frac{\mu}{\varepsilon}} \frac{\ln(b/a)}{2\pi} \qquad (1 - 1 - 38)$$

若保持同轴线外导体半径 b 不变，则改变内导体半径 a 可使同轴线分别达到耐压最高、传输功率最大和衰减最小三种状态。

如果内、外导体间为空气，当 $b = 2.72a$，即同轴线的特性阻抗为 60 Ω 时，同轴线耐压程度最高；当 $b = 1.65a$，即同轴线的特性阻抗为 30 Ω 时，同轴线传

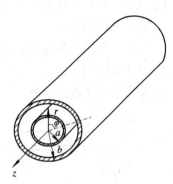

图 1 - 17　同轴线结构图

输的功率最大；当 $b = 3.59a$，即同轴线的特性阻抗为 76.7 Ω 时，同轴线的衰减最小。工程中，常用的有 50 Ω 通用型同轴线和 75 Ω 低耗远传同轴线。

1.2　典型例题分析

【例 1】　在一均匀无耗传输线上传输频率为 3 GHz 的信号，已知其特性阻抗 $Z_0 = 100$ Ω，终端接 $Z_l = 75 + j100$ Ω 的负载，试求：

① 传输线上的驻波系数。

② 离终端 10 cm 处的反射系数。

③ 离终端 2.5 cm 处的输入阻抗。

解　① 终端反射系数为

$$\Gamma_l = \frac{Z_l - Z_0}{Z_l + Z_0} = \frac{75 + j100 - 100}{75 + j100 + 100} = \frac{-1 + j4}{7 + j4} = \frac{9 + j32}{65} = 0.51\angle 74.3°$$

因此，驻波系数为

$$\rho = \frac{1 + |\Gamma_l|}{1 - |\Gamma_l|} = 3.08$$

② 已知信号频率为 3 GHz，则其波长为

$$\lambda = \frac{c}{f} = \frac{3 \times 10^8}{3 \times 10^9} = 0.1 \text{ m} = 10 \text{ cm}$$

所以，离终端 10 cm 处恰好等于离终端一个波长，根据 $\lambda/2$ 的重复性，有

$$\Gamma(10\ \text{cm}) = \Gamma_1 = 0.51\angle 74.3°$$

③ 由于 2.5 cm＝λ/4，根据传输线 λ/4 的变换性，即

$$Z_{in}\left(\frac{\lambda}{4}\right) \cdot Z_1 = Z_0^2$$

所以，有

$$Z_{in}\left(\frac{\lambda}{4}\right) = \frac{100 \times 100}{75 + j100} = 48 - j64\ \Omega$$

【例 2】 由若干段均匀无耗传输线组成的电路如图 1 – 18 所示。已知 $E_g = 50$ V，$Z_0 = Z_g = Z_{11} = 100\ \Omega$，$Z_{01} = 150\ \Omega$，$Z_{12} = 225\ \Omega$，试：

① 分析各段的工作状态并求其驻波比。

② 画出 ac 段电压、电流振幅分布图并标出极值。

③ 求各负载吸收的功率。

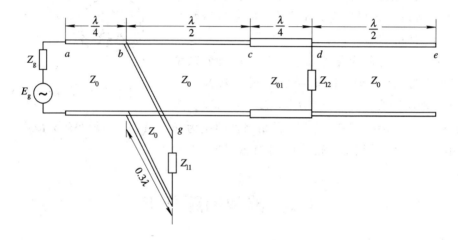

图 1 – 18

解 根据传输线 λ/2 的重复性，开路传输线 de 段在 d 处等效为开路，因此 d 处的负载仍然等于 Z_{12}；然后，根据传输线 λ/4 的变换性，可求得 c 处的等效阻抗，再根据 λ/2 的重复性求得 bc 段在 b 处的等效阻抗，将 bc 段与 bg 段等效阻抗并联得 b 处的等效阻抗，最后根据 λ/4 的变换性求得 ab 段在 a 处的等效阻抗。下面具体分析。

① 由于 e 端开路，因此 de 段上为纯驻波，其驻波比为 $\rho = \infty$。

由于 d 处的等效阻抗 $Z_{12} = 225\ \Omega$ 与传输线的特性阻抗 $Z_{01} = 150\ \Omega$ 不匹配，因此传输线 cd 段上载行驻波，d 处的反射系数为

$$\Gamma_d = \frac{Z_{12} - Z_{01}}{Z_{12} + Z_{01}} = \frac{225 - 150}{225 + 150} = \frac{1}{5}$$

所以，在 cd 段上的驻波比为

$$\rho = \frac{1 + |\Gamma_d|}{1 - |\Gamma_d|} = 1.5$$

由于 c 处的等效阻抗为

$$Z_{in}(c) = \frac{150 \times 150}{225} = 100\ \Omega$$

它等于传输线 bc 段的特性阻抗，或者说传输线 bc 段是匹配的，所以，传输线 bc 段上载行波，其上的驻波比 $\rho = 1$。

bg 段接负载阻抗等于传输线的特性阻抗，所以 bg 段上载行波，其上的驻波比 $\rho = 1$。

bc 段在 b 处的等效阻抗为 $Z_{in1} = 100\ \Omega$，bg 段在 b 处的等效阻抗为 $Z_{in2} = 100\ \Omega$，两者并联得 b 处的等效阻抗为

$$Z_{in}(b) = 50\ \Omega$$

显然，它并不等于传输线的特性阻抗 Z_0，所以 ab 段上载行驻波，b 处的反射系数为

$$\Gamma_b = \frac{Z_{in}(b) - Z_0}{Z_{in}(b) + Z_0} = -\frac{1}{3}$$

其驻波比为

$$\rho = \frac{1 + |\Gamma_b|}{1 - |\Gamma_b|} = 2$$

② 根据上面的分析，ab 段载行驻波，bc 段载行波。

传输线在 a 处的等效阻抗为

$$Z_{in}(a) = \frac{Z_0^2}{Z_{in}(b)} = \frac{100^2}{50} = 200\ \Omega$$

因此，a 处的输入电压和流入 a 点的输入电流分别为

$$U_{in}(a) = \frac{Z_{in}(a)}{Z_g + Z_{in}(a)} E_g = \frac{200}{100 + 200} \times 50 = \frac{100}{3}\ \text{V}$$

$$I_{in} = \frac{E_g}{Z_g + Z_{in}(a)} = \frac{50}{100 + 200} = \frac{1}{6}\ \text{A}$$

又因为 b 处的等效阻抗 $Z_{in}(b) = 50\ \Omega < Z_0$，所以 b 点为电压波节点、电流波腹点；a 点为电压波腹点、电流波节点。而 a 点处电压为

$$|U|_{max} = |A_1|(1 + |\Gamma_b|) = |U_{in}(a)| = \frac{100}{3}\ \text{V}$$

求得

$$|A_1| = 25\ \text{V}$$

a 点处的电流为

$$|I|_{min} = \frac{|A_1|}{Z_0}(1 - |\Gamma_b|) = \frac{1}{6}\ \text{A}$$

b 点即波节点处的电压和电流分别为

$$|U|_{min} = |A_1|(1 - |\Gamma_b|) = \frac{50}{3}\ \text{V}$$

$$|I|_{max} = \frac{|A_1|}{Z_0}(1 + |\Gamma_b|) = \frac{1}{3}\ \text{A}$$

bc 段载行波，所以其上的电压和电流均为常数，即

$$|U| = \frac{50}{3}\ \text{V}$$

$$|I| = \frac{1}{3}\ \text{A}$$

③ 由教材[1]中式(1-5-2)并考虑到电源内阻及等效输入阻抗均为纯电阻，故可得 a 处等效负载所获得的功率为

$$P = \frac{1}{2} \cdot \frac{E_g^2}{[Z_g + Z_{in}(a)]^2} Z_{in}(a) = \frac{25}{9} \text{ W}$$

由于两个负载等效到 b 处的阻抗相等，并考虑到传输线是无耗的，故两负载获得相同的功率，即

$$P_{l1} = P_{l2} = \frac{25}{18} \text{ W}$$

【例 3】 一均匀无耗传输线的特性阻抗为 500 Ω，负载阻抗 $Z_l = 200 - j250$ Ω，通过 $\lambda/4$ 阻抗变换器及并联支节线实现匹配，如图 1-19 所示。已知工作频率 $f = 300$ MHz，试用公式与圆图两种方法求 $\lambda/4$ 阻抗变换段的特性阻抗 Z_{01} 及并联短路支节线的最短长度 l_{min}。

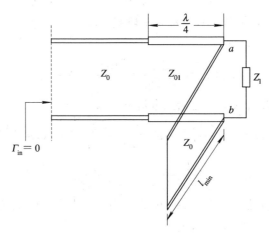

图 1-19

解 方法一 由于 $\lambda/4$ 阻抗变换段只能对纯电阻负载实现匹配，而现负载为电容性负载，所以并联短路支节线的作用就是将电容性负载变换为电阻性负载。

为了分析方便，将负载用导纳来表示，即

$$Y_l = \frac{1}{Z_l} = \frac{1}{200 - j250} = \frac{2}{1025} + j\frac{1}{410}$$

传输线的工作频率 $f = 300$ MHz，其对应的波长为

$$\lambda = \frac{3 \times 10^8}{300 \times 10^6} = 1 \text{ m}$$

相移常数为

$$\beta = \frac{2\pi}{\lambda} = 2\pi$$

长度为 l_{min} 的并联短路支节线在 ab 端口的输入导纳为

———————————

[1] 指教材《微波技术与天线(第五版)》(刘学观、郭辉萍编著，西安电子科技大学出版社，2021 年，后同)。

$$Y_{in} = -jY_0 \cot\beta l_{min}$$

由 $\text{Im}(Y_{in}+Y_1)=0$ 得并联短路支节线的最短长度为

$$l_{min} = \frac{1}{2\pi}\arctan\left(\frac{1}{Z_0 \cdot \text{Im}(Y_1)}\right) = \frac{1}{2\pi}\arctan\left(\frac{41}{50}\right) \approx 0.11 \text{ m}$$

此时，端口 ab 处的等效电阻为

$$R' = \frac{1}{\text{Re}(Y_1)} = 512.5 \ \Omega$$

根据传输线的 $\lambda/4$ 阻抗变换性，得 $\lambda/4$ 阻抗变换段的特性阻抗为

$$Z_{01} = \sqrt{500 \times 512.5} = 506.2 \ \Omega$$

可见，当 $\lambda/4$ 阻抗变换器的特性阻抗为 $Z_{01}=506.2 \ \Omega$ 及并联短路支节线的最短长度为 $l_{min}=0.11$ m 时，实现了传输线与负载阻抗的匹配。

方法二 解题思路与方法一相同。

用圆图来解这个问题时，需要先求出归一化负载阻抗

$$\bar{z}_1 = \frac{Z_1}{Z_0} = 0.4 - j0.5$$

并在圆图中找到其对应的位置 A，相应的归一化导纳在圆图上位于过匹配点 O 与 OA 相对称的位置点 B 上，如图 1-20 所示，其导纳值为

$$\bar{y}_1 = 0.98 + j1.22$$

因此，短路支节对应的归一化导纳应为 $\bar{y}_1=jb=-j1.22$。

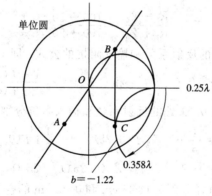

图 1-20

由于短路支节负载为短路，对应导纳圆图的右端点，将短路点顺时针旋转至单位圆与 $b=-1.22$ 的交点，旋转的长度为

$$0.358\lambda - 0.25\lambda = 0.108\lambda \approx 0.11 \text{ m}$$

也即短路支节的长度为 0.11 m。

由于短路支节的导纳与负载导纳的虚部相抵消，端口 ab 处的等效导纳为纯电导

$$\bar{y}_{ab} = 0.98$$

也即端口 ab 处等效纯电阻 $R_{ab}=500/0.98=510.2$，根据传输线的 $\lambda/4$ 阻抗变换性，得 $\lambda/4$ 阻抗变换段的特性阻抗为

$$Z_{01} = \sqrt{500 \times 510.2} = 505.1 \ \Omega$$

1.3 基 本 要 求

★ 了解传输线的类别及 TEM 传输线的分析方法。

★ 掌握无耗传输线的输入阻抗、反射系数及驻波比的关系及求解方法。

★ 掌握无耗传输线的三种工作状态的分析,包括传输线上电压、电流的分布,阻抗性质的分析与计算等,掌握无耗传输线的 $\lambda/4$ 的变换性和 $\lambda/2$ 的重复性。

★ 了解阻抗匹配的目的和含义,对常用的负载阻抗匹配的方法——串联 $\lambda/4$ 阻抗变换器法和支节调配器法要会分析和计算。

★ 了解传输线的传输功率和效率的定义,掌握无耗传输线的传输功率的计算。

★ 了解 Smith 圆图及其应用,会用 Smith 圆图来分析传输线阻抗(导纳)计算或匹配问题。

★ 了解同轴线的特性阻抗及分类。

1.4 部分习题及参考解答

【1.1】 设一特性阻抗为 50 Ω 的均匀传输线终端接负载 $R_1 = 100$ Ω,求负载反射系数 Γ_1,在离负载 0.2λ、0.25λ 及 0.5λ 处的输入阻抗及反射系数分别为多少?

解 终端反射系数为

$$\Gamma_1 = \frac{R_1 - Z_0}{R_1 + Z_0} = \frac{100 - 50}{100 + 50} = \frac{1}{3}$$

根据传输线上任意一点的反射系数和输入阻抗的公式,即

$$\Gamma(z) = \Gamma_1 e^{-j2\beta z} \quad \text{和} \quad Z_{in} = Z_0 \frac{1 + \Gamma(z)}{1 - \Gamma(z)}$$

得离负载 0.2λ,0.25λ,0.5λ 处的反射系数和输入阻抗分别为

$$\Gamma(0.2\lambda) = \frac{1}{3} e^{-j0.8\pi}, \ \Gamma(0.25\lambda) = -\frac{1}{3}, \ \Gamma(0.5\lambda) = \frac{1}{3}$$

$$Z_{in}(0.2\lambda) = 29.43 \angle -23.79° \ \Omega, \ Z_{in}(0.25\lambda) = 25 \ \Omega, \ Z_{in}(0.5\lambda) = 100 \ \Omega$$

【1.2】 求内、外导体直径分别为 0.25 cm 和 0.75 cm 的空气同轴线的特性阻抗。若在内、外两导体间填充介电常数 $\varepsilon_r = 2.25$ 的介质,求其特性阻抗及 $f = 300$ MHz 时的波长。

解 空气同轴线的特性阻抗为

$$Z_0 = 60 \ln \frac{b}{a} = 65.9 \ \Omega$$

填充相对介电常数为 $\varepsilon_r = 2.25$ 的介质后,其特性阻抗为

$$Z_0' = \frac{Z_0}{\sqrt{\varepsilon_r}} = 43.9 \ \Omega$$

$f = 300$ MHz 时的波长为

$$\lambda = \frac{\lambda_0}{\sqrt{\varepsilon_r}} = \frac{c/f}{\sqrt{\varepsilon_r}} = 0.67 \ \text{m}$$

【1.3】 设特性阻抗为 Z_0 的无耗传输线的驻波比为 ρ,第一个电压波节点离负载的距

离为 $l_{\min 1}$，试证明此时终端负载应为

$$Z_1 = Z_0 \frac{1 - j\rho \, \tan\beta l_{\min 1}}{\rho - j \, \tan\beta l_{\min 1}}$$

证明　根据输入阻抗公式

$$Z_{in}(z) = Z_0 \frac{Z_1 + jZ_0 \, \tan\beta z}{Z_0 + jZ_1 \, \tan\beta z}$$

在距负载第一个波节点处的阻抗

$$Z_{in}(l_{\min 1}) = \frac{Z_0}{\rho} \quad 即 \quad Z_0 \frac{Z_1 + jZ_0 \, \tan\beta l_{\min 1}}{Z_0 + jZ_1 \, \tan\beta l_{\min 1}} = \frac{Z_0}{\rho}$$

将上式整理得

$$Z_1 = Z_0 \frac{1 - \rho \, \tan\beta l_{\min 1}}{\rho - j \, \tan\beta l_{\min 1}}$$

【1.4】　有一特性阻抗为 $Z_0 = 50 \ \Omega$ 的无耗均匀传输线，导体间的媒质参数 $\varepsilon_r = 2.25$，$\mu_r = 1$，终端接有 $R_1 = 1 \ \Omega$ 的负载。当 $f = 100 \ \text{MHz}$ 时，其线长度为 $\lambda/4$。试求：

① 传输线实际长度。

② 负载终端反射系数。

③ 输入端反射系数。

④ 输入端阻抗。

解　传输线上的波长为

$$\lambda_g = \frac{c/f}{\sqrt{\varepsilon_r}} = 2 \ \text{m}$$

因而，传输线的实际长度为

$$l = \frac{\lambda_g}{4} = 0.5 \ \text{m}$$

终端反射系数为

$$\Gamma_1 = \frac{R_1 - Z_0}{R_1 + Z_0} = -\frac{49}{51}$$

输入端反射系数为

$$\Gamma_{in} = \Gamma_1 \, e^{-j2\beta l} = \frac{49}{51}$$

根据传输线的 $\lambda/4$ 的阻抗变换性，输入端阻抗为

$$Z_{in} = 2500 \ \Omega$$

【1.5】　试证明无耗传输线上任意相距 $\lambda/4$ 的两点处的阻抗的乘积等于传输线特性阻抗的平方。

证明　传输线上任意一点 z_0 处的输入阻抗为

$$Z_{in}(z_0) = Z_0 \frac{Z_1 + jZ_0 \, \tan\beta z_0}{Z_0 + jZ_1 \, \tan\beta z_0}$$

在 $z_0 + \lambda/4$ 处的输入阻抗为

$$Z_{in}\left(z_0 + \frac{\lambda}{4}\right) = Z_0 \frac{Z_1 + jZ_0 \, \tan\beta\left(z_0 + \frac{\lambda}{4}\right)}{Z_0 + jZ_1 \, \tan\beta\left(z_0 + \frac{\lambda}{4}\right)} = Z_0 \frac{Z_1 - jZ_0/\tan\beta z_0}{Z_0 - jZ_1/\tan\beta z_0}$$

因而，有

$$Z_{in}(z_0)Z_{in}\left(z_0 + \frac{\lambda}{4}\right) = Z_0^2$$

【1.6】 设某一均匀无耗传输线特性阻抗为 $Z_0 = 50\ \Omega$，终端接有未知负载 Z_1，现在传输线上测得电压最大值和最小值分别为 100 mV 和 20 mV，第一个电压波节的位置离负载 $l_{min1} = \lambda/3$，试求该负载阻抗 Z_1。

解 根据驻波比的定义：

$$\rho = \frac{|U_{max}|}{|U_{min}|} = \frac{100}{20} = 5$$

反射系数的模值

$$|\Gamma_1| = \frac{\rho - 1}{\rho + 1} = \frac{2}{3}$$

由

$$l_{min1} = \frac{\lambda}{4\pi}\phi_1 + \frac{\lambda}{4} = \frac{\lambda}{3}$$

求得反射系数的相位 $\phi_1 = \frac{\pi}{3}$，因而复反射系数为

$$\Gamma_1 = \frac{2}{3}e^{j\frac{\pi}{3}}$$

负载阻抗为

$$Z_1 = Z_0\frac{1 + \Gamma_1}{1 - \Gamma_1} = 82.4\angle 64.3°$$

【1.7】 求无耗传输线上回波损耗为 3 dB 和 10 dB 时的驻波比。

解 根据回波损耗的定义：

$$L_r = 20\lg|\Gamma_1|, \quad 即 \quad |\Gamma_1| = 10^{\frac{L_r}{20}}$$

因而，驻波比为

$$\rho = \frac{1 + |\Gamma_1|}{1 - |\Gamma_1|}$$

所以，当回波损耗分别为 3 dB 和 10 dB 时的驻波比分别为 5.85 和 1.92。

【1.8】 设某传输系统如题 1.8 图所示，画出 AB 段及 BC 段沿线各点电压、电流和阻抗的振幅分布图，并求出电压的最大值和最小值。（图中 $R = 900\ \Omega$）

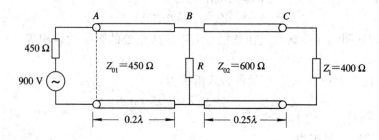

题 1.8 图

解 传输线 AB 段为行波状态，其上电压大小不变，幅值等于 450 V；阻抗等于 450 Ω，电流大小不变，幅值等于 1。

BC 段为行驻波状态，C 点为电压波节点，B 为电压波腹点，其终端反射系数为

$$\Gamma_1 = \frac{Z_1 - Z_0}{Z_1 + Z_0} = -0.2$$

BC 段传输线上电压最大值和最小值分别为

$$|U_{\max}| = |A_1|(1 + |\Gamma_1|) = 450 \text{ V}$$

$$|U_{\min}| = |A_1|(1 - |\Gamma_1|) = 300 \text{ V}$$

【1.9】 特性阻抗为 $Z_0 = 100\ \Omega$，长度为 $\lambda/8$ 的均匀无耗传输线，终端接有负载 $Z_1 = 200 + j300\ \Omega$，始端接有电压为 $500\text{ V}\angle 0°$，内阻 $R_g = 100\ \Omega$ 的电源。求：

① 传输线始端的电压。

② 负载吸收的平均功率。

③ 终端的电压。

解 根据输入阻抗公式，输入端的阻抗为

$$Z_{\text{in}}\left(\frac{\lambda}{8}\right) = 50(1 - j3)\ \Omega$$

由此可求得输入端的电压和电流分别为

$$U_{\text{in}} = \frac{E_g}{R_g + Z_{\text{in}}} Z_{\text{in}} = 372.7\angle -26.56°\ \text{V}$$

$$I_{\text{in}} = \frac{E_g}{R_g + Z_{\text{in}}} = 2.357\angle 45°\ \text{A}$$

根据教材中式(1-5-2)得

$$P_1 = \frac{1}{2}\frac{E_g E_g^*}{(Z_g + Z_{\text{in}})(Z_g + Z_{\text{in}})^*} R_{\text{in}} = 138.89\ \text{W}$$

$$\Gamma_1 = \frac{Z_1 - Z_0}{Z_1 + Z_0}; \ \Gamma_{\text{in}} = \frac{Z_{\text{in}} - Z_0}{Z_{\text{in}} + Z_0}$$

由教材中式(1-2-7)可求得

$$U_1 = U_{\text{in}}\frac{1 + \Gamma_1}{1 + \Gamma_{\text{in}}}e^{-j\beta l} = 424.92\angle -33.69°\ \text{V}$$

【1.10】 特性阻抗为 $Z_0 = 150\ \Omega$ 的均匀无耗传输线，终端接有负载 $Z_1 = 250 + j100\ \Omega$，用 $\lambda/4$ 阻抗变换器实现阻抗匹配如题 1.10 图所示，试求 $\lambda/4$ 阻抗变换器的特性阻抗 Z_{01} 及离终端距离。

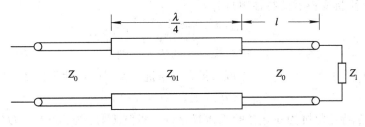

题 1.10 图

解 负载反射系数为

$$\Gamma_1 = \frac{Z_1 - Z_0}{Z_1 + Z_0} = 0.343\angle 0.54$$

第一个波腹点离负载的距离为

$$l_{max1} = \frac{\lambda}{4\pi}0.54 = 0.043\lambda$$

即在距离负载 $l=0.043\lambda$ 处插入一个 $\lambda/4$ 的阻抗变换器,即可实现匹配。

此处的等效阻抗为 $R_{max}=Z_0\rho$,而驻波比

$$\rho = \frac{1+|\Gamma_1|}{1-|\Gamma_1|} = 2.0441$$

所以,$\lambda/4$ 阻抗变换器的特性阻抗

$$Z_{01} = \sqrt{\rho Z_0^2} = 214.46\ \Omega$$

【1.11】 设特性阻抗为 $Z_0=50\ \Omega$ 的均匀无耗传输线,终端接有负载阻抗 $Z_1=100+$ j75 Ω 的复阻抗时,可用以下方法实现 $\lambda/4$ 阻抗变换器匹配:在终端或在 $\lambda/4$ 阻抗变换器前并接一段终端短路线,如题 1.11 图(a)、(b)所示,试分别求这两种情况下 $\lambda/4$ 阻抗变换器的特性阻抗 Z_{01} 及短路线长度 l。

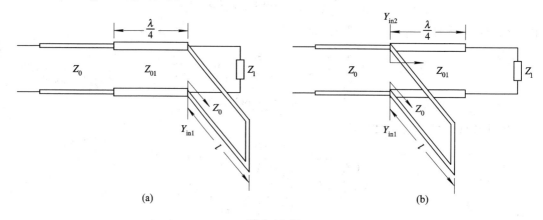

题 1.11 图

解 (a)图中短路线的输入导纳为

$$Y_{in1} = -jY_0 \cot\beta l, \quad Y_1 = \frac{1}{Z_1}$$

由 $Im(Y_{in1}+Y_1)=0$,得短路线长度 $l=0.287\lambda$,此时终端等效为纯电阻,即

$$R = 156.25\ \Omega$$

所以,$\lambda/4$ 阻抗变换器的特性阻抗为

$$Z_{01} = \sqrt{50 \times 156.25} = 88.38\ \Omega$$

(b)图中终端负载经 $\lambda/4$ 的阻抗变换器后的输入导纳 $Y_{in1}=Z_1/Z_{01}^2$,短路线的输入导纳 $Y_{in2}=-jY_0\cot\beta l$,由 $Y_{in1}+Y_{in2}=Y_0$ 可求得 $\lambda/4$ 阻抗变换器的特性阻抗及短路线长度,即

$$Z_{01} = 70.7\ \Omega, \quad l = 0.148\lambda$$

【1.12】 在特性阻抗为 600 Ω 的无耗双导线上测得 $|U|_{max}$ 为 200 V,$|U|_{min}$ 为 40 V,第一个电压波节点的位置 $l_{min1}=0.15\lambda$,求负载 Z_1。今用并联支节进行匹配,求出支节的位置和长度。

解 $\rho = \dfrac{200}{40} = 5$,反射系数的模值为

$$|\Gamma_1| = \frac{\rho - 1}{\rho + 1} = \frac{2}{3}$$

由 $l_{\min 1} = \frac{\lambda}{4\pi}\phi_1 + \frac{\lambda}{4} = 0.15\lambda$ 求得反射系数的相位 $\phi_1 = -0.4\pi$，可得复反射系数 $\Gamma_1 = \frac{2}{3}e^{-j0.4\pi}$，负载阻抗为

$$Z_1 = Z_0 \frac{1 + \Gamma_1}{1 - \Gamma_1} = 322.87 - j736.95 \ \Omega$$

并联支节的位置为

$$l_1 = \frac{\lambda}{2\pi}\arctan\frac{1}{\sqrt{\rho}} + 0.15\lambda = 0.22\lambda$$

并联支节的长度为

$$l_2 = \frac{\lambda}{4} + \frac{\lambda}{2\pi}\arctan\frac{\rho - 1}{\sqrt{\rho}} = 0.42\lambda$$

【1.13】 一均匀无耗传输线的特性阻抗为 70 Ω，负载阻抗为 $Z_1 = 70 + j140 \ \Omega$，工作波长 $\lambda = 20$ cm。试设计串联支节匹配器的位置和长度。

解 终端反射系数为

$$\Gamma_1 = \frac{Z_1 - Z_0}{Z_1 + Z_0} = 0.707\angle45°$$

驻波比为

$$\rho = \frac{1 + |\Gamma_1|}{1 - |\Gamma_1|} = 5.8$$

串联支节的位置为

$$l_1 = \frac{\lambda}{2\pi}\arctan\frac{1}{\sqrt{\rho}} + \frac{\lambda}{4\pi}\phi_1 = 2.5 \ \text{cm}$$

串联支节的长度为

$$l_2 = \frac{\lambda}{2\pi}\arctan\frac{\rho - 1}{\sqrt{\rho}} = 3.5 \ \text{cm}$$

【1.14】 有一空气介质的同轴线需装入介质支撑片，薄片的材料为聚苯乙烯，其相对介电常数为 $\varepsilon_r = 2.55$，如题 1.14 图所示。设同轴线外导体的内径为 7 cm，而内导体的外径为 2 cm，为使介质的引入不引起反射，则由介质填充部分的导体的外径应为多少？

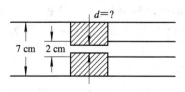

题 1.14 图

解 由填充前后特性阻抗相等，得

$$60\ln\frac{7}{2} = \frac{1}{\sqrt{\varepsilon_r}}60\ln\frac{7}{d}$$

求得 $d = 0.95$ cm。

【1.16】 在充有 $\varepsilon_r = 2.25$ 介质的 5 m 长同轴线中，传播 20 MHz 的电磁波，当终端短路时测得输入阻抗为 4.61 Ω；当终端理想开路时，测得输入阻抗为 1390 Ω。试计算该同轴线的特性阻抗。

解 方法一 由有耗传输线的输入阻抗，即

$$Z_{in} = Z_0 \frac{Z_1 \, \text{ch}\gamma l + Z_0 \, \text{sh}\gamma l}{Z_0 \, \text{ch}\gamma l + Z_1 \, \text{sh}\gamma l}$$

根据已知条件：$Z_1 = 0$，$Z_{in} = 4.61$；$Z_1 = \infty$，$Z_{in} = 1390$，求得 $Z_0 = 80 \ \Omega$。

方法二 根据传输线的 $\lambda/4$ 的变换性，有

$$Z_{in}(z) Z_{in}\left(z + \frac{\lambda}{4}\right) = Z_0^2$$

因而，得

$$Z_0 = 80 \ \Omega$$

【1.17】 特性阻抗为 50 Ω 的无耗传输线，终端接阻抗为 $Z_1 = 25 + j75 \ \Omega$ 的负载，采用单支节匹配，如题 1.17 图(a)所示，试用史密斯圆图和公式计算两种方法求支节的位置和长度。

解 方法一 先求负载的归一化阻抗 $\bar{z}_1 = Z_1/Z_0 = 0.5 + j1.5$，找出它在圆图上的位置 P_1，相应的归一化导纳为 $\bar{y}_1 = 0.2 - j0.6$，在圆图上它位于过匹配点 O 与 OP_1 相对称的位置 P_2 上，见题 1.17 图(b)。P_2 点对应的向电源方向的电长度为 0.412，负载反射系数 $\Gamma_1 = 0.745 \angle 1.11$。

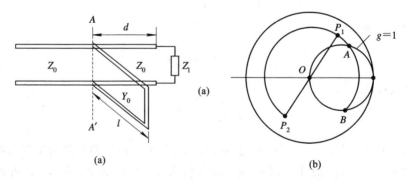

(a) (b)

题 1.17 图

然后，将点 P_2 沿等 $|\Gamma_1|$ 圆顺时针旋转与 $g = 1$ 的电导圆交于两点 A，B：A 点的导纳为 $\bar{y}_A = 1 + j12.2$，对应的电长度为 0.192，B 点的导纳为 $\bar{y}_B = 1 - j2.2$，对应的电长度为 0.308。

(1) 支节离负载的距离为

$$d = (0.5 - 0.412)\lambda + 0.192\lambda = 0.28\lambda$$
$$d' = (0.5 - 0.412)\lambda + 0.308\lambda = 0.396\lambda$$

(2) 短路支节的长度：短路支节对应的归一化导纳为 $\bar{y}_1 = -j2.2$ 和 $\bar{y}_2 = j2.2$，分别与 $\bar{y}_A = 1 + j2.2$ 和 $\bar{y}_B = 1 - j2.2$ 中的虚部相抵消。由于短路支节负载为短路，对应导纳圆图的右端点，将短路点顺时针旋转至单位圆与 $b = -2.2$ 及 $b = 2.2$ 的交点，旋转的长度分别为

$$l = 0.318\lambda - 0.25\lambda = 0.068\lambda$$

$$l' = 0.182\lambda + 0.25\lambda = 0.432\lambda$$

因此，从以上分析可以得到两组答案，它们分别是

$$d = 0.28\lambda, \ l = 0.068\lambda \ \text{和} \ d' = 0.396\lambda, \ l' = 0.432\lambda$$

方法二　先求终端反射系数

$$\Gamma_1 = \frac{Z_1 - Z_0}{Z_1 + Z_0} = \frac{25 + j75 - 50}{25 + j75 + 50} = 0.745\angle 1.11$$

因此，驻波系数为

$$\rho = \frac{1 + |\Gamma_1|}{1 - |\Gamma_1|} = 6.85$$

根据教材公式(1-5-21)可算得并联支节的位置为

$$d = \frac{\lambda}{2\pi}\arctan\frac{1}{\sqrt{\rho}} + \frac{\lambda}{4\pi}\phi_1 + \frac{\lambda}{4} = 0.396\lambda$$

并联支节的长度为

$$l = \frac{\lambda}{4} - \frac{\lambda}{2\pi}\arctan\frac{1-\rho}{\sqrt{\rho}} = 0.433\lambda$$

另一组解为

$$d' = -\frac{\lambda}{2\pi}\arctan\frac{1}{\sqrt{\rho}} + \frac{\lambda}{4\pi}\phi_1 + \frac{\lambda}{4} = 0.28\lambda$$

$$l' = \frac{\lambda}{4} + \frac{\lambda}{2\pi}\arctan\frac{1-\rho}{\sqrt{\rho}} = 0.067\lambda$$

1.5　练　习　题

1. 无耗传输线的特性阻抗为 $100\ \Omega$，负载阻抗为 $150-j100\ \Omega$，试用 Smith 圆图和公式两种方法求离负载 $\lambda/8$ 和 $\lambda/4$ 处的输入阻抗。（答案：$48-j36\ \Omega$，$46+j30.8\ \Omega$）

2. 特性阻抗为 $50\ \Omega$ 的传输线，测得传输线上反射系数的模 $|\Gamma| = 0.2$，求线上电压波腹点和波节点的输入阻抗。（答案：$75\ \Omega$，$33.3\ \Omega$）

3. 无耗传输线的特性阻抗为 $100\ \Omega$，接上 $Z_1 = 130+j85\ \Omega$ 的负载，工作波长 $\lambda = 360\ \text{cm}$，求：① 在离开负载 $25\ \text{cm}$ 处的阻抗。② 线上的驻波比。③ 如果线上波腹点电压的幅值为 $1\ \text{kV}$，求负载功率。（答案：① $216+j0\ \Omega$，② 2.16，③ $2315\ \text{W}$）

4. 传输线的特性阻抗为 $50\ \Omega$，用测量线测得线上电压最大值为 $U_{\max} = 100\ \text{mV}$，最小值为 $U_{\min} = 20\ \text{mV}$，邻近负载的第一个电压波节点到负载的距离为 $l_{\min 1} = 0.33\lambda$，求负载阻抗。（答案：$Z_1 = 38+j77\ \Omega$）

5. 传输线的特性阻抗为 $70\ \Omega$，负载阻抗 $Z_1 = 70+j70\ \Omega$，工作波长为 $\lambda = 40\ \text{cm}$，若用并联支节调配法匹配，求并联支节的位置和长度；若改用串联支节法匹配，支节的位置及长度为多少？（答案：$17.05\ \text{cm}$ 和 $15\ \text{cm}$，$7.05\ \text{cm}$ 和 $5\ \text{cm}$）

6. 已知某传输线长为 $1.2\ \text{m}$，工作波长 λ 分别为 $0.5\ \text{m}$ 和 $5\ \text{m}$。当终端开路及短路时，试判断其输入阻抗的性质（容性或感性）。

7. 传输线的特性阻抗 $Z_0 = 600\ \Omega$，负载阻抗 $Z_1 = 66.7\ \Omega$，为了使传输主线上不出现驻

波，在主线与负载之间接一 $\lambda/4$ 的匹配线。求：

① 匹配线的特性阻抗。

② 设负载功率为 1 kW，不计损耗，求电源端的电压和电流值。

③ 求主线与匹配线接点处的电压和电流值。

④ 求负载端的电压和电流。

（答案：① 200 Ω；② 775 V，1.29 A；③ 775 V，1.29 A；④ 258 V，3.87 A）

8. 试证明长为 $\lambda/2$ 的两端短路的无耗传输线，无论电源哪一点接入，其输入阻抗均对电源呈并联谐振状态。

第 2 章 规则金属波导

2.1 基本概念和公式

2.1.1 导波原理

1. 规则金属波导内的电磁波

1）规则金属波导的定义

截面尺寸、形状、材料及边界条件不变的均匀填充介质的金属波导管称为规则金属波导。

2）波导内电磁波的表达式

规则金属波导如图 2-1 所示，对它的分析，一般采用场分析方法，即麦克斯韦方程加边界条件的方法。

金属波导内部的电磁波满足矢量亥姆霍兹方程，即

$$\left.\begin{array}{l} \nabla^2 \boldsymbol{E} + k^2 \boldsymbol{E} = 0 \\ \nabla^2 \boldsymbol{H} + k^2 \boldsymbol{H} = 0 \end{array}\right\} \quad (2-1-1)$$

其中，$k^2 = \omega^2 \mu \varepsilon$。

将电场和磁场分解为横向分量和纵向分量，即

$$\left.\begin{array}{l} \boldsymbol{E} = \boldsymbol{E}_t + \boldsymbol{a}_z E_z \\ \boldsymbol{H} = \boldsymbol{H}_t + \boldsymbol{a}_z H_z \end{array}\right\} \quad (2-1-2)$$

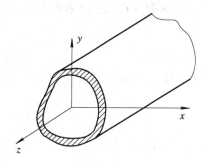

图 2-1 金属波导管结构图

其中，$\boldsymbol{a}_z$ 为 z 方向的单位矢量；t 表示横向坐标，代表直角坐标中的 (x,y)。

设 z 方向为其电磁波的传播方向，对无限长的无耗波导，其纵向（传播方向）电场和磁场分别为

$$\left.\begin{array}{l} E_z(x,y,z) = E_{0z}(x,y) \mathrm{e}^{-\mathrm{j}\beta z} \\ H_z(x,y,z) = H_{0z}(x,y) \mathrm{e}^{-\mathrm{j}\beta z} \end{array}\right\} \quad (2-1-3)$$

其中，β 为相移常数。

无源区电场和磁场应满足的麦克斯韦方程为

$$\left.\begin{array}{l} \nabla \times \boldsymbol{H} = \mathrm{j}\omega\varepsilon\boldsymbol{E} \\ \nabla \times \boldsymbol{E} = -\mathrm{j}\omega\mu\boldsymbol{H} \end{array}\right\} \quad (2-1-4)$$

将麦克斯韦方程在直角坐标系中展开，并将式(2-1-3)代入即可得电磁场的横向场分量：

$$
\left.
\begin{aligned}
E_x &= -\frac{\mathrm{j}}{k_c^2}\left(\omega\mu\frac{\partial H_z}{\partial y}+\beta\frac{\partial E_z}{\partial x}\right) \\
E_y &= \frac{\mathrm{j}}{k_c^2}\left(\omega\mu\frac{\partial H_z}{\partial x}-\beta\frac{\partial E_z}{\partial y}\right) \\
H_x &= \frac{\mathrm{j}}{k_c^2}\left(-\beta\frac{\partial H_z}{\partial x}+\omega\varepsilon\frac{\partial E_z}{\partial y}\right) \\
H_y &= -\frac{\mathrm{j}}{k_c^2}\left(\beta\frac{\partial H_z}{\partial y}+\omega\varepsilon\frac{\partial E_z}{\partial x}\right)
\end{aligned}
\right\}
\tag{2-1-5}
$$

其中，$k_c^2 = k^2 - \beta^2$ 为传输系统的本征值。

3) 结论

① 既满足上述方程又满足边界条件的解有许多，每一个解对应一个波型，也称之为模式，不同的模式具有不同的传输特性。

② $k_c^2 = k^2 - \beta^2$，是一个与导波系统横截面形状、尺寸及传输模式有关的参量。当相移常数 $\beta = 0$ 时意味着波导系统中电磁波不再传播，即截止，称 k_c 为截止波数。

2. 电磁波的传输特性

描述波导传输特性的主要参数有：相移常数、截止波数、相速、波导波长、群速、波阻抗及传输功率。

1) 相移常数和截止波数

相移常数 β 和截止波数 k_c 的关系式为

$$
\beta = \sqrt{k^2 - k_c^2} = k\sqrt{1 - k_c^2/k^2}
\tag{2-1-6}
$$

2) 相速 v_p

电磁波的等相位面移动速度称为相速，即

$$
v_p = \frac{\omega}{\beta} = \frac{c/\sqrt{\mu_r\varepsilon_r}}{\sqrt{1 - k_c^2/k^2}}
\tag{2-1-7}
$$

其中，c 为真空中光速。

3) 波导波长 λ_g

导行波的波长称为波导波长，它与波数的关系式为

$$
\lambda_g = \frac{2\pi}{\beta} = \frac{2\pi}{k}\frac{1}{\sqrt{1 - k_c^2/k^2}}
\tag{2-1-8}
$$

4) 波阻抗

某个波形的横向电场和横向磁场之比为波阻抗，即

$$
Z = \frac{E_t}{H_t}
\tag{2-1-9}
$$

不同的模式具有不同的波阻抗。

5) 传输功率

波导中某个波形的传输功率为

$$P = \frac{1}{2Z} \int_S |E_t|^2 \, \mathrm{d}S = \frac{Z}{2} \int_S |H_t|^2 \, \mathrm{d}S \qquad (2-1-10)$$

式中，Z 为该波形的波阻抗，E_t 和 H_t 分别为电磁场的横向电场和磁场，S 表示在横截面上的积分。

3. 导行波的分类

根据截止波数 k_c 的不同，可将导行波分为以下三种情况。

1）$k_c^2 = 0$（即 $k_c = 0$）

$k_c = 0$ 意味着该导行波既无纵向电场又无纵向磁场，只有横向电场和磁场，故称为横电磁波，简称 TEM 波。这是一种不可能在金属波导中存在的模式。

2）$k_c^2 > 0$

这时只要 E_z 和 H_z 中有一个不为零即可满足边界条件，可分为两种情形：

① TM 波：$E_z \neq 0$ 而 $H_z = 0$ 的波称为磁场纯横向波，简称 TM 波，又称为 E 波。

② TE 波：$E_z = 0$ 而 $H_z \neq 0$ 的波称为电场纯横向波，简称 TE 波，又称为 H 波。

3）$k_c^2 < 0$

在由光滑导体壁构成的金属波导中不可能存在 $k_c^2 < 0$ 的情形，只有当某种阻抗壁（比如在介质波导）中才有这种可能。

4）结论

① 在规则金属波导中，不存在 TEM 波，而只能存在 TM 波或 TE 波。

② 无论是 TM 波还是 TE 波，其相速均比无界媒质空间中的速度要快，故称之为快波。

③ 在金属波导中，波导波长均大于它的工作波长。

2.1.2 矩形波导

1. 矩形波导中的场

1）矩形波导的定义

由金属材料制成的矩形截面、内充空气的规则金属波导称为矩形波导。它是微波技术中最常用的传输系统之一，如图 2-2 所示。

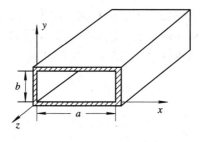

图 2-2 矩形波导

2）矩形波导中的场

① 矩形金属波导中只能存在 TE 波和 TM 波，TE 波是所有 TE_{mn} 模式场的总和，而 TM 波是所有 TM_{mn} 模式场的总和。

② TE$_{10}$ 模是矩形波导 TE 波的最低次模,其余称为高次模。

③ TM$_{11}$ 模是矩形波导 TM 波的最低次模,其它均为高次模。

2. 矩形波导的传输特性

1) 截止波数与截止波长

矩形波导 TE$_{mn}$ 和 TM$_{mn}$ 模的截止波数均为

$$k_{cmn}^2 = \left(\frac{m\pi}{a}\right)^2 + \left(\frac{n\pi}{b}\right)^2 \qquad (2-1-11)$$

它们对应的截止波长均为

$$\lambda_c = \frac{2\pi}{k_{cmn}} = \frac{2}{\sqrt{(m/a)^2 + (n/b)^2}} \qquad (2-1-12)$$

其中,a 为矩形波导的宽边长度,b 为窄边长度。BJ - 32 矩形波导各模式的截止波长,如图 2 - 3 所示。

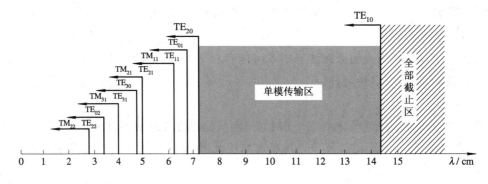

图 2 - 3 BJ - 32 波导各模式截止波长分布图

此时,相移常数为

$$\beta = \frac{2\pi}{\lambda} \sqrt{1 - \left(\frac{\lambda}{\lambda_c}\right)^2} \qquad (2-1-13)$$

其中,$\lambda = 2\pi/k$ 为工作波长。

2) 结论

① 当工作波长 λ 小于某个模的截止波长 λ_c 时,此模可在波导中传输,称为传导模。

② 当工作波长 λ 大于某个模的截止波长 λ_c 时,此模在波导中不能传输,称为截止模。

③ 一个模式能否在波导中传输取决于波导结构和工作频率(或波长)。对相同的 m 和 n,TE$_{mn}$ 和 TM$_{mn}$ 模具有相同的截止波长,故又称为简并模,它们虽然场分布不同,但具有相同的传输特性。

3. 主模 TE$_{10}$

1) 主模的定义及特点

在导行波中截止波长 λ_c 最长的导行模称为该导波系统的主模。

矩形波导的主模为 TE$_{10}$ 模,因为该模式具有场结构简单、稳定、频带宽和损耗小等特点,所以实用时几乎毫无例外地工作在 TE$_{10}$ 模式。

2) TE$_{10}$模场的表达式

$$
\left.
\begin{aligned}
E_y &= \frac{\omega\mu a}{\pi} H_{10} \sin\left(\frac{\pi}{a}x\right) \cos\left(\omega t - \beta z - \frac{\pi}{2}\right) \\
H_x &= \frac{\beta a}{\pi} H_{10} \sin\left(\frac{\pi}{a}x\right) \cos\left(\omega t - \beta z + \frac{\pi}{2}\right) \\
H_z &= H_{10} \cos\left(\frac{\pi}{a}x\right) \cos(\omega t - \beta z) \\
E_x &= E_z = H_y = 0
\end{aligned}
\right\}
\quad (2-1-14)
$$

3) TE$_{10}$模的传输特性

（1）截止波长与相移常数。

TE$_{10}$模的截止波数为

$$
k_c = \frac{\pi}{a}
$$

其截止波长为

$$
\lambda_{cTE_{10}} = \frac{2\pi}{k_c} = 2a
$$

相移常数为

$$
\beta = \frac{2\pi}{\lambda} \sqrt{1 - \left(\frac{\lambda}{2a}\right)^2} \quad (2-1-15)
$$

（2）波导波长与波阻抗。

TE$_{10}$模的波导波长为

$$
\lambda_g = \frac{2\pi}{\beta} = \frac{\lambda}{\sqrt{1 - \left(\frac{\lambda}{2a}\right)^2}} \quad (2-1-16)
$$

其波阻抗为

$$
Z_{TE_{10}} = \frac{120\pi}{\sqrt{1 - \left(\frac{\lambda}{2a}\right)^2}} \quad (2-1-17)
$$

（3）相速与群速。

TE$_{10}$模的相速 v_p 和群速 v_g 分别为

$$
v_p = \frac{\omega}{\beta} = \frac{c}{\sqrt{1 - \left(\frac{\lambda}{2a}\right)^2}} \quad (2-1-18)
$$

$$
v_g = \frac{d\omega}{d\beta} = c\sqrt{1 - \left(\frac{\lambda}{2a}\right)^2} \quad (2-1-19)
$$

式中，c 为自由空间光速。

（4）传输功率与功率容量。

TE$_{10}$模的传输功率为

$$
P = \frac{abE_{10}^2}{4Z_{TE_{10}}} \quad (2-1-20)
$$

其中，$E_{10} = \frac{\omega\mu a}{\pi} H_{10}$ 是 E_y 分量在波导宽边中心处的振幅值。

空气矩形波导传输 TE_{10} 模时的功率容量为

$$P_{\text{bro}} = 0.6ab\sqrt{1 - \left(\frac{\lambda}{2a}\right)^2} \quad \text{MW} \qquad (2-1-21)$$

其中，a、b 为波导的尺寸，单位为 cm。

负载不匹配时的功率容量 P_{br}' 和匹配时的功率容量 P_{br} 的关系为

$$P_{\text{br}}' = \frac{P_{\text{br}}}{\rho} \qquad (2-1-22)$$

其中，ρ 为驻波系数。

（5）衰减特性。

TE_{10} 模的衰减常数为

$$\alpha_{\text{c}} = \frac{8.686R_{\text{s}}}{120\pi b\sqrt{1 - \left(\frac{\lambda}{2a}\right)^2}}\left[1 + 2\frac{b}{a}\left(\frac{\lambda}{2a}\right)^2\right] \quad \text{dB/m} \qquad (2-1-23)$$

式中，$R_{\text{s}} = \sqrt{\pi f\mu/\sigma}$ 为导体表面电阻。

2.1.3 圆波导

1. 圆波导中的场

1）圆波导的定义

由金属材料制成的圆形截面、内充空气的规则金属波导称为圆形波导，简称圆波导，如图 2-4 所示。

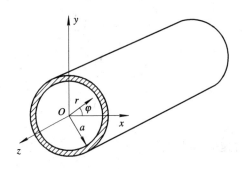

图 2-4　圆波导及其坐标系

2）圆波导中的场

① 与矩形波导一样，圆波导中也只能传输 TE 波和 TM 波。

② TE_{11} 模是圆波导中的主模，TM_{01} 模是圆波导第一个高次模，而 TE_{01} 模的损耗最低，这三种模式是常用的模式。

2. 圆波导的传播特性

与矩形波导不同，圆波导的 TE 波和 TM 波的传输特性各不相同。

1）截止波长

圆波导 TE_{mn} 模、TM_{mn} 模的截止波长分别为

$$\left.\begin{array}{l}\lambda_{cTE_{mn}}=\dfrac{2\pi}{k_{cTE_{mn}}}=\dfrac{2\pi a}{\mu_{mn}}\\[3mm]\lambda_{cTM_{mn}}=\dfrac{2\pi}{k_{cTM_{mn}}}=\dfrac{2\pi a}{\upsilon_{mn}}\end{array}\right\}\qquad(2-1-24)$$

式中，υ_{mn} 和 μ_{mn} 分别为 m 阶贝塞尔函数及其一阶导数的第 n 个根。m 表示场沿圆周分布的整波数，n 表示场沿半径分布的最大值个数。在所有的模式中，TE_{11} 模的截止波长最长，其次为 TM_{01} 模，三种典型模式的截止波长分别为

$$\lambda_{cTE_{11}}=3.4126a,\quad \lambda_{cTM_{01}}=2.6127a,\quad \lambda_{cTE_{01}}=1.6398a$$

圆波导中各模式截止波长的分布如图 2-5 所示。

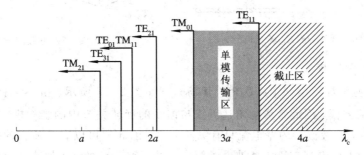

图 2-5 圆波导中各模式截止波长的分布图

2）简并模式

在圆波导中的场可能有两种简并模式，它们是 E-H 简并和极化简并。

（1）E-H 简并。

由于 $\lambda_{cTE_{0n}}=\lambda_{cTM_{1n}}$，从而形成了 TE_{0n} 模和 TM_{1n} 模的简并，称为 E-H 简并。

（2）极化简并。

任意极化方向的电磁波都可以看成是偶对称极化波和奇对称极化波的线性组合。偶对称极化波和奇对称极化波具有相同的场分布，称为极化简并。

正因为存在极化简并，波在传播过程中由于圆波导细微的不均匀而引起极化旋转，从而导致不能单模传输。同时，也正是因为有极化简并现象，圆波导可以构成极化分离器、极化衰减器等。

3）传输功率

TE_{mn} 模和 TM_{mn} 模的传输功率分别为

$$P_{TE_{mn}}=\frac{\pi a^2}{2\delta_m}\left(\frac{\beta}{k_c}\right)^2 Z_{TE}H_{mn}^2\left(1-\frac{m^2}{k^2 a^2}\right)J_m^2(k_c a)\qquad(2-1-25)$$

$$P_{TM_{mn}}=\frac{\pi a^2}{2\delta_m}\left(\frac{\beta}{k_c}\right)^2 \frac{E_{mn}^2}{Z_{TM}}J_m^{'2}(k_c a)\qquad(2-1-26)$$

其中，$\delta_m=\begin{cases}2 & m\neq 0\\ 1 & m=0\end{cases}$。

3. 三种常用模式

1）主模 TE_{11} 模

TE_{11} 模的截止波长最长，是圆波导中的主模。它的场结构分布图如图 2-6 所示。由于

圆波导中 TE_{11} 模的场分布与矩形波导的 TE_{10} 模的场分布很相似,因此工程上容易通过矩形波导的横截面逐渐过渡变为圆波导,如图 2-7 所示,从而构成方圆波导变换器。

但由于圆波导中极化简并模的存在,所以很难实现单模传输,因此圆波导不太适合于远距离传输场合。

 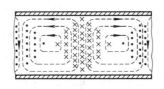 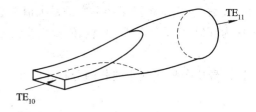

图 2-6　圆波导 TE_{11} 场结构分布图　　　　图 2-7　方圆波导变换器

2)圆对称 TM_{01} 模

TM_{01} 模是圆波导的第一个高次模,其场分布如图 2-8 所示。由于它具有圆对称性,故不存在极化简并模,因此常作为雷达天线与馈线的旋转关节中的工作模式。另外,因其磁场只有 H_{φ} 分量,故波导内壁电流只有纵向分量,因此它可以有效地和轴向流动的电子流交换能量,所以可将其应用于微波电子管中的谐振腔及直线电子加速器中的工作模式。

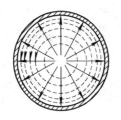 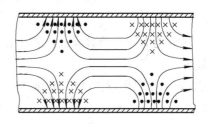

图 2-8　圆波导 TM_{01} 场结构分布图

3)低损耗的 TE_{01} 模

TE_{01} 模是圆波导的高次模式,比它低的模式有 TE_{11}、TM_{01} 和 TE_{21},它与 TM_{11} 是简并模。它也是圆对称模故无极化简并,其电场分布如图 2-9 所示。其磁场只有径向和轴向分量,故波导管壁无纵向电流,只有轴向电流。当传输功率一定时,随着频率升高,管壁的热损耗将单调下降,故其损耗相对其它模式来说是低的。因此,可将工作在 TE_{01} 模的圆波导用于毫米波的远距离传输或制作高 Q 值的谐振腔。

 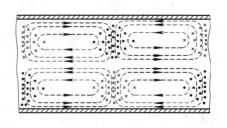

图 2-9　圆波导 TE_{01} 场结构分布图

2.1.4 波导的激励与耦合

1. 激励与耦合的定义

在波导中产生导行模称为波导的激励，从波导中提取微波信息称为波导的耦合。波导的激励与耦合本质上是电磁波的辐射和接收，是微波源向波导内有限空间的辐射或从波导的有限空间内接收微波信息。由于辐射和接收是互易的，因此激励与耦合有相同的场结构。

2. 激励的方法

激励波导的方法通常有三种：电激励、磁激励和孔缝激励。

1）电激励

将同轴线内的导体延伸一小段沿电场方向插入矩形波导内构成探针激励，这种激励称为电激励，如图 2 - 10 所示。为了提高功率耦合效率，在探针位置两边的波导与同轴线的阻抗应匹配，为此往往在波导一端接上一个短路活塞，如图 2 - 10(b)所示。调节探针插入深度 d 和短路活塞位置 l，可以使同轴线耦合到波导中去的功率达到最大。短路活塞的作用是提供一个可调电抗以抵消与高次模相对应的探针电抗。

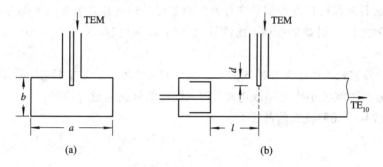

图 2 - 10 探针激励及其调配
（a）探针激励；（b）带匹配的探针激励

2）磁激励

将同轴线的内导体延伸一小段后弯成环形，将其端部焊在外导体上，然后插入到波导中所需激励模式的磁场最强处，并使小环法线平行于磁力线，这种激励称为磁激励，如图 2 - 11 所示。

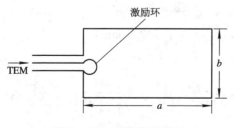

图 2 - 11 磁激励示意图

3）孔缝激励

在两个波导的公共壁上开孔或缝，使一部分能量辐射到另一个波导上，由于波导开口处的辐射类似于电流元的辐射，故称为电流激励，如图 2 - 12 所示。

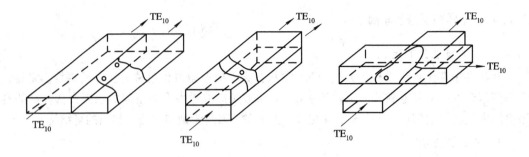

图 2 - 12　波导的小孔耦合

2.2　典型例题分析

【例 1】 空心矩形金属波导的尺寸为 $a \times b = 22.86 \times 10.16 \ \text{mm}^2$，当信源的波长分别为 10 cm、8 cm 和 3.2 cm 时，问：

① 哪些波长的波可以在该波导中传输？对于可传输的波在波导内可能存在哪些模式？

② 若信源的波长仍如上所述，而波导尺寸为 $a \times b = 72.14 \times 30.4 \ \text{mm}^2$，此时情况又如何？

解　当信源波长 λ 小于某种模式的截止波长时，此种模式才能传输，而矩形波导的主模为 TE_{10}，若信源波长小于主模截止波长时，则此信号就能通过波导。

① 矩形波导中几种模式的截止波长为

$$\lambda_{c\text{TE}_{10}} = 2a = 4.572 \ \text{cm}$$

$$\lambda_{c\text{TE}_{20}} = a = 2.286 \ \text{cm}$$

$$\lambda_{c\text{TE}_{01}} = 2b = 2.032 \ \text{cm}$$

由于 $\lambda = 10$ cm 和 $\lambda = 8$ cm 两种信源的波长均大于主模 TE_{10} 的截止波长，所以它们不能通过波导，只有波长为 3.2 cm 的信源能通过波导。

又因为 $\lambda_{c\text{TE}_{20}} < \lambda < \lambda_{c\text{TE}_{10}}$，所以，此时波导内只存在 TE_{10} 模。

② 当波导的尺寸为 $a \times b = 72.14 \times 30.4 \ \text{mm}^2$ 时，几种模式的截止波长变为

$$\lambda_{c\text{TE}_{10}} = 2a = 14.428 \ \text{cm}$$

$$\lambda_{c\text{TE}_{20}} = a = 7.214 \ \text{cm}$$

$$\lambda_{c\text{TE}_{01}} = 2b = 6.08 \ \text{cm}$$

$$\lambda_{c\text{TE}_{11}} = \lambda_{c\text{TM}_{11}} = \frac{2ab}{\sqrt{a^2 + b^2}} = 5.603 \ \text{cm}$$

$$\lambda_{c\text{TE}_{21}} = \lambda_{c\text{TM}_{21}} = \frac{2ab}{\sqrt{a^2 + 4b^2}} = 2.975 \ \text{cm}$$

可见，此时，三种波长的信源均可以通过波导。

当 $\lambda = 10$ cm 和 $\lambda = 8$ cm 时，波导中只存在主模 TE_{10}；当 $\lambda = 3.2$ cm 时，波导中存在 TE_{10}、TE_{20}、TE_{01}、TE_{11} 和 TM_{11} 五种模式。

【例 2】 矩形波导截面尺寸为 $a \times b = 72 \text{ mm} \times 30 \text{ mm}$，波导内充满空气，信号源频率为 3 GHz，试求：

① 波导中可以传播的模式。

② 该模式的截止波长 λ_c、相移常数 β、波导波长 λ_g、相速 v_p、群速和波阻抗。

解 ① 由信号源频率可求得其波长为

$$\lambda = \frac{c}{f} = \frac{3 \times 10^8}{3 \times 10^9} = 10 \text{ cm}$$

矩形波导中，TE_{10}、TE_{20} 的截止波长为

$$\lambda_{cTE_{10}} = 2a = 14.4 \text{ cm}$$

$$\lambda_{cTE_{20}} = a = 7.2 \text{ cm}$$

可见，波导中只能传输 TE_{10} 模。

② TE_{10} 的截止波长为

$$\lambda_c = 2a = 14.4 \text{ cm}$$

截止波数为

$$k_c = \frac{\pi}{a} = 13.89 \pi$$

自由空间的波数为

$$k = \omega \sqrt{\mu_0 \varepsilon_0} = 20 \pi$$

所以，相移常数为

$$\beta = \sqrt{k^2 - k_c^2} = 45.2$$

此时，相速和群速分别为

$$v_p = \frac{\omega}{\beta} = 4.17 \times 10^8 \text{ m/s}$$

$$v_g = \frac{\mathrm{d}\omega}{\mathrm{d}\beta} = c \sqrt{1 - (\lambda/2a)^2} = 2.16 \times 10^8 \text{ m/s}$$

波导波长为

$$\lambda_g = \frac{2\pi}{\beta} = 13.9 \text{ cm}$$

波阻抗为

$$Z_w = \frac{120\pi}{\sqrt{1 - (\lambda/\lambda_c)^2}} = 166.8\pi \ \Omega$$

【例 3】 一圆波导的半径 $a = 3.8 \text{ cm}$，空气介质填充。试求：

① TE_{11}、TE_{01}、TM_{01} 三种模式的截止波长。

② 当工作波长为 $\lambda = 10 \text{ cm}$ 时，求最低次模的波导波长 λ_g。

③ 求传输模单模工作的频率范围。

解 ① 三种模式的截止波长为

$$\lambda_{cTE_{11}} = 3.4126a = 12.9679 \text{ cm}$$

$$\lambda_{cTM_{01}} = 2.6127a = 9.9283 \text{ cm}$$

$$\lambda_{cTE_{01}} = 1.6398a = 6.2312 \text{ cm}$$

② 当工作波长 $\lambda = 10$ cm 时，只出现主模 TE_{11}，其波导波长为

$$\lambda_g = \frac{2\pi}{\beta} = \frac{\lambda}{\sqrt{1 - \left(\dfrac{\lambda}{\lambda_c}\right)^2}} = \frac{10}{\sqrt{1 - \left(\dfrac{10}{12.9679}\right)^2}} = 15.7067 \text{ cm}$$

③ 只有信号的波长满足条件 $\lambda_{cTM_{01}} < \lambda < \lambda_{cTE_{11}}$，即

$$9.9283 \times 10^{-2} < \frac{c}{f} < 12.9679 \times 10^{-2}$$

时，才能实现单模传输，因此单模传输的频率范围为

$$2.31 \text{ GHz} < f < 3.02 \text{ GHz}$$

2.3　基　本　要　求

★ 了解规则金属波导的分析方法及其与双线传输线的异同。

★ 掌握矩形金属波导的传播模式及传输特性，了解波导波长、截止波长和工作波长三者的关系。掌握单模传输的条件，主要掌握 TE_{10} 模的传输特性包括截止波数及截止波长、波导波长、波阻抗、相速和群速及传输功率等的分析与求解。

★ 了解矩形波导的衰减和带宽问题。

★ 了解圆波导中传输的模式，掌握圆波导中的三种常用模式的特点。

★ 掌握波导的激励与耦合的方法。

2.4　部分习题及参考解答

【2.1】 试说明为什么规则金属波导内不能传输 TEM 波。

答 这是因为：如果内部存在 TEM 波，则要求磁场应完全在波导的横截面内，而且是闭合曲线。由麦克斯韦第一方程知，闭合曲线上磁场的积分应等于与曲线相交链的电流。由于空心金属波导中不存在轴向即传播方向的传导电流，故必要求有传播方向的位移电流。由于位移电流的定义式为 $\boldsymbol{J}_d = \partial \boldsymbol{D}/\partial t$，这就要求在传播方向上要有电场存在。显然，这个结论与 TEM 波（既不存在传播方向的电场也不存在传播方向的磁场）的定义相矛盾。所以，规则金属波导内不能传输 TEM 波。

【2.2】 矩形波导的横截面尺寸为 $a = 22.86$ mm，$b = 10.16$ mm，将自由空间波长为 20 mm、30 mm 和 50 mm 的信号接入此波导，能否传输？若能，出现哪些模式？

解 当 $\lambda < \lambda_c$ 时信号能传输，矩形波导中各模式的截止波长为

$$\lambda_{cTE_{10}} = 2a = 45.72 \text{ mm}$$

$$\lambda_{cTE_{20}} = a = 22.86 \text{ mm}$$

$$\lambda_{cTE_{01}} = 2b = 20.32 \text{ mm}$$

因此，$\lambda = 50$ mm 的信号不能传输；$\lambda = 30$ mm 的信号能传输，工作在主模 TE_{10}；$\lambda = 20$ mm 的信号能传输，矩形波导存在 TE_{10}、TE_{20}、TE_{01} 三种模式。

【2.3】 矩形波导截面尺寸为 $a \times b = 23 \text{ mm} \times 10 \text{ mm}$，波导内充满空气，信号源频率为 10 GHz，试求：

① 波导中可以传播的模式。

② 该模式的截止波长 λ_c、相移常数 β、波导波长 λ_g 及相速 v_p。

解 信号波长为

$$\lambda = \frac{c}{f} = 3 \text{ cm} = 30 \text{ mm}$$

$$\lambda_{c\text{TE}_{10}} = 2a = 46 \text{ mm}$$

$$\lambda_{c\text{TE}_{20}} = a = 23 \text{ mm}$$

因而波导中可以传输的模式为 TE_{10}，$\beta = \sqrt{k^2 - k_c^2} = 158.8$。此时，有

$$v_p = \frac{\omega}{\beta} = 3.95 \times 10^8 \text{ m/s}$$

$$\lambda_g = \frac{2\pi}{\beta} = 39.5 \text{ mm}$$

【2.4】 用 BJ – 100 矩形波导以主模传输 10 GHz 的微波信号，则

① 求 λ_c、λ_g、β 和波阻抗 Z_w。

② 若波导宽边尺寸增加一倍，上述各量如何变化？

③ 若波导窄边尺寸增大一倍，上述各量如何变化？

④ 若尺寸不变，工作频率变为 15 GHz，上述各量如何变化？

解 BJ – 100 波导的尺寸为

$$a \times b = 22.86 \text{ mm} \times 10.16 \text{ mm}$$

信号波长为

$$\lambda = \frac{c}{f} = 3 \text{ cm} = 30 \text{ mm}$$

①

$$\lambda_c = 2a = 45.72 \text{ mm}$$

$$k_c = \frac{2\pi}{\lambda_c}, \qquad k = \frac{2\pi}{\lambda}$$

$$\beta = \sqrt{k^2 - k_c^2} = 50\pi$$

$$\lambda_g = \frac{2\pi}{\beta} = 40 \text{ mm}$$

$$Z_w = \frac{120\pi}{\sqrt{1 - (\lambda/\lambda_c)^2}} = 159\pi \ \Omega$$

② 宽边增大一倍，有

$$\lambda_c = 91.44 \text{ mm}$$

$$k_c = \frac{2\pi}{\lambda_c}, \qquad k = \frac{2\pi}{\lambda}$$

$$\beta = \sqrt{k^2 - k_c^2} = 63\pi$$

$$\lambda_g = \frac{2\pi}{\beta} = 32 \text{ mm}$$

$$Z_w = \frac{120\pi}{\sqrt{1 - (\lambda/\lambda_c)^2}} = 127\pi \ \Omega$$

③ 窄边增大一倍，由于 $b' = 2b = 20.32 \text{ mm} < a$，因而传输的主模仍然为 TE_{10}、λ_c、β、

λ_g 和 Z_w 与①中相同。

④ 波导尺寸不变,有

$$f' = 15 \text{ GHz}, \quad \lambda' = \frac{c}{f'} = 2 \text{ cm}$$

此时波导中存在 TE_{10}、TE_{20}、TE_{01} 三种模式。

对主模 TE_{10} 来说,有

$$\lambda_c = 2a = 45.72 \text{ mm}$$

$$\beta = \sqrt{k^2 - k_c^2} = 89.92\pi$$

$$\lambda_g = \frac{2\pi}{\beta} = 2.22 \text{ cm}$$

$$Z_w = \frac{120\pi}{\sqrt{1 - (\lambda/\lambda_c)^2}} = 133.4\pi \ \Omega$$

【2.5】 试证明工作波长 λ,波导波长 λ_g 和截止波长 λ_c 满足以下关系:

$$\lambda = \frac{\lambda_g \lambda_c}{\sqrt{\lambda_g^2 + \lambda_c^2}}$$

证明

$$\lambda = \frac{2\pi}{k} = \frac{2\pi}{\sqrt{k_c^2 + \beta^2}} = \frac{2\pi}{\sqrt{(2\pi/\lambda_c)^2 + (2\pi/\lambda_g)^2}} = \frac{\lambda_c \lambda_g}{\sqrt{\lambda_c^2 + \lambda_g^2}}$$

【2.6】 设矩形波导 $a = 2b$,工作在 TE_{10} 模式,求此模式中衰减最小时的工作频率 f。

解 将 $b = \dfrac{a}{2}$ 及 $f = \dfrac{c}{\lambda}$ 代入教材中式(2-2-37)得

$$\alpha_c = \frac{8.686 \sqrt{\pi\mu c/\sigma}}{60\pi a} \cdot \frac{1 + \left(\dfrac{\lambda}{2a}\right)^2}{\left[\lambda\left(1 - \left(\dfrac{\lambda}{2a}\right)^2\right)\right]^{\frac{1}{2}}}$$

由 $\dfrac{d\alpha_c}{d\lambda} = 0$ 得

$$\lambda^4 - 24a^2\lambda^2 + 16a^2 = 0$$

衰减最小时工作频率为

$$f = \frac{c}{2a\sqrt{3 + 2\sqrt{2}}}$$

其中,c 为光速。

【2.7】 设矩形波导尺寸为 $a \times b = 60 \text{ mm} \times 30 \text{ mm}$,内充空气,工作频率 3 GHz,工作在主模,求该波导能承受的最大功率。

解

$$\lambda = \frac{c}{f} = 10 \text{ cm}$$

$$P_{br0} = 0.6ab\sqrt{1 - \left(\frac{\lambda}{2a}\right)^2} = 5.97 \text{ MW}$$

【2.8】 已知圆波导的直径为 50 mm,填充空气介质。试求:

① TE_{11}、TE_{01}、TM_{01} 三种模式的截止波长。

② 当工作波长分别为 70 mm、60 mm、30 mm 时，波导中出现上述哪些模式？

③ 当工作波长为 $\lambda = 70$ mm 时，求最低次模的波导波长 λ_g。

解 ① 三种模式的截止波长为

$$\lambda_{cTE_{11}} = 3.4126a = 85.3150 \text{ mm}$$

$$\lambda_{cTM_{01}} = 2.6127a = 65.3175 \text{ mm}$$

$$\lambda_{cTE_{01}} = 1.6398a = 40.9950 \text{ mm}$$

② 当工作波长 $\lambda = 70$ mm 时，只出现主模 TE_{11}；

当工作波长 $\lambda = 60$ mm 时，出现 TE_{11} 和 TM_{01}；

当工作波长 $\lambda = 50$ mm 时，出现 TE_{11}、TM_{01} 和 TE_{01}。

③ $$\lambda_g = \frac{2\pi}{\beta} = \frac{\lambda}{\sqrt{1-(\lambda/\lambda_c)^2}} = \frac{70}{\sqrt{1-(70/85.3150)^2}} = 122.4498 \text{ mm}$$

【2.9】 已知工作波长为 8 mm，信号通过尺寸为 $a \times b = 7.112 \text{ mm} \times 3.556 \text{ mm}$ 的矩形波导，现转换到圆波导 TE_{01} 模传输，要求圆波导与上述矩形波导相速相等，试求圆波导的直径；若过渡到圆波导后要求传输 TE_{11} 模且相速一样，再求圆波导的直径。

解 当工作波长 $\lambda = 8$ mm 时，矩形波导 7.112 mm × 3.556 mm 中只传输 TE_{10} 模，此时 $\lambda_c = 2a = 14.224$ mm，其相速 $v_p = \dfrac{\omega}{\beta} = \dfrac{\omega}{\sqrt{k^2 - k_c^2}}$；圆波导的 TE_{01} 模的截止波长 $\lambda'_{cTE_{01}} = 1.6398r$（式中，$r$ 为圆波导的半径），其相移常数 $\beta' = \sqrt{k^2 - k_c'^2}$，要使两者的相速相等，则 $\beta = \beta'$，也就是 $\lambda_c = \lambda'_{cTE_{01}} = 14.224$ mm。因此，圆波导的半径 $r = 3.71$ mm；若过渡到圆波导后要求传输 TE_{11} 模且相速一样，则圆波导的半径 $r = 7.72$ mm。

【2.10】 已知矩形波导的尺寸为 $a \times b = 23 \text{ mm} \times 10 \text{ mm}$，试求：

① 传输模的单模工作频带。

② 在 a、b 不变的情况下如何才能获得更宽的频带？

解 ① $\lambda_{cTE_{10}} = 2a = 46$ mm， $\lambda_{cTE_{20}} = a = 23$ mm

当 23 mm < λ < 46 mm 时单模传输，因此单模工作频率：

$$23 \text{ mm} < \frac{c}{f} < 46 \text{ mm}$$

即 $$6.5 \text{ GHz} < f < 13 \text{ GHz}$$

② 加载。主要是使第一高次模与主模的截止频率间隔加大，脊波导就是一种。

【2.11】 已知工作波长 $\lambda = 5$ mm，要求单模传输，试确定圆波导的半径，并指出是什么模式。

解 圆波导中两种模式的截止波长为

$$\lambda_{cTE_{11}} = 3.4126a, \lambda_{cTM_{01}} = 2.6127a$$

要保证单模传输，工作波长满足以下关系：

$$2.6127a < \lambda < 3.4126a$$

即 1.47 mm < a < 1.91 mm 时，可以保证单模传输，此时传输的模式为主模 TE_{11}。

2.5 练 习 题

1. 矩形波导中的 λ_c 与 λ_g、v_p 与 v_g 有什么区别和联系? 它们与哪些因素有关?

2. 何谓 TEM 波、TE 波和 TM 波? 其波阻抗和自由空间的波阻抗有什么关系?

3. 矩形波导的横截面尺寸为 $a=23$ mm, $b=10$ mm, 波导内充满空气, 传输频率为 10 GHz 的 TE_{10} 波。试求:

① 截止波长 λ_c、波导波长 λ_g、相速 v_p 及波阻抗。

② 如果频率稍为增大, 上述参量如何变化?

③ 如果波导尺寸 a 或 b 发生变化, 上述参量又如何变化?

(答案: $\lambda_c=46$ mm, $\lambda_g=39.57$ mm, $v_p=3.96\times10^8$ m/s, $Z_w=497$ Ω)

4. 矩形波导截面尺寸为 $a\times b=23$ mm×10 mm, 中心工作频率为 $f_0=9375$ MHz。求单模工作的频率范围及中心频率所对应的波导波长 λ_g 和相速 v_p。(答案: $\lambda_g=4.45$ cm, $v_p=4.18\times10^8$ m/s)

5. 用 BJ - 32 波导作馈线, 则

① 当工作波长为 6 cm 时, 波导中能传输哪些模式?

② 若用测量线测得波导中传输 TE_{10} 模时两波节点之间的距离为 10.9 cm, 求 λ 与 λ_g。(答案: $\lambda_g=21.8$ cm, $\lambda=12$ cm)

③ 波导中传输 H_{10} 波时, 设 $\lambda=10$ cm, 求 λ_c 与 λ_g, v_p 与 v_g。

6. 一空气填充波导, 其尺寸为 $a\times b=22.9$ mm×10.2 mm, 传输 TE_{10} 波, 工作频率为 $f=9.375$ GHz, 空气的击穿强度为 30 kV/cm, 求波导能传输的最大功率。(答案: 997 kW)。

7. 圆波导中波型指数 m 和 n 的意义是什么? 欲在圆波导中得到单模传输, 应选择哪些波型? 单模传输的条件是什么?

第 3 章　微波集成传输线

3.1　基本概念和公式

3.1.1　微波集成传输线的定义及分类

1. 定义

微波技术与半导体器件及集成电路技术相结合,从而产生了集成化的平面结构的微波传输线,集成化的微波传输线称为微波集成传输线。

2. 特点

① 体积小、重量轻、性能优越、一致性好、成本低。

② 具有平面结构,通过调整单一平面尺寸来控制其传输特性。

3. 分类

① 准 TEM 波传输线,主要有微带传输线和共面波导等。

② 非 TEM 波传输线,主要有槽线、鳍线等。

③ 开放式介质波导传输线,主要包括介质波导、镜像波导等。

④ 半开放式介质波导,主要包括 H 形波导、G 形波导。

3.1.2　微带传输线

1. 带状线

1)带状线的主模

带状线是由同轴线演化而来的,即将同轴线的外导体对半分开后,再将两半外导体向左右展平,并将内导体制成扁平带线。图 3-1 给出了带状线的结构及其电场分布。

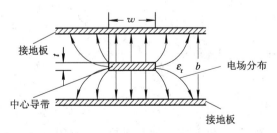

图 3-1　带状线的结构及其电场分布

带状线仍可理解为与同轴线一样的对称双导体传输线,传输的主模是 TEM 模。但若尺寸选择不合理也会引起高次模 TE 模和 TM 模。

2)传输特性参量

(1)特性阻抗 Z_0 与相速。

$$
\left.
\begin{aligned}
Z_0 &= \sqrt{\frac{L}{C}} = \frac{1}{v_p C} \\
v_p &= \frac{1}{\sqrt{LC}} = \frac{c}{\sqrt{\varepsilon_r}}
\end{aligned}
\right\}
\qquad (3-1-1)
$$

其中,c 为自由空间中的光速,ε_r 为填充介质的相对介电常数,L 和 C 分别为带状线上的单位长分布电感和分布电容。

(2)带状线的损耗。

带状线的损耗包括由中心导带和接地板导体引起的导体损耗、两接地板间填充的介质损耗及辐射损耗。

(3)波导波长。

$$
\lambda_g = \frac{\lambda_0}{\sqrt{\varepsilon_r}} \qquad (3-1-2)
$$

其中,λ_0 为自由空间波长。

2. 微带线和共面波导

微带线是由沉积在介质基片上的金属导体带和接地板构成的传输系统。它可以看成是由双导体传输线演化而来的,即将无限薄的导体板垂直插入双导体中间再将导体圆柱变换成导体带,并在导体带之间加入介质材料,从而构成了微带线。图 3-2 为微带线的结构及其电场分布。

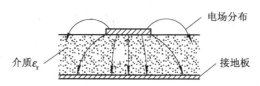

图 3-2　微带线的结构及其电场分布

共面波导传输线是在传统微带线的基础上变化而来的,即将金属条与地带置于同一平面而构成,如图 3-3 所示。

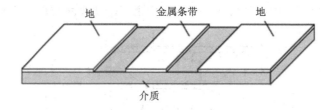

图 3-3　共面波导结构示意图

共面波导有三种基本形式,即无限宽地共面波导、有限宽地共面波导和金属衬底共面波导,如图 3-4 所示。

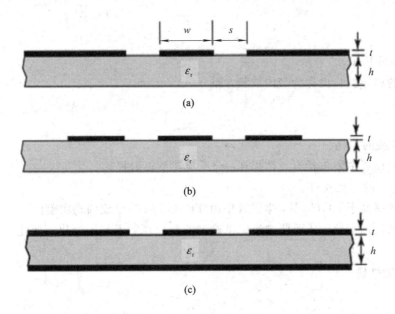

图 3 - 4 三种基本共面波导结构

（a）无限宽地共面波导；（b）有限宽地共面波导；（c）金属衬底共面波导

共面波导的金属条带与地在同一平面带来了很多优点：

① 低色散宽频带特性。

② 便于与其它元器件连接。

③ 特性阻抗调整方便。

④ 方便构成无源部件（如定向耦合器）及平面天线的馈电。

正因为具有上述特点，所以共面波导得到了广泛的应用，并且有很多结构上的变化以满足不同的需求。

1）微带线和共面波导的主模

微带线是由双导体系统演化而来的，但由于在中心导带和接地板之间加入了介质，属于部分填充介质传输系统。因此，在介质基底存在的微带线所传输的波已非标准的 TEM 波，称为准TEM 模。

当金属条带（宽度为 w）与地之间的缝（缝宽为 s）比较小时，共面波导也工作在准TEM 模。

2）传输特性参量

（1）特性阻抗 Z_0 与相速。

对准 TEM 模而言，如忽略损耗，则有

$$\left.\begin{array}{l} Z_0 = \sqrt{\dfrac{L}{C}} = \dfrac{1}{v_p C} \\[2mm] v_p = \dfrac{1}{\sqrt{LC}} = \dfrac{c}{\sqrt{\varepsilon_e}} \end{array}\right\} \qquad (3-1-3)$$

式中，L 和 C 分别为微带线上的单位长分布电感和分布电容，ε_e 为等效介电常数。

介质微带线的特性阻抗 Z_0 与空气微带线的特性阻抗 Z_0^a 有以下关系：

$$Z_0 = \frac{Z_0^a}{\sqrt{\varepsilon_e}} \qquad (3-1-4)$$

（2）波导波长 λ_g。

微带线的波导波长也称为带内波长，即

$$\lambda_g = \frac{\lambda_0}{\sqrt{\varepsilon_e}} \qquad (3-1-5)$$

（3）微带线的损耗。

微带线的损耗主要包括有导体损耗、介质损耗及辐射损耗。

（4）微带线的色散特性。

当工作频率高于 5 GHz 时，微带线中由 TE 和 TM 模组成的高次模使微带线的特性阻抗随着频率变化而变化，从而使微带中电磁波的相速也随着频率变化而变化，也即具有色散特性。

3. 耦合微带线

1）定义

耦合微带传输线简称耦合微带线，是由两根平行放置、彼此靠得很近的微带线所构成，如图 3－5 所示。

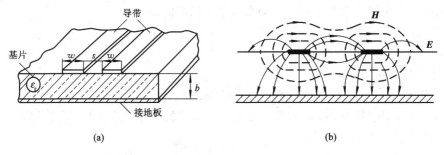

(a)   (b)

图 3－5 对称耦合微带线的结构及其场分布

(a) 耦合微带线结构；(b) 电磁场分布

耦合微带线有不对称和对称两种结构。两根微带线的尺寸完全相同的就是对称耦合微带线，否则，就是不对称耦合微带线。

2）应用

耦合微带线可用来设计各种定向耦合器、滤波器、平衡不平衡变换器等。

3）传输的主模

耦合微带线和微带线一样，都是部分填充介质的不均匀结构，因此其上传输的不是纯 TEM 模，而是具有色散特性的混合模，称为准 TEM 模。

4）分析方法

奇偶模分析方法。设两耦合线上的电压分布分别为 $U_1(z)$ 和 $U_2(z)$，线上电流分别为 $I_1(z)$ 和 $I_2(z)$，且传输线工作在无耗状态，此时两耦合线上任一微分段 dz 可等效为图 3-6 所示的电路。图 3-6 中，C_a、C_b 为各自独立的分布电容；C_{ab} 为互分布电容；L_a、L_b 为各自独立的分布电感；L_{ab} 为互分布电感。对于对称耦合微带有：

$$C_a = C_b, \ L_a = L_b, \ L_{ab} = M$$

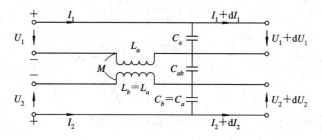

图 3 - 6　对称耦合微带线的等效电路

由电路理论可得耦合传输线方程为

$$
\left.
\begin{aligned}
-\frac{dU_1}{dz} &= j\omega L I_1 + j\omega L_{ab} I_2 \\
-\frac{dU_2}{dz} &= j\omega L_{ab} I_1 + j\omega L I_2 \\
-\frac{dI_1}{dz} &= j\omega C U_1 - j\omega C_{ab} U_2 \\
-\frac{dI_2}{dz} &= -j\omega C_{ab} U_1 + j\omega C U_2
\end{aligned}
\right\}
\tag{3-1-6}
$$

其中，$L=L_a$，$C=C_a+C_{ab}$ 分别表示另一根耦合线存在时的单线分布电感和分布电容。

对于对称耦合微带线，可以将激励电压 U_1 和 U_2 分别用两个等幅同相电压 U_e 激励（即偶模激励）和两个等幅反相电压 U_o 激励（即奇模激励）来表示，即

$$
\left.
\begin{aligned}
U_e + U_o &= U_1 \\
U_e - U_o &= U_2
\end{aligned}
\right\}
\tag{3-1-7}
$$

或

$$
\left.
\begin{aligned}
U_e &= \frac{U_1 + U_2}{2} \\
U_o &= \frac{U_1 - U_2}{2}
\end{aligned}
\right\}
\tag{3-1-8}
$$

（1）偶模激励。

在耦合微带线中令 $U_1=U_2=U_e$，$I_1=I_2=I_e$，即进行偶模激励时，耦合微带线对称面上磁场的切向分量为零，电力线平行于对称面，对称面可等效为"磁壁"，如图 3 - 7(a)所示。

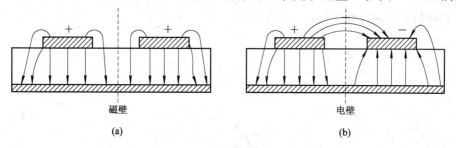

磁壁

(a)

电壁

(b)

图 3 - 7　偶模激励和奇模激励时的电力线分布

（a）偶模；（b）奇模

偶模激励时耦合微带线的传输常数 β_e，相速 v_{pe} 及特性阻抗 Z_{0e} 分别为

$$\left.\begin{aligned}\beta_e &= \omega\sqrt{LC(1+K_L)(1-K_C)} \\ v_{pe} &= \frac{\omega}{\beta_e} = \frac{1}{\sqrt{LC(1+K_L)(1-K_C)}} \\ Z_{0e} &= \frac{1}{v_{pe}C_{0e}} = \sqrt{\frac{L(1+K_L)}{C(1-K_C)}}\end{aligned}\right\} \qquad (3-1-9)$$

其中，$K_L = L_{ab}/L$，$K_C = C_{ab}/C$ 分别为电感耦合函数和电容耦合函数；$C_{0e} = C(1-K_C) = C_a$ 为偶模电容。

(2) 奇模激励。

在耦合微带线中令 $U_1 = -U_2 = U_o$，$I_1 = -I_2 = I_o$，即进行奇模激励时，耦合微带线对称面上电场的切向分量为零，对称面可等效为"电壁"，如图 3-7(b)所示。

此时，在耦合微带传输线中的奇模传输常数 β_o、相速 v_{po} 及特性阻抗 Z_{0o} 分别为

$$\left.\begin{aligned}\beta_o &= \omega\sqrt{LC(1-K_L)(1+K_C)} \\ v_{po} &= \frac{\omega}{\beta_o} = \frac{1}{\sqrt{LC(1-K_L)(1+K_C)}} \\ Z_{0o} &= \frac{1}{v_{po}C_{0o}} = \sqrt{\frac{L(1-K_L)}{C(1+K_C)}}\end{aligned}\right\} \qquad (3-1-10)$$

其中，$K_L = L_{ab}/L$，$K_C = C_{ab}/C$ 分别为电感耦合函数和电容耦合函数；$C_{0o} = C(1+K_C) = C_a + 2C_{ab}$ 为奇模电容。

5) 奇偶模有效介电常数与耦合系数

(1) 有效介电常数。

设空气介质情况下奇、偶模电容分别为 $C_{0o}(1)$ 和 $C_{0e}(1)$，而实际介质情况下的奇偶模电容分别为 $C_{0o}(\varepsilon_r)$ 和 $C_{0e}(\varepsilon_r)$，则耦合微带线的奇偶模有效介电常数分别为

$$\left.\begin{aligned}\varepsilon_{eo} &= \frac{C_{0o}(\varepsilon_r)}{C_{0o}(1)} = 1 + q_o(\varepsilon_r - 1) \\ \varepsilon_{ee} &= \frac{C_{0e}(\varepsilon_r)}{C_{0e}(1)} = 1 + q_e(\varepsilon_r - 1)\end{aligned}\right\} \qquad (3-1-11)$$

其中，q_o、q_e 分别为奇、偶模的填充因子。

(2) 奇偶模的相速和特性阻抗。

奇偶模的相速和特性阻抗可分别表达为

$$\left.\begin{aligned}v_{po} &= \frac{c}{\sqrt{\varepsilon_{eo}}} \\ v_{pe} &= \frac{c}{\sqrt{\varepsilon_{ee}}} \\ Z_{0o} &= \frac{1}{v_{po}C_{0o}(\varepsilon_r)} = \frac{Z_{0o}^a}{\sqrt{\varepsilon_{eo}}} \\ Z_{0e} &= \frac{1}{v_{pe}C_{0e}(\varepsilon_r)} = \frac{Z_{0e}^a}{\sqrt{\varepsilon_{ee}}}\end{aligned}\right\} \qquad (3-1-12)$$

其中，Z_{0o}^a 和 Z_{0e}^a 分别为空气耦合微带的奇偶模特性阻抗。

（3）奇偶模的波导波长。

奇偶模的波导波长为

$$\left.\begin{aligned}\lambda_{go} &= \frac{\lambda_0}{\sqrt{\varepsilon_{eo}}}\\ \lambda_{ge} &= \frac{\lambda_0}{\sqrt{\varepsilon_{ee}}}\end{aligned}\right\} \qquad (3-1-13)$$

（4）耦合系数。

当介质为空气时，有

$$K_L = K_C = K \qquad (3-1-14)$$

其中，K 为耦合系数。

（5）奇偶模的特性阻抗。

空气耦合微带线，奇偶模的特性阻抗分别为

$$\left.\begin{aligned}Z_{0e}^a &= \sqrt{\frac{L}{C}}\sqrt{\frac{1+K}{1-K}}\\ Z_{0o}^a &= \sqrt{\frac{L}{C}}\sqrt{\frac{1-K}{1+K}}\end{aligned}\right\} \qquad (3-1-15)$$

设 $Z_{0C}^a = \sqrt{L/C}$ 是考虑到另一根耦合线存在条件下空气填充时单根微带线的特性阻抗，于是有

$$\left.\begin{aligned}\sqrt{Z_{0e}^a Z_{0o}^a} &= Z_{0C}^a\\ Z_{0C}^a &= Z_0^a\sqrt{1-K^2}\end{aligned}\right\} \qquad (3-1-16)$$

其中，Z_0^a 是空气填充时孤立单线的特性阻抗。

6）结论

① 对空气耦合微带线，奇偶模的特性阻抗虽然随耦合状况而变，但两者的乘积等于考虑另一根耦合线存在时的单线特性阻抗的平方。

② 当耦合越紧，Z_{0o}^a 和 Z_{0e}^a 的差值就越大；耦合越松，Z_{0o}^a 和 Z_{0e}^a 的差值就越小；当耦合很弱时，$K \to 0$，此时奇偶特性阻抗相当接近且趋于孤立单线的特性阻抗。

3.1.3 介质波导

1. 介质波导

1）应用

介质波导是应用在毫米波波段的传输器件。

2）分类

① 开放式介质波导主要包括圆形介质波导（见图 3-8）和介质镜像线等。

② 半开放介质波导主要包括 H 形波导、G 形波导等。

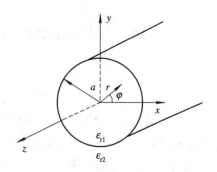

图 3-8 圆形介质波导的结构

2. 圆形介质波导

1）圆形介质波导中的模式

圆形介质波导中不存在纯 TE_{mn} 和 TM_{mn} 模，但存在 TE_{0n} 和 TM_{0n} 模，一般情况下为混合 HE_{mn} 模和 EH_{mn} 模。

2）几个常用模式

① $m=0$。圆形介质波导的 TE_{0n} 和 TM_{0n} 模在截止时是简并的，它们的截止频率均为

$$f_{c0n} = \frac{\upsilon_{0n} c}{2\pi a \sqrt{\varepsilon_r - 1}} \qquad (3-1-17)$$

其中，υ_{0n} 是零阶贝塞尔函数 $J_0(x)$ 的第 n 个根；ε_r 为介质波导的相对介电常数；c 为光速；a 为波导半径。

$n=1$ 时，TE_{01} 和 TM_{01} 模的截止频率均为

$$f_{c01} = \frac{2.405c}{2\pi a \sqrt{\varepsilon_r - 1}}$$

② $m=1$ 时，截止频率为

$$f_{c1n} = \frac{\upsilon_{1n} c}{2\pi a \sqrt{\varepsilon_r - 1}} \qquad (3-1-18)$$

其中，υ_{1n} 是一阶贝塞尔函数 $J_1(x)$ 的第 n 个根。

由于 $\upsilon_{11}=0$，因此 $f_{c11}=0$，即 HE_{11} 模没有截止频率，该模式是圆形介质波导传输的主模，而第一个高次模为 TE_{01} 或 TM_{01} 模。因此，当工作频率 $f < f_{c01}$ 时，圆形介质波导内将实现单模传输。

3）HE_{11} 模的优点

① HE_{11} 模没有截止波长，而其它模式只有当波导直径大于 0.626λ 时，才有可能传输。

② 在很宽的频带和较大的直径变化范围内，HE_{11} 模的损耗较小。

③ HE_{11} 模可以直接由矩形波导的主模 TE_{10} 激励，而不需要波形变换。

3. 圆形介质镜像线

① 圆形介质镜像线是由一根半圆形介质杆和一块接地的金属片组成的，如图 3 - 9 所示。

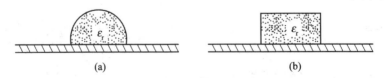

图 3 - 9 圆形介质镜像线和矩形介质镜像线

(a) 圆形介质镜像线；(b) 矩形介质镜像线

② 在金属片上半个空间内，电磁场分布和圆形介质波导中 OO' 平面的上半空间的情况完全一样，即它的工作原理与圆形介质波导的相同。

③ 利用介质镜像线来传输电磁波能量，可以解决介质波导的屏蔽和支架的困难。

④ 在毫米波波段内，由于这类传输线比较容易制造，并且具有较低的损耗，使它比金属波导远为优越。图 3 - 9(b)为矩形介质镜像线。

4. H 形波导

① H 形波导由两块平行的金属板中间插入一块介质条带组成，如图 3 - 10 所示。

② 与传统的金属波导相比，H 形波导具有制作工艺简单、损耗小、功率容量大、激励方便等优点。

③ H 形波导传输模式通常是混合模式，分为 LSM 和 LSE 两类。

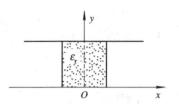

图 3 - 10 H 形波导的结构

3.1.4 光纤

1. 结构

光纤由折射率为 n_1 的光学玻璃拉成的纤维作芯，表面覆盖一层折射率为 n_2（$n_2 < n_1$）的玻璃或塑料作为包层所构成，也可以在低折射率 n_2 的玻璃细管内充以折射率 n_1（$n_2 < n_1$）的介质，如图 3 - 11 所示。

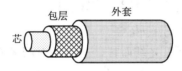

图 3 - 11 光纤的结构

2. 分类

① 按组成材料，光纤可分为石英玻璃光纤、多组分玻璃光纤、塑料包层玻璃芯光纤和全塑料光纤。其中，石英玻璃光纤损耗最小，最适合长距离、大容量通信。

② 按折射率分布形状，光纤可分为阶跃型光纤和渐变型光纤。

③ 按传输模式，光纤可分为单模光纤和多模光纤。

3. 单模光纤和多模光纤

1）单模光纤

① 只传输一种模式的光纤称为单模光纤。

② 单模光纤中传输的模式为 HE_{11} 模。

③ 单模光纤的直径 D 必须满足以下条件：

$$D < \frac{2.405\lambda}{\pi\sqrt{n_1^2 - n_2^2}} \qquad (3-1-19)$$

④ 包层的作用：适当选择包层折射率 n_2，一方面可以降低光纤制造工艺，另一方面还能保证单模传输。

2）多模光纤

① 同时传输多种模式的光纤称为多模光纤。

② 多模光纤的内芯直径可达几十微米。

③ 多模光纤的制造工艺相对简单一些，对光源的要求也比较简单，只需要发光二极管就可以了。

④ 由于有大量的模式以不同的幅度、相位与偏振方向传播，会引起较大的模式离散，

从而使传播性能变差，容量变小。

3）光纤的基本参数

① 光纤的直径 D 为

$$D < \frac{2.405\lambda}{\pi \sqrt{n_1^2 - n_2^2}}$$

② 光波波长 λ_g 为

$$\lambda_g = \frac{2\pi}{\beta} \quad (n_2 k < \beta < n_1 k) \tag{3-1-20}$$

③ 光纤芯与包层的相对折射率差 Δ 为

$$\Delta = \frac{n_1 - n_2}{n_1} \tag{3-1-21}$$

④ 折射率分布因子 g 是描述光纤折射率分布的参数。一般情况下，光纤折射率随径向变化，如下式所示：

$$n(r) = \begin{cases} n_1 \left[1 - 2\Delta \left(\dfrac{r}{a} \right)^g \right] & r \leqslant a \\ n_2 & r > a \end{cases} \tag{3-1-22}$$

式中，a 为光纤芯半径，对阶跃型光纤而言，$g \to \infty$；对于渐变型光纤而言，g 为某一常数；而当 $g=2$ 时，则为抛物型光纤。

⑤ 数值孔径 NA 是描述光纤收集光能力的一个参数，只有角度小于某一个角 θ 的光线，才能在光纤内部传播。如图 3-12 所示。其中，接收锥角为 θ，数值孔径为

$$\mathrm{NA} = \sin\theta = n_1 (2\Delta)^{\frac{1}{2}} \tag{3-1-23}$$

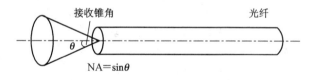

图 3-12　光纤波导的数值孔径 NA

4）光纤的传输特性

光纤的损耗和色散用来描述光纤的传输特性。

（1）光纤的损耗。

光纤损耗大致分为吸收损耗、散射损耗和其它损耗。不管是哪种损耗，都归纳为光在光纤传播过程中引起的功率衰减。

（2）光纤的色散特性。

光纤的色散是指光纤传播的信号波形发生畸变的一种物理现象，表现为使光脉冲宽度展宽。光脉冲变宽后，可能使到达接收端的前后两个脉冲无法分辨开。因此脉冲加宽就会限制传送数据的速率，从而限制了通信容量。

光纤色散主要有材料色散、波导色散和模间色散三种色散效应。

（3）1.55 μm 零色散单模光纤的工作原理。

单模光纤的色散只存在材料色散和波导色散，而材料色散与波导色散随波长的变化呈

相反的变化趋势。在 1.55 μm 的波长区，单模光纤的两种色散大小相等符号相反，总色散为零，从而构成零色散单模光纤。

5) 结论

光纤通信是以光纤为传输媒质来传递信息的，光纤的传输原理与圆形介质波导十分相似。描述光纤传输特性的主要有损耗和色散，光纤的损耗影响了传输距离，而光纤的色散影响了传输带宽和通信容量。

3.2 典型例题分析

【例 1】 一根以聚四氟乙烯（$\varepsilon_r = 2.1$）为填充介质的带状线，已知 $b = 5$ mm，$t = 0$，$w = 2$ mm，求此带状线的特性阻抗及其不出现高次模式的最高工作频率。

解 由于 $w/b = 2/5 = 0.4 > 0.35$，由教材中式(3 - 1 - 3)得中心导带的有效宽度为 $w_e = w = 2$ mm，由式(3 - 1 - 2)得带状线的特性阻抗为

$$Z_0 = \frac{30\pi}{\sqrt{\varepsilon_r}} \frac{b}{w_e + 0.441b} = 77.3 \ \Omega$$

带状线的主模为 TEM 模，但若尺寸选择不当也会引起高次模，为抑制高次模，带状线的最短工作波长应满足：

$$\lambda > \max(\lambda_{cTE_{10}}, \lambda_{cTM_{10}})$$

$$\lambda_{cTE_{10}} = 2w\sqrt{\varepsilon_r} = 5.8 \ \text{mm}$$

$$\lambda_{cTM_{10}} = 2b\sqrt{\varepsilon_r} = 14.5 \ \text{mm}$$

所以，它的最高工作频率为

$$f = \frac{c}{\lambda} = \frac{3 \times 10^8}{14.5 \times 10^{-3}} = 20 \ \text{GHz}$$

【例 2】 已知某微带的导带宽度为 $w = 2$ mm，厚度 $t = 0.01$ mm，介质基片厚度 $h = 0.8$ mm，相对介电常数 $\varepsilon_r = 9.6$，求：

① 此微带的有效介电常数 ε_e 及特性阻抗 Z_0。

② 若微带中传输信号频率为 6 GHz，求相速和波导波长。

解 ① 将相对介电常数和基片厚度及导带宽度代入教材中式(3 - 1 - 27)即得微带的有效介电常数为

$$\varepsilon_e = \frac{\varepsilon_r + 1}{2} + \frac{\varepsilon_r - 1}{2}\left(1 + \frac{12h}{w}\right)^{-0.5} \approx 7.086$$

由于导带厚度不等于零，导带宽度需要修正，即

$$\frac{w_e}{h} = \frac{w}{h} + \frac{t}{\pi h}\left(1 + \ln\frac{2h}{t}\right) = 2.524$$

空气微带的特性阻抗为

$$Z_0^a = \frac{119.904\pi}{\frac{w_e}{h} + 2.42 - 0.44\frac{h}{w_e} + \left(1 - \frac{h}{w_e}\right)^6} = 78.2 \ \Omega$$

所以，介质微带的特性阻抗为

$$Z_0 = \frac{Z_0^a}{\sqrt{\varepsilon_e}} = 29.4 \ \Omega$$

② 介质微带的相速为

$$v_p = \frac{c}{\sqrt{\varepsilon_e}} = 1.127 \times 10^8 \ \text{m/s}$$

频率为 6 GHz 信号的波长为

$$\lambda = \frac{c}{f} = 5 \ \text{cm}$$

所以,波导波长为

$$\lambda_g = \frac{\lambda}{\sqrt{\varepsilon_e}} = 1.88 \ \text{cm}$$

【例 3】 阶跃光纤的芯子和包层的折射率分别为 $n_1 = 1.51$,$n_2 = 1.50$,周围媒质为空气。求:

① $\lambda = 820$ nm 的单模光纤直径。

② 求此光纤的 NA 和入射线的入射角范围。

解 ① 由于圆形介质波导的第一个高次模为 TM_{01},而 TM_{01} 的截止波长为

$$\lambda_{c\text{TM}_{01}} = \frac{\pi D}{2.405} \sqrt{n_1^2 - n_2^2}$$

要使光纤单模传输,必须满足条件

$$\lambda > \lambda_{c\text{TM}_{01}}$$

即

$$\frac{\pi D}{2.405} \sqrt{n_1^2 - n_2^2} < 820 \ \text{nm}$$

求得

$$D < 3.62 \ \mu\text{m}$$

② 光纤的数值孔径为

$$NA = n_1 \left(2 \frac{n_1 - n_2}{n_1} \right)^{0.5} = 0.1738$$

入射线的入射角范围为

$$\theta \leqslant \arcsin 0.1738 = 10°$$

3.3 基 本 要 求

★ 了解微波集成传输线的特点及分类。

★ 掌握带状线、微带线中的传输模式及其场分布,了解它们的主要传输特性,包括特性阻抗、相速、波导波长等的分析与计算,了解微带线的色散特性及其衰减。

★ 掌握耦合微带线中传输的模式及其场分布,了解耦合微带线的分析方法——奇偶模分析法,了解特性阻抗与耦合松紧的关系。

★ 了解介质波导中传输的模式,掌握其主模 HE_{11} 模的特点。

★ 掌握光纤的结构,了解单模光纤和多模光纤各自的特点,主要掌握光纤的传输特性

和光纤的几个基本参数的分析与计算。

3.4 部分习题及参考解答

【3.2】 一根以聚四氟乙烯($\varepsilon_r = 2.1$)为填充介质的带状线,已知 $b = 5$ mm,$t = 0.25$ mm,$w = 2$ mm,求此带状线的特性阻抗及其不出现高次模式的最高工作频率。

解 由教材中式(3-1-4)即可求得特性阻抗 $Z_0 = 69.4\ \Omega$。

带状线的主模为 TEM 模,但若尺寸选择不当也会引起高次模,为抑制高次模,带状线的最短工作波长应满足:

$$\lambda > \max(\lambda_{cTE_{10}}, \lambda_{cTM_{10}})$$

$$\lambda_{cTE_{10}} = 2w\sqrt{\varepsilon_r} = 5.8\ \text{mm}$$

$$\lambda_{cTM_{10}} = 2b\sqrt{\varepsilon_r} = 14.5\ \text{mm}$$

所以,它的最高工作频率为

$$f = \frac{c}{\lambda} = \frac{3 \times 10^8}{14.5 \times 10^{-3}} = 20\ \text{GHz}$$

【3.3】 已知某微带的导带宽度为 $w = 2$ mm,厚度 $t \to 0$,介质基片厚度 $h = 1$ mm,相对介电常数 $\varepsilon_r = 9$,求此微带的有效填充因子 q 和有效介电常数 ε_e 及特性阻抗 Z_0(设空气微带特性阻抗 $Z_0^a = 88\ \Omega$)。

解

$$\varepsilon_e = \frac{\varepsilon_r + 1}{2} + \frac{\varepsilon_r - 1}{2}\left(1 + \frac{12h}{w}\right)^{-0.5} = 6.5$$

$$q = \frac{1}{2}\left[1 + \left(1 + \frac{12h}{w}\right)^{-0.5}\right] = 0.69$$

$$Z_0 = \frac{Z_0^a}{\sqrt{\varepsilon_e}} = 34.5\ \Omega$$

【3.4】 已知微带线的特性阻抗 $Z_0 = 50\ \Omega$,基片为相对介电常数 $\varepsilon_r = 9.6$ 的氧化铝陶瓷,设损耗角正切 $\text{tg}\delta = 0.2 \times 10^{-3}$,工作频率 $f = 10$ GHz,求介质衰减常数 α_d。

解 由教材中式(3-1-41)得

$$\alpha_d = \frac{27.3\sqrt{\varepsilon_r}}{\lambda_0}\text{tg}\delta = 0.56$$

【3.5】 在厚度 $h = 1$ mm 的陶瓷基片上($\varepsilon_r = 9.6$)制作 $\lambda_g/4$ 的 50 Ω、20 Ω、100 Ω 的微带线,分别求它们的导体带宽度和长度。设工作频率为 6 GHz,导带厚度 $t \approx 0$。

解 由教材中图 3-6 可得阻抗为 50 Ω 的微带线的导带宽度 w 和基带厚度之比等于 1,即 $w/h = 1$,因此,有

$$w = 1\ \text{mm}$$

由教材中式(3-1-26)得相同尺寸下的空气微带线的特性阻抗为

$$Z_0^a = 126.5\ \Omega$$

由教材中式(3-1-25)求得介质微带线的有效介电常数为

$$\varepsilon_e = \left(\frac{Z_0^a}{Z_0}\right)^2 = 6.4$$

波导波长为

$$\lambda_g = \frac{\lambda_0}{\sqrt{\varepsilon_e}} = 19.76 \text{ mm}$$

所以，$\lambda_g/4$ 微带线的长度为

$$l = \frac{\lambda_g}{4} = 4.94 \text{ mm}$$

【3.7】 证明耦合系数 K 与奇、偶模特性阻抗 Z_{0o}^a、Z_{0e}^a 存在以下关系：

$$K = \frac{Z_{0e}^a - Z_{0o}^a}{Z_{0e}^a + Z_{0o}^a}$$

证明 由于

$$Z_{0e}^a = \sqrt{\frac{L}{C}}\sqrt{\frac{1+K}{1-K}}, \quad Z_{0o}^a = \sqrt{\frac{L}{C}}\sqrt{\frac{1-K}{1+K}}$$

因此，有

$$\frac{Z_{0e}^a - Z_{0o}^a}{Z_{0e}^a + Z_{0o}^a} = K$$

【3.8】 已知某耦合微带线，介质为空气时奇、偶特性阻抗分别为 $Z_{0o}^a = 40 \ \Omega$ 和 $Z_{0e}^a = 100 \ \Omega$，实际介质 $\varepsilon_r = 10$ 时的奇、偶模填充因子为 $q_o = 0.4$ 和 $q_e = 0.6$，工作频率 $f = 10$ GHz。试求介质填充耦合微带线的奇偶模特性阻抗、相速和波导波长各为多少？

解 耦合微带线的奇、偶模有效介电常数分别为

$$\varepsilon_{eo} = 1 + q_o(\varepsilon_r - 1) = 4.6$$

$$\varepsilon_{ee} = 1 + q_e(\varepsilon_r - 1) = 6.4$$

此时，奇、偶模的相速、特性阻抗及波导波长分别为

$$v_{po} = \frac{c}{\sqrt{\varepsilon_{eo}}} = 1.4 \times 10^8 \text{ m/s}$$

$$v_{pe} = \frac{c}{\sqrt{\varepsilon_{ee}}} = 1.18 \times 10^8 \text{ m/s}$$

$$Z_{0o} = \frac{Z_{0o}^a}{\sqrt{\varepsilon_{eo}}} = 18.6 \ \Omega$$

$$Z_{0e} = \frac{Z_{0e}^a}{\sqrt{\varepsilon_{eo}}} = 39.5 \ \Omega$$

$$\lambda_{go} = \frac{\lambda_0}{\sqrt{\varepsilon_{eo}}} = 1.4 \text{ cm}$$

$$\lambda_{ge} = \frac{\lambda_0}{\sqrt{\varepsilon_{ee}}} = 1.18 \text{ cm}$$

【3.13】 已知光纤直径 $D = 50 \ \mu m$，$n_1 = 1.84$，$\Delta = 0.01$，求单模工作的频率范围。

解 由 $\Delta = \frac{n_1 - n_2}{n_1} = 0.01$，求得 $n_2 = 1.8216$，则

$$\lambda_{cTM_{01}} = \frac{\pi D}{2.405}\sqrt{n_1^2 - n_2^2} = 16.95 \ \mu m$$

当 $\lambda > 16.95 \ \mu m$ 即 $f < 17.7 \times 10^{12}$ Hz 时单模传输。

【3.14】 已知 $n_1 = 1.487$，$n_2 = 1.480$ 的阶跃光纤，求 $\lambda = 820$ nm 的单模光纤直径，并求此光纤的 NA。

解
$$\lambda_{cTM_{01}} = \frac{\pi D}{2.405} \sqrt{n_1^2 - n_2^2} < \lambda$$

时单模传输，$D < 4.36$ μm。

数值孔径 NA 为

$$NA = n_1 \left(2\,\frac{n_1 - n_2}{n_1} \right)^{0.5} = 0.1443$$

3.5 练 习 题

1. 已知带状线的两接地板之间的距离 $b = 10$ mm，中心导带的宽度为 $w = 2$ mm，厚度 $t = 0.5$ mm，填充介质的 $\varepsilon_r = 2.1$，求此带状线的特性阻抗及其不出现高次模式的最高工作频率。（答案：91.2 Ω，10 GHz）

2. 已知介质基片的 $\varepsilon_r = 9.6$，微带线的尺寸为 $h = 1$ mm，$t = 0.05$ mm，试求出特性阻抗为 75 Ω 的微带线导体带的有效宽度及频率为 6 GHz 时的相速度和波导波长。（答案：0.3 mm，1.22×10^8 m/s，20.4 mm）

3. 已知某微带的导带宽度为 $w = 2.5$ mm，厚度 $t \rightarrow 0$，介质基片厚度 $h = 0.08$ mm，相对介电常数 $\varepsilon_r = 3.78$，求此微带的有效填充因子 q 和有效介电常数 ε_e 及特性阻抗 Z_0（设空气微带特性阻抗 $Z_0^a = 70$ Ω）。（答案：0.925，3.57，37 Ω）

4. 已知某耦合微带线，介质为空气时奇偶特性阻抗分别为 $Z_{0o}^a = 36$ Ω，$Z_{0e}^a = 70$ Ω，实际介质 $\varepsilon_r = 9$ 时的奇偶模填充因子为 $q_o = 0.4$，$q_e = 0.6$，工作频率 $f = 9.375$ GHz。试求介质填充耦合微带线的奇偶模特性阻抗、相速和波导波长各为多少？（答案：17.6 Ω，29.1 Ω，1.46×10^8 m/s，1.26×10^8 m/s，15.6 mm，13.3 mm）

5. 阶跃光纤的芯子和包层的折射率分别为 1.51 和 1.50，周围媒质为空气，求光纤的数值孔径和入射线的入射角范围。若光纤直径 $D = 50$ μm，求单模工作的频率范围。（答案：NA $= 0.17$，$\theta \leqslant 10°$，26.4×10^{12} Hz）

第4章 微波网络基础

4.1 基本概念和公式

4.1.1 微波网络基础

1. 微波网络的概念

在分析电磁场分布的基础上,用"路"的分析方法将微波元件用电抗或电阻网络来等效,将导波传输系统用传输线来等效,从而将实际的微波系统简化为微波网络。

2. 网络分析

借助于"路"的分析方法,通过分析网络的外部特性,总结出系统的一般传输特性,如功率传递、阻抗匹配等。

3. 网络综合

根据微波元件的工作特性设计出要求的微波网络,从而用一定的微波结构来实现它。

4. 网络分析与综合的关系

微波网络的分析与综合是分析和设计微波系统的有力工具,而微波网络分析是综合的基础。

4.1.2 等效传输线

1. 等效电压和等效电流

对任一导波系统,不管其横截面形状如何(双导线、矩形波导、圆形波导、微带等),也不管传输哪种波形(TEM波、TE波、TM波等),其横向电磁场总可以表示为

$$\left.\begin{aligned} \boldsymbol{E}_t(x,y,z) &= \sum \boldsymbol{e}_k(x,y)U_k(z) \\ \boldsymbol{H}_t(x,y,z) &= \sum \boldsymbol{h}_k(x,y)I_k(z) \end{aligned}\right\} \tag{4-1-1}$$

式中,$U_k(z)$、$I_k(z)$都是一维标量函数,它们反映了横向电磁场各模式沿传播方向的变化规律,故称为模式等效电压和模式等效电流。

$\boldsymbol{e}_k$、$\boldsymbol{h}_k$ 应满足:

$$\int \boldsymbol{e}_k(x,y) \times \boldsymbol{h}_k(x,y) \cdot \mathrm{d}S = 1 \tag{4-1-2}$$

各模式的波阻抗为

$$Z_w = \frac{e_k}{h_k} Z_{ek} \qquad\qquad (4-1-3)$$

其中，Z_{ek} 为该模式的等效特性阻抗。

2. 模式等效传输线

① 不均匀性的存在使传输系统中出现多种模式在一个传输系统中传输的情况，如图 4-1(a) 所示。由于每个模式的功率不受其它模式的影响，而且各模式的传播常数也各不相同，因此 N 个模式的导波系统等效为 N 个独立的模式等效传输线，每根传输线只传输一个模式，其特性阻抗及传播常数各不相同，如图 4-1(b) 所示。

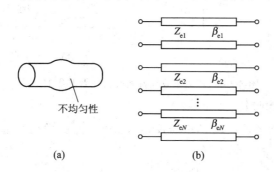

图 4-1 多模传输线的等效

(a) 波导系统；(b) N 个模式等效传输线

② 由不均匀性引起的高次模的场只存在于不均匀区域附近，如图 4-2(a) 所示，它们是局部场，即在离开不均匀处远一些的地方，只有工作模式的入射波和反射波。通常，把参考面选在离开不均匀处远一些的地方，从而将不均匀性问题化为等效网络来处理，如图 4-2(b) 所示。

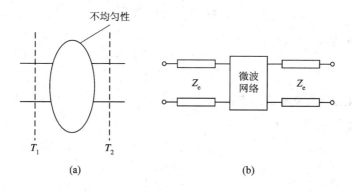

图 4-2 微波传输系统的不均匀性及其等效网络

(a) 导波系统中的不均匀性；(b) 等效微波网络

3. 结论

① 建立在等效电压、等效电流和等效特性阻抗基础上的传输线称为等效传输线。

② 将由不均匀性引起的传输特性的变化归结为等效微波网络。

③ 均匀传输线中的许多分析方法均可用于等效传输线的分析。

4.1.3 单口网络

1. 单口网络的定义

当一段规则传输线端接其它微波元件时，将参考面 T 选在离微波元件较远的地方，把传输线作为该网络的输入端面。我们将参考面 T 以右部分作为一个微波网络，称为单口网络，如图 4-3 所示。

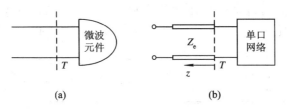

图 4-3 端接微波元件的传输线及其等效网络

2. 单口网络的传输特性

① 反射系数。令参考面 T 处的电压反射系数为 Γ_1，则等效传输线上任意点的反射系数为

$$\Gamma(z) = |\,\Gamma_1\,|\,\mathrm{e}^{\mathrm{j}(\phi_1 - 2\beta z)} \tag{4-1-4}$$

② 等效电压和电流为

$$\left.\begin{aligned} U(z) &= A_1[1 + \Gamma(z)] \\ I(z) &= \frac{A_1}{Z_\mathrm{e}}[1 - \Gamma(z)] \end{aligned}\right\} \tag{4-1-5}$$

式中，Z_e 为等效传输线的等效特性阻抗。

③ 输入阻抗为

$$Z_\mathrm{in}(z) = Z_\mathrm{e}\,\frac{1 + \Gamma(z)}{1 - \Gamma(z)} \tag{4-1-6}$$

④ 传输功率为

$$P(z) = \frac{1}{2}\,\mathrm{Re}[U(z)I^*(z)] = \frac{|\,A_1\,|^2}{2\,|\,Z_\mathrm{e}\,|}[1 - |\,\Gamma(z)\,|^2] \tag{4-1-7}$$

3. 归一化电压、电流和输入阻抗

① 归一化电压和电流为

$$\left.\begin{aligned} u &= \frac{U}{\sqrt{Z_\mathrm{e}}} \\ i &= I\,\sqrt{Z_\mathrm{e}} \end{aligned}\right\} \tag{4-1-8}$$

② 归一化输入阻抗为

$$\bar{z}_\mathrm{in} = \frac{Z_\mathrm{in}}{Z_\mathrm{e}} = \frac{1 + \Gamma(z)}{1 - \Gamma(z)} \tag{4-1-9}$$

4.1.4 双口网络的阻抗与转移矩阵

1. 双口网络定义

任意具有两个端口的微波元件均可视之为双口网络，如图 4-4 所示。

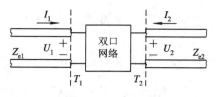

图 4 - 4　双口网络

2. 阻抗矩阵与导纳矩阵

1）阻抗矩阵的定义

取 I_1、I_2 为自变量，U_1、U_2 为因变量，有

$$\begin{bmatrix} U_1 \\ U_2 \end{bmatrix} = \begin{bmatrix} Z_{11} & Z_{12} \\ Z_{21} & Z_{22} \end{bmatrix} \begin{bmatrix} I_1 \\ I_2 \end{bmatrix} \qquad (4-1-10)$$

式中，$[U]$ 为电压矩阵；$[I]$ 为电流矩阵；$[Z]$ 是阻抗矩阵，其中，Z_{11}、Z_{22} 分别是端口 1 和 2 的自阻抗，Z_{12}、Z_{21} 分别是端口 1 和 2 的互阻抗。各阻抗参量的定义如下：

$Z_{11} = \dfrac{U_1}{I_1} \Big|_{I_2=0}$　为 T_2 面开路时，端口 1 的输入阻抗；

$Z_{12} = \dfrac{U_1}{I_2} \Big|_{I_1=0}$　为 T_1 面开路时，端口 2 至端口 1 的转移阻抗；

$Z_{21} = \dfrac{U_2}{I_1} \Big|_{I_2=0}$　为 T_2 面开路时，端口 1 至端口 2 的转移阻抗；

$Z_{22} = \dfrac{U_2}{I_2} \Big|_{I_1=0}$　为 T_1 面开路时，端口 2 的输入阻抗。

$[Z]$ 矩阵中的各个阻抗参数必须使用开路法测量，故也称为开路阻抗参数，而且由于参考面选择不同，相应的阻抗参数也不同。

2）阻抗矩阵的性质

① 互易网络：

$$Z_{12} = Z_{21} \qquad (4-1-11)$$

② 对称网络：

$$Z_{11} = Z_{22} \qquad (4-1-12)$$

3）导纳矩阵的定义

双口网络中，以 U_1、U_2 为自变量，I_1、I_2 为因变量，则可得另一组方程为

$$\begin{bmatrix} I_1 \\ I_2 \end{bmatrix} = \begin{bmatrix} Y_{11} & Y_{12} \\ Y_{21} & Y_{22} \end{bmatrix} \begin{bmatrix} U_1 \\ U_2 \end{bmatrix} \qquad (4-1-13)$$

其中，$[Y]$ 是双口网络的导纳矩阵，Y_{11}、Y_{22} 为端口 1 和端口 2 的自导纳，Y_{12}、Y_{21} 为端口 1 和端口 2 的互导纳。各参数定义如下：

$Y_{11} = \dfrac{I_1}{U_1} \Big|_{U_2=0}$　表示 T_2 面短路时，端口 1 的输入导纳；

$Y_{12} = \dfrac{I_1}{U_2} \Big|_{U_1=0}$　表示 T_1 面短路时，端口 1 至端口 2 的转移导纳；

$$Y_{21} = \frac{I_2}{U_1}\bigg|_{U_2=0} \quad \text{表示 } T_2 \text{ 面短路时，端口 2 至端口 1 的转移导纳；}$$

$$Y_{22} = \frac{I_2}{U_2}\bigg|_{U_1=0} \quad \text{表示 } T_1 \text{ 面短路时，端口 2 的输入导纳。}$$

[Y]矩阵中的各参数必须用短路法测得，故称之为短路导纳参数。

4）导纳矩阵的性质

① 互易网络：

$$Y_{12} = Y_{21} \tag{4-1-14}$$

② 对称网络：

$$Y_{11} = Y_{22} \tag{4-1-15}$$

5）阻抗矩阵[Z]和导纳矩阵[Y]的关系

同一双端口网络阻抗矩阵[Z]和导纳矩阵[Y]有以下关系：

$$\left.\begin{array}{c} [Z][Y] = [E] \\ [Y] = [Z]^{-1} \end{array}\right\} \tag{4-1-16}$$

其中，[I]为单位矩阵。

3. 转移矩阵

1）转移矩阵的定义

若用端口 2 的电压 U_2 和电流 $-I_2$ 作为自变量，端口 1 的电压 U_1 和电流 I_1 作为因变量，可得如下矩阵：

$$\begin{bmatrix} U_1 \\ I_1 \end{bmatrix} = \begin{bmatrix} A & B \\ C & D \end{bmatrix}\begin{bmatrix} U_2 \\ -I_2 \end{bmatrix} \tag{4-1-17}$$

其中，$[A]=\begin{bmatrix} A & B \\ C & D \end{bmatrix}$称为网络的转移矩阵，简称[A]矩阵。方阵中各参量的物理意义如下：

$$A = \frac{U_1}{U_2}\bigg|_{I_2=0} \quad \text{表示 } T_2 \text{ 开路时电压的转移参数；}$$

$$D = \frac{I_1}{-I_2}\bigg|_{U_2=0} \quad \text{表示 } T_2 \text{ 短路时电流的转移参数；}$$

$$B = \frac{U_1}{-I_2}\bigg|_{U_2=0} \quad \text{表示 } T_2 \text{ 短路时的转移阻抗；}$$

$$C = \frac{I_1}{U_2}\bigg|_{I_2=0} \quad \text{表示 } T_2 \text{ 开路时的转移导纳。}$$

若将网络各端口电压、电流对自身特性阻抗归一化后，得归一化转移矩阵

$$\begin{bmatrix} u_1 \\ i_1 \end{bmatrix} = \begin{bmatrix} a & b \\ c & d \end{bmatrix}\begin{bmatrix} u_2 \\ -i_2 \end{bmatrix} \tag{4-1-18}$$

其中

$$a = A\sqrt{\frac{Z_{e2}}{Z_{e1}}}, \quad b = \frac{B}{\sqrt{Z_{e1}Z_{e2}}}$$

$$c = C \sqrt{Z_{e1} Z_{e2}}, \quad d = D \sqrt{\frac{Z_{e1}}{Z_{e2}}}$$

2）转移矩阵的性质

① 互易网络：

$$AD - BC = ad - bc = 1$$

② 对称网络：

$$a = d$$

③ 对于两个网络的级联，级联后总的$[A]$矩阵为

$$[A] = [A_1][A_2] \tag{4-1-19}$$

推而广之，对 n 个双口网络级联，如图 4-5 所示，有

$$[A]_{总} = [A_1][A_2] \cdots [A_n] \tag{4-1-20}$$

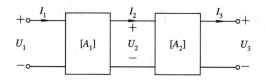

图 4-5　双口网络的级联

④ 当双口网络输出端口参考面上接任意负载时，如图 4-6 所示，参考面 T_1 处的输入阻抗和输入反射系数分别为

$$Z_{\text{in}} = \frac{U_1}{I_1} = \frac{AZ_1 + B}{CZ_1 + D} \tag{4-1-21}$$

$$\Gamma_{\text{in}} = \frac{Z_{\text{in}} - Z_{e1}}{Z_{\text{in}} + Z_{e1}} = \frac{(A - CZ_{e1})Z_1 + (B - DZ_{e1})}{(A + CZ_{e1})Z_1 + (B + DZ_{e1})} \tag{4-1-22}$$

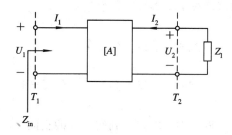

图 4-6　双口网络终端接负载时的情形

4.1.5　散射矩阵与传输矩阵

1. 散射矩阵

1）散射矩阵的定义

双口网络如图 4-7 所示。设 a_i 为入射波电压的归一化值 u_i^+，其有效值的平方等于入

射波功率；b_i 为反射波电压的归一化值 u_i^-，其有效值的平方等于反射波功率，即

$$\left.\begin{array}{l} a_i = u_i^+ \\ P_{\text{in}_i} = \dfrac{1}{2}\mid u_i^+\mid^2 = \dfrac{1}{2}\mid a_i\mid^2 \\ b_i = u_i^- \\ P_{\text{r}_i} = \dfrac{1}{2}\mid u_i^-\mid^2 = \dfrac{1}{2}\mid b_i\mid^2 \end{array}\right\}(i=1,2) \qquad (4-1-23)$$

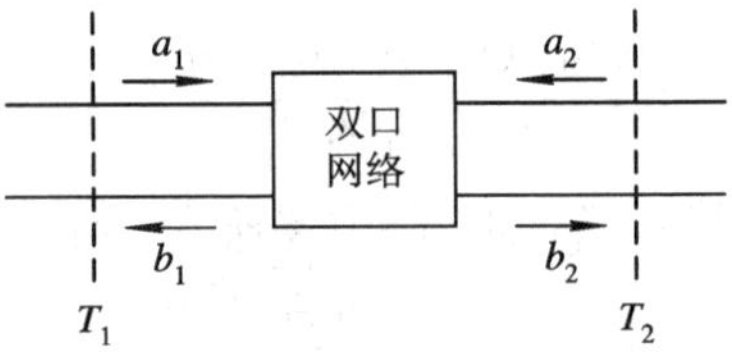

图 4-7 双口网络的入射波与反射波

端口 1 和 2 的归一化电压和归一化电流可分别表示为

$$\left.\begin{array}{l} u_1 = a_1 + b_1 \\ i_1 = a_1 - b_1 \end{array}\right\} \qquad (4-1-24)$$

$$\left.\begin{array}{l} u_2 = a_2 + b_2 \\ i_2 = a_2 - b_2 \end{array}\right\} \qquad (4-1-25)$$

对于线性网络，归一化入射波和归一化反射波之间是线性关系，故有

$$\left.\begin{array}{l} b_1 = S_{11}a_1 + S_{12}a_2 \\ b_2 = S_{21}a_1 + S_{22}a_2 \end{array}\right\} \qquad (4-1-26)$$

其中，$[S] = \begin{bmatrix} S_{11} & S_{12} \\ S_{21} & S_{22} \end{bmatrix}$ 称为双口网络的散射矩阵，简称为 $[S]$ 矩阵。它的各参数的意义如下：

$S_{11} = \dfrac{b_1}{a_1}\bigg|_{a_2=0}$ 表示端口 2 匹配时，端口 1 的反射系数；

$S_{22} = \dfrac{b_2}{a_2}\bigg|_{a_1=0}$ 表示端口 1 匹配时，端口 2 的反射系数；

$S_{12} = \dfrac{b_1}{a_2}\bigg|_{a_1=0}$ 表示端口 1 匹配时，端口 2 到端口 1 的反向传输系数；

$S_{21} = \dfrac{b_2}{a_1}\bigg|_{a_2=0}$ 表示端口 2 匹配时，端口 1 到端口 2 的正向传输系数。

2）散射矩阵的特点与性质

① $[S]$ 矩阵的各参数是建立在端口接匹配负载基础上的反射系数或传输系数。也就是说，散射矩阵的各个参量可以利用在网络输入/输出端口的参考面上接匹配负载测得。

② 互易网络：

$$S_{12} = S_{21}$$

③ 对称网络：

$$S_{11} = S_{22}$$

④ 无耗网络：

$$[S]^+ [S] = [E]$$

其中，$[S]^+$ 是 $[S]$ 的转置共轭矩阵，$[E]$ 为单位矩阵。这个性质也称为无耗网络的幺正性。对于二端口，假设 $S_{11} = |S_{11}| e^{j\varphi_{11}}$，$S_{21} = |S_{21}| e^{j\varphi_{21}}$，$S_{22} = |S_{22}| e^{j\varphi_{22}}$，从幺正性可以得到双口网络特征满足

$$\phi = \varphi_{11} + \varphi_{22} - \varphi_{12} - \varphi_{21} = \pm \pi$$

这个特性值得关注。

3）散射矩阵与损耗的关系

① 回波损耗为

$$L_r = 20 \lg |S_{11}|$$

② 插入损耗为

$$L_i = 20 \lg |S_{21}|$$

2. 传输矩阵

用 a_1、b_1 作为输入量，a_2、b_2 作为输出量，有以下矩阵方程：

$$\begin{bmatrix} a_1 \\ b_1 \end{bmatrix} = \begin{bmatrix} T_{11} & T_{12} \\ T_{21} & T_{22} \end{bmatrix} \begin{bmatrix} b_2 \\ a_2 \end{bmatrix} = [T] \begin{bmatrix} b_2 \\ a_2 \end{bmatrix} \tag{4-1-27}$$

式中，$[T]$ 为双口网络的传输矩阵。

当网络级联时（见图 4-8），总的 $[T]$ 矩阵等于各级联网络 $[T]$ 矩阵的乘积，即

$$[T]_总 = [T_1][T_2] \cdots [T_n] \tag{4-1-28}$$

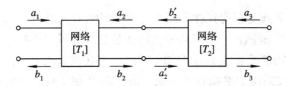

图 4-8 双口网络的级联

3. 散射参量与其它参量之间的相互转换

① $[S]$ 与 $[\bar{z}]$ 相互转换：

$$\left. \begin{aligned} [S] &= ([\bar{z}] - [I])([\bar{z}] + [I])^{-1} \\ [\bar{z}] &= ([I] + [S])([I] - [S])^{-1} \end{aligned} \right\} \tag{4-1-29}$$

② $[S]$ 与 $[\bar{y}]$ 的转换：

$$\left. \begin{aligned} [S] &= ([I] - [\bar{y}])([I] + [\bar{y}])^{-1} \\ [\bar{y}] &= ([I] - [S])([I] + [S])^{-1} \end{aligned} \right\} \tag{4-1-30}$$

③ $[S]$ 与 $[a]$ 的转换：

$$[S] = \frac{1}{a+b+c+d} \begin{bmatrix} a+b-c-d & 2(ad-bc) \\ 2 & b+d-a-c \end{bmatrix} \tag{4-1-31}$$

$$[a] = \frac{1}{2} \begin{bmatrix} S_{12} + \dfrac{(1+S_{11})(1-S_{22})}{S_{21}} & S_{12} - \dfrac{(1+S_{11})(1+S_{22})}{S_{21}} \\ -S_{12} + \dfrac{(1-S_{11})(1-S_{22})}{S_{21}} & S_{12} + \dfrac{(1-S_{11})(1+S_{22})}{S_{21}} \end{bmatrix} \tag{4-1-32}$$

4. [S]参数测量

1) 三点测量法

三点测量法：对于互易双口网络，$S_{12}=S_{21}$，只要测量求得 S_{11}，S_{22} 及 S_{12} 三个量就可以了。令终端短路、开路和接匹配负载时（见图 4-9），测得的输入端反射系数分别为 Γ_{s}，Γ_0 和 Γ_{m}，[S]参数为

$$\left.\begin{array}{l} S_{11} = \Gamma_{\mathrm{m}} \\[2mm] S_{12}^2 = \dfrac{2(\Gamma_{\mathrm{m}}-\Gamma_{\mathrm{s}})(\Gamma_0-\Gamma_{\mathrm{m}})}{\Gamma_0-\Gamma_{\mathrm{s}}} \\[3mm] S_{22} = \dfrac{\Gamma_0 - 2\Gamma_{\mathrm{m}} + \Gamma_{\mathrm{s}}}{\Gamma_0-\Gamma_{\mathrm{s}}} \end{array}\right\} \qquad (4-1-33)$$

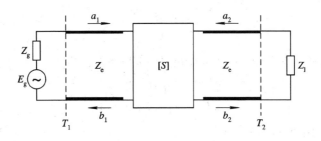

图 4-9 [S]参数的测量

2) 多点测量法

实际测量时为保证测量精度往往采用多点测量法。对无耗网络而言，在终端接上精密可移短路活塞，在 $\lambda_{\mathrm{g}}/2$ 范围内，每移动一次活塞位置，就可测得一个反射系数，理论上可以证明这组反射系数在复平面上是一个圆，但由于存在测量误差，测得的反射系数不一定在同一圆上，我们可以采用曲线拟合的方法，拟合出 Γ_{in} 圆，从而求得散射参数。

4.1.6 多口网络的散射矩阵

1. 多口网络的散射矩阵的定义

设由 N 个输入/输出口组成的微波网络如图 4-10 所示，各端口的归一化入射波电压和反射波电压分别为 a_i，$b_i(i=1 \sim N)$，则

$$\begin{bmatrix} b_1 \\ b_2 \\ \vdots \\ b_N \end{bmatrix} = \begin{bmatrix} S_{11} & S_{12} & \cdots & S_{1N} \\ S_{21} & S_{22} & \cdots & S_{2N} \\ \vdots & \vdots & & \vdots \\ S_{N1} & S_{N2} & \cdots & S_{NN} \end{bmatrix} \begin{bmatrix} a_1 \\ a_2 \\ \vdots \\ a_N \end{bmatrix}$$

其中

$$S_{ij} = \frac{b_i}{a_j}\Bigg|_{a_1=a_2=\cdots=a_k=\cdots=0} \qquad (i,j=1,2,\cdots,N,\ k \neq j)$$

它表示当 $i=j$，除端口 i 外，其余各端口参考面均接匹配负载时，第 i 个端口参考面处的反射系数。

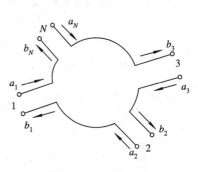

图 4-10 多口网络

2. 多口网络[S]矩阵的性质

① 互易性质：

$$S_{ij} = S_{ji} \qquad (i,j = 1,2,3,\cdots,N, i \neq j) \qquad (4-1-34)$$

② 无耗网络的幺正性：

$$[S]^+[S] = [E]$$

其中，$[S]^+$ 是 $[S]$ 的共轭转置矩阵。

③ 对称性：若网络的端口 i 和端口 j 具有对称性，且网络互易，则有

$$\left.\begin{array}{l} S_{ij} = S_{ji} \\ S_{ii} = S_{jj} \end{array}\right\} \qquad (4-1-35)$$

4.2 典型例题分析

【例 1】 同轴波导转换接头如图 4-11 所示，已知其散射矩阵为

$$[S] = \begin{bmatrix} S_{11} & S_{12} \\ S_{21} & S_{22} \end{bmatrix}$$

① 求端口 2 匹配时端口 1 的驻波比；

② 求当端口 2 接反射系数为 Γ_2 的负载时，端口 1 的反射系数；

③ 求端口 1 匹配时端口 2 的驻波比。

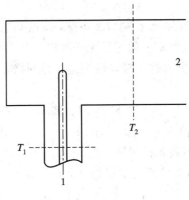

图 4-11

解 ① 根据散射矩阵的定义，即

$$b_1 = S_{11}a_1 + S_{12}a_2$$

$$b_2 = S_{21}a_1 + S_{22}a_2$$

端口 2 匹配，这意味着端口 2 对负载的反射波 $a_2 = 0$，此时端口 1 的反射系数为

$$\Gamma_1 = \frac{b_1}{a_1} = S_{11}$$

因此，端口 1 的驻波比为

$$\rho_1 = \frac{1 + |S_{11}|}{1 - |S_{11}|}$$

② 当端口 2 接反射系数为 Γ_2 的负载时，端口 2 的入射波 b_2 与反射波 a_2 之间满足

$$\frac{a_2}{b_2} = \Gamma_2 \quad 或 \quad a_2 = \Gamma_2 b_2$$

将上式代入散射矩阵定义式，得

$$b_1 = S_{11}a_1 + S_{12}\Gamma_2 b_2$$
$$b_2 = S_{21}a_1 + S_{22}\Gamma_2 b_2$$

运算上式得端口 1 的反射系数为

$$\Gamma_1 = \frac{b_1}{a_1} = S_{11} + \frac{S_{12}S_{21}\Gamma_2}{1 - S_{22}\Gamma_2}$$

③ 端口 1 匹配意味着端口 1 对负载的反射波 $a_1 = 0$，此时散射矩阵方程为

$$b_1 = S_{12}a_2$$
$$b_2 = S_{22}a_2$$

运算上式得端口 2 的反射系数为

$$\Gamma_2 = \frac{b_2}{a_2} = S_{22}$$

因此，端口 2 的驻波比为

$$\rho_2 = \frac{1 + |S_{22}|}{1 - |S_{22}|}$$

【例 2】 测得某二端口网络的 S 矩阵为

$$[S] = \begin{bmatrix} 0.1\angle 0° & 0.8\angle 90° \\ 0.8\angle 90° & 0.2\angle 0° \end{bmatrix}$$

问此二端口网络是否互易和无耗？若在端口 2 短路，求端口①处的反射损耗。

解 对于互易网络有，$S_{12} = S_{21}$；而对于无耗网络，应满足 $[S]^+[S] = [I]$。

由题意显然有 $S_{12} = S_{21}$，所以此二端口网络是互易网络。

现在来计算 $[S]^+[S]$。

$$[S]^+[S] = \begin{bmatrix} 0.1 & -j0.8 \\ -j0.8 & 0.2 \end{bmatrix}\begin{bmatrix} 0.1 & j0.8 \\ j0.8 & 0.2 \end{bmatrix} = \begin{bmatrix} 0.65 & -j0.08 \\ j0.08 & 0.68 \end{bmatrix}$$

显然 $[S]^+[S] \neq [I]$，因此它不是无耗网络。

端口 2 短路意味着在端口 2 处产生全反射，反射系数 $\Gamma_2 = -1$。根据散射矩阵的定义

$$b_1 = S_{11}a_1 + S_{12}a_2$$
$$b_2 = S_{21}a_1 + S_{22}a_2$$

其中，$\frac{a_2}{b_2} = \Gamma_2 = -1$。所以，端口 1 处的反射系数为

$$\Gamma_1 = \frac{b_1}{a_1} = S_{11} - \frac{S_{12}S_{21}}{1 + S_{22}} = 0.633$$

端口 1 处的反射损耗为

$$L_r = 10\lg(1 - |\Gamma_1|^2) = -2.23 \text{ dB}$$

【例 3】 求图 4-12 所示的二端口网络的归一化转移矩阵及散射矩阵。

解 $\lambda/8$ 的开路传输线等效为 $Y = jY_0$ 导纳，故原题可等效为如图 4-13 所示的电路。此时，图 4-13 所示网络可看作三个二端口网络的级联，其归一化 A 矩阵为三个网络归一化 A 矩阵的乘积，即

$$[a] = \begin{bmatrix} \cos\dfrac{\pi}{2} & j\sin\dfrac{\pi}{2} \\ j\sin\dfrac{\pi}{2} & \cos\dfrac{\pi}{2} \end{bmatrix} \begin{bmatrix} 1 & 0 \\ \bar{y} & 1 \end{bmatrix} \begin{bmatrix} \cos\dfrac{\pi}{2} & j\sin\dfrac{\pi}{2} \\ j\sin\dfrac{\pi}{2} & \cos\dfrac{\pi}{2} \end{bmatrix}$$

$$= \begin{bmatrix} 0 & j \\ j & 0 \end{bmatrix} \begin{bmatrix} 1 & 0 \\ j & 1 \end{bmatrix} \begin{bmatrix} 0 & j \\ j & 0 \end{bmatrix} = \begin{bmatrix} -1 & -j \\ 0 & -1 \end{bmatrix}$$

将上式写成 A 的参数方程，有

$$u_1 = -u_2 + ji_2$$
$$i_1 = i_2$$

将参考面 T_1、T_2 处的电压、电流用入射波和反射波来表示，即

$$u_1 = a_1 + b_1$$
$$i_1 = a_1 - b_1$$
$$u_2 = a_2 + b_2$$
$$i_2 = a_2 - b_2$$

将上式变换得散射矩阵为

$$[S] = \begin{bmatrix} \dfrac{j}{2+j} & \dfrac{-2}{2+j} \\ \dfrac{-2}{2+j} & \dfrac{j}{2+j} \end{bmatrix}$$

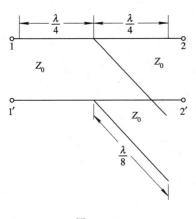

图 4 - 12

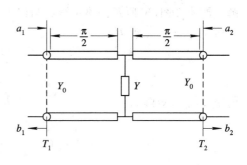

图 4 - 13

4.3 基 本 要 求

★ 掌握微波等效传输线的概念，了解用网络的观点研究问题的优点。

★ 掌握单口网络的传输特性分析。

★ 掌握双口网络的几种网络矩阵，特别是转移矩阵、散射矩阵等矩阵参数的性质及其求解。

★ 掌握转移矩阵和散射矩阵与阻抗和反射系数的关系的分析与计算。

★ 了解各种网络矩阵参数之间的相互转换关系。

★ 掌握散射参数的测量方法。

★ 了解多口网络散射矩阵参数的性质。

4.4 部分习题及参考解答

【4.2】 试求题 4.2 图(a)所示网络的$[A]$矩阵，并求不引起附加反射的条件。

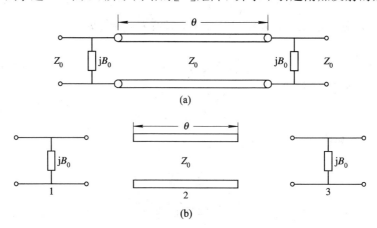

题 4.2 图

解 题 4.2 图(b)所示网络可分解为以下三个网络的级联：

网络 1 和 3 的 A 矩阵为

$$[A_1] = \begin{bmatrix} 1 & 0 \\ jB_0 & 1 \end{bmatrix}$$

网络 2 的 A 矩阵为

$$[A_2] = \begin{bmatrix} \cos\theta & jZ_0 \sin\theta \\ \dfrac{j \sin\theta}{Z_0} & \cos\theta \end{bmatrix}$$

网络的 A 矩阵为

$$[A] = [A_1][A_2][A_3] = \begin{bmatrix} \cos\theta - B_0 Z_0 \sin\theta & jZ_0 \sin\theta \\ 2jB_0 \cos\theta + \dfrac{j \sin\theta}{Z_0} - jB_0^2 Z_0 \sin\theta & \cos\theta - B_0 Z_0 \sin\theta \end{bmatrix}$$

不引起反射的条件为

$$Z_{in} = \frac{AZ_0 + B}{CZ_0 + D} = Z_0$$

可求得

$$B_0 = 2Y_0 \cot\theta$$

【4.4】 求题 4.4 图中终端接匹配负载时的输入阻抗，并求出输入端匹配的条件。

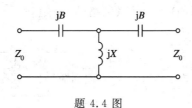

题 4.4 图

解
$$Z_{in} = \frac{1}{jB} + \frac{\left(Z_0 + \frac{1}{jB}\right)jX}{Z_0 + jX + \frac{1}{jB}} = \frac{Z_0(1-BX) + j\left(2X - \frac{1}{B}\right)}{(1-BX) + jBZ_0}$$

不引起反射的条件为
$$Z_{in} = Z_0$$

从而求得
$$X = \frac{1 + B^2 Z_0^2}{2B}$$

一般可取 $X = Z_0$, $B = \dfrac{1}{Z_0}$。

【4.5】 设某系统如题 4.5 图所示,该双口网络为无耗互易对称网络,在终端参考面 T_2 处接匹配负载。测得距参考面 T_1 距离 $l_1 = 0.125\lambda_g$ 处为电压波节点,驻波系数为1.5,试求该双口网络的散射矩阵。

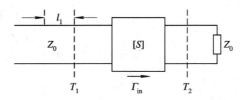

题 4.5 图

解 参考面 T_1 处的反射系数 Γ,其模值和相位如下:
$$|\Gamma| = \frac{\rho - 1}{\rho + 1} = 0.2, \quad \frac{\lambda_g}{4\pi}\phi + \frac{\lambda_g}{4} = 0.125\lambda_g, \quad \phi = -\frac{\pi}{2}$$

因此,有
$$\Gamma = -j0.2$$

由[S]参数的定义知:
$$S_{11} = \Gamma = -j0.2$$

根据网络互易:$S_{12} = S_{21}$,网络对称:$S_{11} = S_{22}$,网络无耗的性质:$[S]^+[S] = [I]$。

得到以下两个方程:
$$|S_{11}|^2 + |S_{12}|^2 = 1$$
$$S_{11}^* S_{12} + S_{12}^* S_{11} = 0$$

计算可得:$S_{12} = 0.98$,所以有
$$[S] = \begin{bmatrix} -j0.2 & 0.98 \\ 0.98 & -j0.2 \end{bmatrix}$$

【4.6】 试求如题 4.6 图(a)所示并联网络的[S]矩阵。

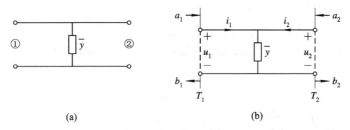

(a)   (b)

题 4.6 图

解 如题 4.6 图(b)的 A 参数方程为

$$u_1 = u_2$$
$$i_1 = \bar{y}u_2 + (-i_2)$$

根据入射波、反射波与电压、电流的关系：

$$u_1 = a_1 + b_1, \qquad u_2 = a_2 + b_2$$
$$i_1 = a_1 - b_1, \qquad i_2 = a_2 - b_2$$

经过变换得

$$b_1 = -\frac{\bar{y}}{2+\bar{y}}a_1 + \frac{2}{2+\bar{y}}a_2$$
$$b_2 = \frac{2}{2+\bar{y}}a_1 - \frac{\bar{y}}{2+\bar{y}}a_2$$

即 S 参数为

$$[S] = \begin{bmatrix} -\dfrac{\bar{y}}{2+\bar{y}} & \dfrac{2}{2+\bar{y}} \\ \dfrac{2}{2+\bar{y}} & -\dfrac{\bar{y}}{2+\bar{y}} \end{bmatrix}$$

【4.7】 求如题 4.7 图(a)所示网络的[S]矩阵。

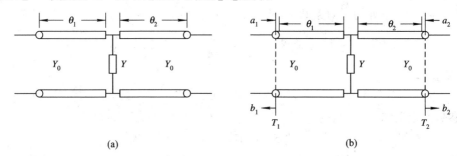

(a)   (b)

题 4.7 图

解 如题 4.7 图(b)所示网络的归一化 A 矩阵为

$$[a] = \begin{bmatrix} \cos\theta_1 & \mathrm{j}\sin\theta_1 \\ \mathrm{j}\sin\theta_1 & \cos\theta_1 \end{bmatrix} \begin{bmatrix} 1 & 0 \\ \bar{y} & 1 \end{bmatrix} \begin{bmatrix} \cos\theta_2 & \mathrm{j}\sin\theta_2 \\ \mathrm{j}\sin\theta_2 & \cos\theta_2 \end{bmatrix}$$

$$= \begin{bmatrix} \cos(\theta_1+\theta_2) + \mathrm{j}\bar{y}\sin\theta_1\cos\theta_2 & \mathrm{j}\sin(\theta_1+\theta_2) - \bar{y}\sin\theta_1\sin\theta_2 \\ \bar{y}\cos\theta_1\cos\theta_2 + \mathrm{j}\sin(\theta_1+\theta_2) & \cos(\theta_1+\theta_2) + \mathrm{j}\bar{y}\cos\theta_1\sin\theta_2 \end{bmatrix}$$

根据 A 参数与 S 参数之间的关系得

$$[S] = \begin{bmatrix} -\dfrac{\bar{y}}{2+\bar{y}}e^{-j2\theta_1} & \dfrac{2}{2+\bar{y}}e^{-j(\theta_1+\theta_2)} \\ \dfrac{2}{2+\bar{y}}e^{-j(\theta_1+\theta_2)} & -\dfrac{\bar{y}}{2+\bar{y}}e^{-j2\theta_1} \end{bmatrix}$$

【4.8】 设双口网络$[S]$已知,终端接有负载Z_1,如题 4.8 图所示,求输入端的反射系数。

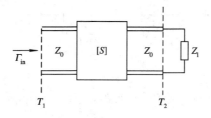

题 4.8 图

解 由$[S]$参数定义:

$$b_1 = S_{11}a_1 + S_{12}a_2$$
$$b_2 = S_{21}a_1 + S_{22}a_2$$

根据终端反射系数的定义:$a_2 = b_2 \Gamma_1 = b_2 \dfrac{Z_1 - Z_0}{Z_1 + Z_0}$,将其代入上式并整理得

$$b_1 = S_{11}a_1 + S_{12}\Gamma_1 \dfrac{S_{21}a_1}{1 - S_{22}\Gamma_1}$$

因而输入端反射系数为

$$\Gamma_{\text{in}} = \dfrac{b_1}{a_1} = S_{11} + \dfrac{S_{12}S_{21}\Gamma_1}{1 - S_{22}\Gamma_1}$$

【4.9】 已知三端口网络在已知参考面 T_1、T_2、T_3 所确定的散射矩阵$[S]$为

$$[S] = \begin{bmatrix} S_{11} & S_{12} & S_{13} \\ S_{21} & S_{22} & S_{23} \\ S_{31} & S_{32} & S_{33} \end{bmatrix}$$

现将参考面 T_1 向内移 $\lambda_{g1}/2$ 至 T_1',参考面 T_2 向外移 $\lambda_{g2}/2$ 至 T_2',参考面 T_3 不变(设 为 T_3'),如题 4.9 图所示。求参考面 T_1'、 T_2'、T_3' 所确定网络的散射矩阵$[S']$。

解 散射矩阵为

$$[S'] = \begin{bmatrix} S_{11} & S_{12} & -S_{13} \\ S_{21} & S_{22} & -S_{23} \\ -S_{31} & -S_{32} & S_{33} \end{bmatrix}$$

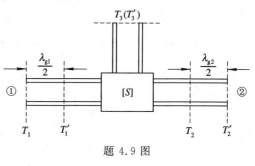

题 4.9 图

4.5 练 习 题

1.设某系统如习题图4.1所示,双口网络为无耗互易对称网络,在终端参考面T_2处

接匹配负载，测得距参考面 T_1 距离 $l_1 = 0.25\lambda_g$ 处为电压波节点，驻波系数为 1.5，试求该双口网络的散射矩阵。$\left(\text{答案：}[S] = \begin{bmatrix} 0.2 & \pm j0.98 \\ \pm j0.98 & 0.2 \end{bmatrix}\right)$

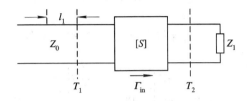

习题图 4.1

2. 试求如习题图 4.2 所示网络的 $[S]$ 矩阵。

$$\left(\text{答案：}[S] = \begin{bmatrix} \dfrac{\bar{z}}{2+\bar{z}} & \dfrac{2}{2+\bar{z}} \\ \dfrac{2}{2+\bar{z}} & \dfrac{\bar{z}}{2+\bar{z}} \end{bmatrix}\right)$$

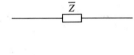

习题图 4.2

3. 求习题图 4.3 所示网络终端接匹配负载时的输入导纳，并求出输入端匹配的条件。

$$\left(\text{答案：}Y_{in} = \frac{(2-BX)BZ_0 + j(BX-1)}{X + j(BX-1)Z_0}, \quad X = \frac{2BZ_0^2}{1+B^2Z_0^2} \text{ 或 } B = \frac{1}{X}, \ X = Z_0\right)$$

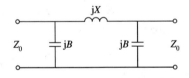

习题图 4.3

4. 设如习题图 4.4 所示的双口网络 $[S]$ 已知，终端接有负载 Z_1，求归一化输入阻抗。

$$\left(\text{答案：}\bar{z}_{in} = \frac{1+\Gamma_{in}}{1-\Gamma_{in}}, \text{ 其中 } \Gamma_{in} = \frac{b_1}{a_1} = S_{11} + \frac{S_{12}S_{21}\Gamma_1}{1-S_{22}\Gamma_1} \text{ 为参考面 } T_1 \text{ 处的反射系数}\right)$$

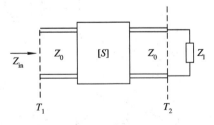

习题图 4.4

5. 设有一无限长的矩形波导，其横截面尺寸为 $a \times b$，如习题图 4.5 所示。在 $z \geq 0$ 处以 $\varepsilon = \varepsilon_r \varepsilon_0$ 的介质填充，TE_{10} 波从 $z < 0$ 端入射，试求 $z = 0$ 处的反射系数。

$$\left[答案：\Gamma = \frac{1-\sqrt{\varepsilon_r}}{1+\sqrt{\varepsilon_r}} \right]$$

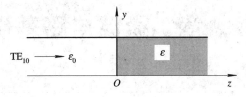

习题图 4.5

6. 一横截面尺寸 $a \times b = 23$ mm$\times 10$ mm 的矩形波导，工作波长为 3 cm，工作于 TE_{10} 模，将该波导终端短路。试求：

① 相邻波节点之间的距离。

② 相位常数 β。

③ 距终端 $0.15\lambda_g$ 处的归一化输入阻抗值。

④ 终端接 50 Ω 的电阻时，距终端 $0.15\lambda_g$ 处的归一化输入阻抗值。

（答案：1.98，1.5877，j1.38，0.61+j1.18 Ω）

第5章 微波电路基础

5.1 基本概念和公式

微波电路通常由各种微波元器件连接而成，本章将围绕微波无源器件和微波有源器件两部分进行讨论，为相关微波部件的设计奠定基础。

5.1.1 微波元器件及其分类

1. 微波元器件的定义

在微波系统中，实现信号的产生、放大、变频、匹配、分配、滤波等功能的部件，称之为微波元器件。

2. 分类

微波元器件按其变换性质可分为线性互易元器件、线性非互易元器件以及非线性元器件三大类。

① 线性互易元器件只对微波信号进行线性变换而不改变频率特性并满足互易定理，它主要包括：各种微波连接匹配元件、功率分配元器件、微波滤波器件及微波谐振器件等；

② 线性非互易元器件主要是指铁氧体器件，它的散射矩阵不对称，但仍工作在线性区域，主要包括隔离器、环行器等。

③ 非线性元件能引起频率的改变，从而实现调制、变频等，主要包括微波二极管、微波晶体管、微波场效应管及微波固态谐振器、微波电真空器件等。由此而构成微波放大器、振荡器及混频器等典型微波有源电路。

5.1.2 微波连接匹配元件

微波连接匹配元件包括终端负载元件、微波连接元件以及阻抗匹配元器件三大类。

1. 终端负载元件

终端负载元件连接在传输系统的终端，是用来实现终端短路、匹配或标准失配等功能的元件。

终端负载元件是典型的一端口互易元件，主要包括短路负载、匹配负载和失配负载等。

1) 短路负载

短路负载是实现微波系统短路的器件，主要包括：

① 短路片。

② 可移动的短路面即短路活塞。图 5 – 1(a)、(b)所示是应用于同轴线和波导的扼流式短路活塞，它们的有效短路面不在活塞和系统内壁直接接触处，而向波源方向移动 $\lambda_g/2$ 的距离。这种结构是由两段不同等效特性阻抗的 $\lambda_g/4$ 变换段构成，其工作原理可用如图 5 – 1(c)所示的等效电路来进行分析，其中 cd 段相当于 $\lambda_g/4$ 终端短路的传输线，bc 段相当于 $\lambda_g/4$ 终端开路的传输线，两段传输线之间串有接触电阻 R_K。由等效电路不难证明 ab 面上的输入阻抗为 $Z_{ab}=0$，即 ab 面上等效为短路，于是当活塞移动时实现了短路面的移动。扼流短路活塞的优点是损耗小，而且驻波比可以做到大于 100，但这种活塞频带较窄，一般只能做到 10%～15% 的带宽。

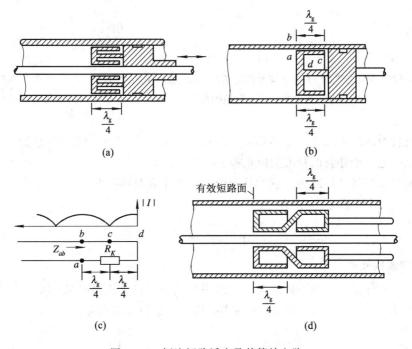

图 5 – 1　扼流短路活塞及其等效电路

(a) 同轴扼流短路活塞；(b) 波导扼流短路活塞；(c) 等效电路；(d) 同轴 S 型扼流短路活塞

2) 匹配负载

匹配负载是一种几乎能全部吸收输入功率的单端口元件。

① 对波导来说，小功率匹配负载是在一段终端短路的波导内放置一块或几块劈形吸收片，如图 5 – 2(a)所示。当功率较大时可以在短路波导内放置锲形吸收体，或在波导外侧加装散热片以利于散热，如图 5 – 2(b)、(c)所示；当功率很大时，还可采用水负载，见图 5 – 2(d)，由流动的水将热量带走。

② 对同轴线来说，匹配负载是在同轴线内外导体间放置圆锥形或阶梯形吸收体而构成的，如图 5 – 2(e)、(f)。微带匹配负载一般用半圆形的电阻作为吸收体，如图 5 – 2(g)所示，这种负载不仅频带宽而且功率容量也大。

3) 失配负载

失配负载是一种既吸收一部分微波功率又反射一部分微波功率的单口微波元件，主要

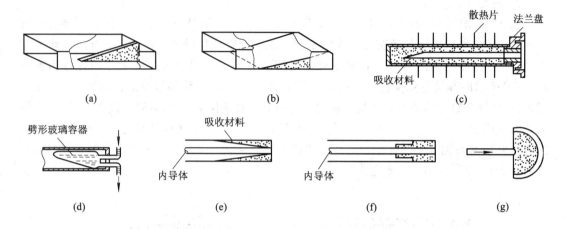

图 5 - 2 各种匹配负载

（a）波导劈尖匹配负载；（b）波导锲形匹配负载；（c）散热型匹配负载；（d）水负载型匹配负载；

（e）同轴圆锥形匹配负载；（f）同轴阶梯形匹配负载；（g）微带半圆形匹配负载

用于微波测量。

失配负载和匹配负载的制作相似，只是略微改变一下尺寸，使之和原传输系统失配。它一般制成一定大小驻波的标准失配负载。

波导失配负载就是将匹配负载的波导窄边 b 制作成与标准波导窄边 b_0 不一样，使之有一定的反射。设驻波比为 ρ，则有

$$\rho = \frac{b_0}{b} \text{ 或 } \frac{b}{b_0} \tag{5-1-1}$$

2. 微波连接元件

微波连接元件是将作用不同的两个微波系统按一定要求连接起来，微波连接元件是二端口互易元件，主要包括波导接头、衰减器、相移器及转换接头等。

1）波导接头

① 平法兰接头如图 5 - 3(a)所示。平法兰接头的特点是：加工方便，体积小，频带宽，其驻波比可以做到 1.002 以下，但要求接触表面光洁度较高。常用于低功率、宽频带的场合。

② 扼流法兰接头如图 5 - 3(b)所示。扼流接头的特点是：功率容量大，接触表面光洁度要求不高，但工作频带较窄，驻波比的典型值是 1.02。一般用于高功率、窄频带的场合。

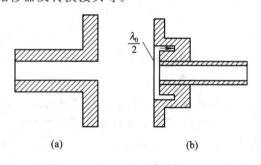

图 5 - 3 波导法兰接头

（a）平法兰接头；（b）扼流法兰接头

③ 各种扭转和弯曲元件。

波导扭转元件可以改变电磁波的极化方向而不改变其传输方向，如图 5 - 4(a)所示。波导弯曲改变电磁波的方向。波导弯曲可分为 E 面弯曲和 H 面弯曲，分别如图 5 - 4

（b）、（c）所示。

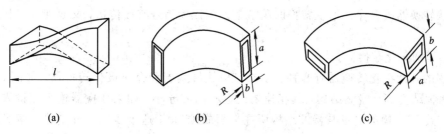

图 5 - 4　波导扭转与弯曲元件

（a）波导扭转；（b）波导 E 面弯曲；（c）波导 H 面弯曲

2）衰减元件和相移元件

（1）衰减元件

衰减元件是用来改变导行系统中电磁波幅度的元件。

对于理想的衰减器，其散射矩阵为

$$[S_\alpha] = \begin{bmatrix} 0 & e^{-\alpha l} \\ e^{-\alpha l} & 0 \end{bmatrix} \qquad (5-1-2)$$

常用的吸收式衰减器是在一段矩形波导中平行于电场方向放置衰减片而构成的。它有固定式和可变式两种，分别如图 5 - 5(a)、(b)所示。

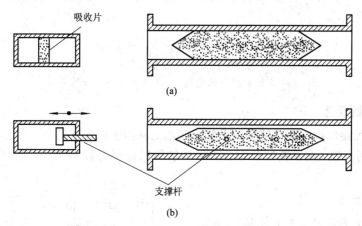

图 5 - 5　吸收式衰减器

（a）固定式；（b）可变式

（2）相移元件

相移元件是用来改变导行系统中电磁波相位的元件。

理想相移元件的散射矩阵为

$$[S_\theta] = \begin{bmatrix} 0 & e^{-j\theta} \\ e^{-j\theta} & 0 \end{bmatrix} \qquad (5-1-3)$$

将衰减器的衰减片换成介电常数 $\varepsilon_r > 1$ 的无耗介质片就构成了移相器。

3）转换接头

微波从一种传输系统过渡到另一种传输系统时需要用转换器。

（1）形状转换器。

形状转换器既要保证形状转换时阻抗的匹配以使信号有效传送，又要保证工作模式的转换。

（2）线圆极化转换器。

常用的线圆极化转换器有两种：多螺钉极化转换器和介质极化转换器，如图 5 - 6 所示。这两种结构都是慢波结构，其相速要比空心圆波导小。如果变换器输入端输入的是线极化波，其 TE_{11} 模的电场与慢波结构所在平面成 $45°$ 角，这个线极化分量将分解为垂直和平行于慢波结构所在平面的两个分量 E_u 和 E_v，它们在空间互相垂直，都是主模 TE_{11}，只要螺钉数足够多或介质板足够长，就可以使平行分量产生附加 $90°$ 相位滞后，于是在极化转换器的输出端的两个分量合成的结果，便是一个圆极化波，至于是左极化还是右极化要根据极化转换器输入端的线极化方向与慢波平面之间的夹角决定。

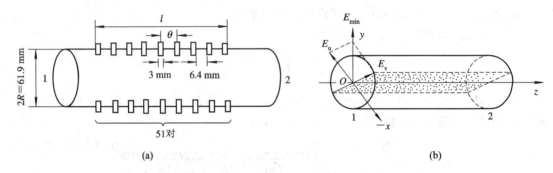

(a)   (b)

图 5 - 6 极化转换器

（a）多螺钉极化转换器；（b）介质极化转换器

3. 阻抗匹配元件

阻抗匹配元器件是用于调整传输系统与终端之间阻抗匹配的器件，其作用是为了消除反射，提高传输效率，改善系统稳定性。主要包括螺钉调配器、多阶梯阻抗变换器及渐变型变换器等。

1）螺钉调配器

螺钉是低功率微波装置中普遍采用的调谐和匹配的元件，它是在波导宽边中央插入可调螺钉作为调配元件，如图 5 - 7 所示。螺钉不同的深度等效为不同的电抗元件，使用时为了避免波导短路击穿，螺钉都设计成容性，即螺钉旋入波导中的深度应小于 $3b/4$（b 为波导窄边尺寸）。螺钉

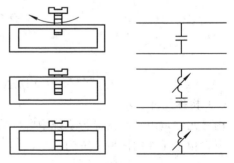

图 5 - 7 波导中的螺钉及其等效电路

调配器可分为单螺钉、双螺钉、三螺钉和四螺钉调配器。

单螺钉调配器是通过调整螺钉的纵向位置和深度来实现匹配的，如图 5 - 8(a) 所示。

双螺钉调配器是由在矩形波导中相距 $\lambda_g/8$、$\lambda_g/4$ 或 $3\lambda_g/8$ 等距离的两个螺钉构成的，如图 5 - 8(b) 所示。双螺钉调配器有匹配盲区，故有时常用三螺钉调配器。由于螺钉调配器的螺钉间距与工作波长直接相关，因此螺钉调配器是窄频带的。

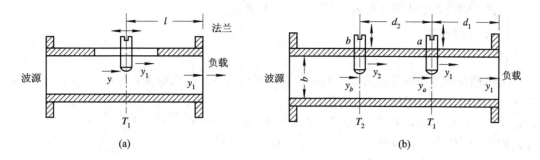

图 5 - 8　螺钉调配器

(a) 单螺钉调配器；(b) 双螺钉调配器

2）多阶梯阻抗变换器

$\lambda/4$ 阻抗变换器只有在特定频率上才满足匹配条件，多阶梯阻抗变换器可使变换器在较宽的工作频带内实现匹配，且阶梯级数越多，频带越宽。图 5 - 9 所示分别为波导、同轴线、微带的多阶梯阻抗变换器。

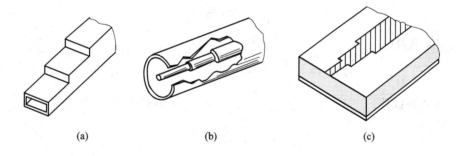

图 5 - 9　各种多阶梯阻抗变换器

(a) 波导多阶梯阻抗变换器；(b) 同轴多阶梯阻抗变换器；(c) 微带多阶梯阻抗变换器

3）渐变型阻抗变换器

增加阶梯的级数就可以增加工作带宽，但增加了阶梯级数，变换器的总长度也要增加，尺寸会过大，因此用渐变线代替多阶梯，这就是渐变型阻抗变换器，如图 5 - 10 所示。

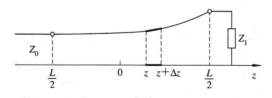

图 5 - 10　渐变型阻抗变换器

5.1.3　功率分配与合成器件

将功率分成几路的器件称为功率分配元器件，主要包括：定向耦合器、功率分配器以及各种微波分支器件。将几个不同窄频段的信号合成一路宽频信号或将几路窄频信号合成一路宽频信号的器件称为合路器或多工器。这些元器件一般都是线性多端口互易网络，主要包括定向耦合器、功率分配器、波导分支器和多工器。

1. 定向耦合器

1）定义

定向耦合器是由耦合装置联系在一起的两对传输系统构成的具有定向传输特性的四端

口元件，如图 5 - 11 所示。常用的有波导双孔定向耦合器、双分支定向耦合器和平行耦合微带定向耦合器。定向耦合器端口①为输入端，端口②为直通输出端，端口③为耦合输出端，端口④为隔离端。

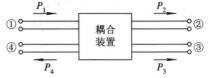

图 5 - 11 定向耦合器的原理图

2）定向耦合器的性能指标

（1）耦合度 C：

$$C = 10 \lg \frac{P_1}{P_3} = 20 \lg \frac{1}{|S_{31}|} \quad \text{dB} \tag{5 - 1 - 4}$$

（2）隔离度 I：

$$I = 10 \lg \frac{P_1}{P_4} = 20 \lg \frac{1}{|S_{41}|} \quad \text{dB} \tag{5 - 1 - 5}$$

（3）定向度 D：

$$D = 10 \lg \frac{P_3}{P_4} = 20 \lg \left| \frac{S_{31}}{S_{41}} \right| = I - C \quad \text{dB} \tag{5 - 1 - 6}$$

（4）输入驻波比：

$$\rho = \frac{1 + |S_{11}|}{1 - |S_{11}|} \tag{5 - 1 - 7}$$

（5）工作带宽。

工作带宽是指定向耦合器的上述性能指标等均满足要求时的工作频率范围。

3）波导双孔定向耦合器

（1）结构及工作原理。

波导双孔定向耦合器的结构如图 5 - 12(a)所示，主、副波导通过其公共窄壁上两个相距 $d = (2n+1)\lambda_{g0}/4$ 的小孔实现耦合。其中，λ_{g0} 是中心频率所对应的波导波长；n 是任意正整数，一般取 $n = 0$。

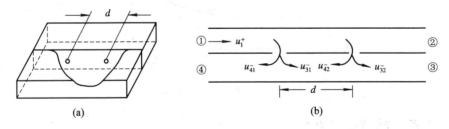

图 5 - 12 波导双孔定向耦合器

(a) 波导双孔定向耦合器的结构；(b) 波导双孔定向耦合器的原理

它的工作原理为：如图 5 - 12(b)所示，从主波导端口①入射波 $\text{TE}_{10}(u_1^+ = 1)$，由第一个小孔耦合到副波导的③端口和④端口归一化出射波分别为 $u_{41}^- = q$ 和 $u_{31}^- = q$，q 为小孔耦合系数。假设小孔很小，到达第二个小孔的电磁波能量不变，只是引起相位差(βd)，第二个小孔处耦合到副波导处的归一化出射波分别为 $u_{42}^- = q\mathrm{e}^{-\mathrm{j}\beta d}$ 和 $u_{32}^- = q\mathrm{e}^{-\mathrm{j}\beta d}$；当工作在中心频率时，$\beta d = \pi/2$，使两路信号在耦合口③上同相叠加，在隔离口④上反相抵消。

（2）结论。

实际上双孔耦合器即使在中心频率上，其定向性也不是无穷大，而只能做到 30 dB 左右。这种定向耦合器是窄带的。

4）双分支定向耦合器

（1）结构。

双分支定向耦合器由主线、副线和两条分支线组成，其中分支线的长度和间距均为中心波长的 1/4。如图 5 - 13 所示，端口①为输入口，端口②为直通口，端口③为耦合口，端口④为隔离口。

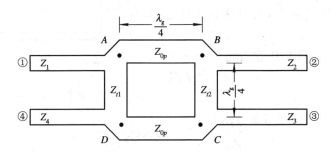

图 5 - 13　双分支定向耦合

（2）工作原理。

假设输入电压信号从端口①经 A 点输入，则到达 D 点的信号有两路，一路是由分支线直达，其波行程为 $\lambda_g/4$，另一路经 $A \to B \to C \to D$ 到达，波行程为 $3\lambda_g/4$，故两条路径到达的波行程差为 $\lambda_g/2$，相应的相位差为 π，即相位相反，因此若选择合适的特性阻抗，使到达的两路信号的振幅相等，则端口④处的两路信号相互抵消，从而实现隔离。

5）平行耦合微带定向耦合器

（1）结构。

平行耦合微带定向耦合器是一种反向定向耦合器，其耦合输出端与主输入端在同一侧面，端口①为输入口，端口②为直通口，端口③为耦合口，端口④为隔离口，如图 5 - 14 所示。

（2）奇偶模分析法。

奇偶模分析法略。

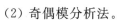

图 5 - 14　平行耦合微带定向耦合器

（3）平行耦合微带定向耦合器的设计。

若给定耦合度 C 为

$$C = 20\,\lg\left|\frac{U_3}{U_0}\right| = 20\,\lg K \quad \mathrm{dB} \tag{5-1-8}$$

即可求得耦合系数 K，再由引出线的特性阻抗 Z_0 就可确定 Z_{0o} 和 Z_{0e}：

$$Z_{0o} = Z_0 \sqrt{\frac{1+K}{1-K}} \\ Z_{0e} = Z_0 \sqrt{\frac{1-K}{1+K}} \Bigg\}$$

$$(5-1-9)$$

然后由此可确定平行耦合线的尺寸。

2. 功率分配器

将一路微波功率按一定比例分成 n 路输出的功率元件称为功率分配器。

1）两路微带功率分配器

功率分配器（见图 5-15）的基本要求如下：

① 端口①无反射。

② 端口②和③输出电压相等且同相。

③ 端口②和③输出功率比值为任意指定值，设为 $1/k^2$。

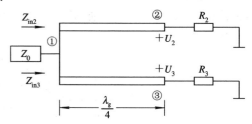

图 5-15 两路微带功率分配器的平面结构

根据以上三条，只要任意指定四个参数（R_2、R_3、Z_{02} 和 Z_{03}）中的一个，就可得到其它参数。

设 $R_2 = kZ_0$，其它三个参数分别为

$$Z_{02} = Z_0 \sqrt{k(1+k^2)} \\ Z_{03} = Z_0 \sqrt{\frac{1+k^2}{k^3}} \\ R_3 = \frac{Z_0}{k} \Bigg\}$$

$$(5-1-10)$$

2）微带环形电桥

微带环形电桥由全长为 $3\lambda_g/2$ 的环及与它相连的四个分支组成，如图 5-16 所示，分支与环的关系为并联关系。其中端口①为输入端，该端口无反射，端口②和④等幅同相输出，而端口③为隔离端，无输出。

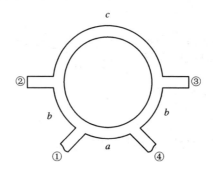

图 5-16 微带环形电桥结构

微带环形电桥的工作原理：从端口①输入的信号，其一路经过 b 到达端口②，其行程为 $\lambda_g/4$，另一路经过 a、b、c 到达端口②，行程为 $5\lambda_g/4$，因此，两路信号同相相加，端口④与端口②的两路信号完全类似，所以，端口②和④等幅同相输出；而从端口①经过 a、b 和 b、c 到

达端口③的两条信号的行程正好相差 $\lambda_g/2$，因此，两路信号反相相消，端口③无输出。

3. 波导分支器

将微波能量从主波导中分路接出的元件称为波导分支器，它是微波功率分配器件的一种，常用的波导分支器有 E 面 T 型分支、H 面 T 型分支和匹配双 T。

1）E - T 分支

（1）E - T 分支的定义。

E 面 T 型分支器是在主波导宽边面上的分支，其轴线平行于主波导的 TE_{10} 模的电场方向，简称 E - T 分支。E - T 分支相当于分支波导与主波导串联，其结构及等效电路分别如图 5 - 17(a)、(b)所示。

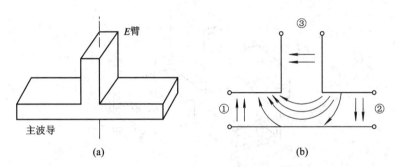

图 5 - 17　E 面 T 型分支器结构及等效电路
(a) E - T 分支的结构；(b) E - T 分支的等效电路

（2）工作原理。

当微波信号从端口③输入时，平均地分给端口①和②，但两端口是等幅反相的；当信号从端口①和②反相激励时，则在端口③合成输出最大；而当同相激励端口①、②时，端口③将无输出。

2）H - T 分支

（1）H - T 分支的定义。

H - T 分支是在主波导窄边面上的分支，其轴线平行于主波导 TE_{10} 模的磁场方向。它相当于并联于主波导的分支线。其结构及等效电路分别如图 5 - 18(a)、(b)所示。

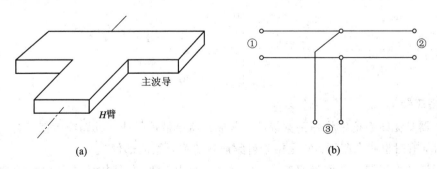

图 5 - 18　H - T 分支结构及等效电路
(a) H - T 分支的结构；(b) H - T 分支结构的等效电路

（2）工作原理。

当微波信号从端口③输入时，平均地分给端口①和②，这两个端口得到的是等幅同相的 TE_{10} 波；当在端口①和②同相激励时，则在端口③合成输出最大，而当反相激励时端口③将无输出。

3）匹 配 双 T

（1）匹配双 T 的定义。

将 E - T 分支和 H - T 分支合并，并在接头内加匹配以消除各路的反射，则构成匹配双 T，也称为魔 T，如图 5 - 19 所示。

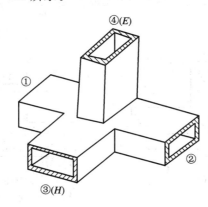

图 5 - 19　魔 T 的结构

（2）匹配双 T 的特点。

① 四个端口完全匹配。

② 端口①、②对称，即有 $S_{11} = S_{22}$。

③ 当端口③输入时，端口①、②有等幅同相波输出，端口④隔离。

④ 当端口④输入时，端口①、②有等幅反相波输出，端口③隔离。

⑤ 当端口①或②输入时，端口③、④等分输出而对应端口②或①隔离。

⑥ 当端口①、②同时输入信号，端口③输出两信号相量和的 $1/\sqrt{2}$ 倍，端口④输出两信号相量差的 $1/\sqrt{2}$ 倍。

（3）魔 T 的［S］矩阵。

$$[S] = \frac{1}{\sqrt{2}} \begin{bmatrix} 0 & 0 & 1 & 1 \\ 0 & 0 & 1 & -1 \\ 1 & 1 & 0 & 0 \\ 1 & -1 & 0 & 0 \end{bmatrix} \tag{5-1-11}$$

4. 多工器

多工器是无线系统中将一路宽带信号分成几路窄带信号或将几路窄带信号合成一路信号的部件，有时也叫合路器。它是用于射频前端的重要微波部件。

两通道的多工器通常称为双工器，它一方面将从功率放大电路（HPA）来的功率微波信号送到天线上去发射，另一方面将天线上感应到的高频信号送到低噪声放大电路（LNA），如图 5 - 20 所示。

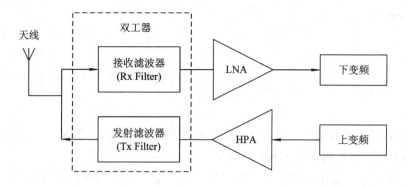

图 5-20 双工器在射频前端的位置与作用

5.1.4 微波谐振器件

1. 定义

微波电路中有一种器件，在振荡器中作为振荡回路，放大器中用作谐振回路，在带通或带阻滤波器中作为选频元件等。实现上述功能的器件，称为微波谐振器件。一般有传输线型谐振器和非传输线谐振器两大类，如图 5-21 所示。

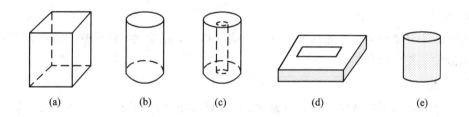

图 5-21 各种微波谐振器

（a）矩形谐振腔；（b）圆柱谐振腔；（c）同轴谐振腔；（d）微带谐振腔；（e）介质谐振腔

2. 微波谐振器的三个基本参量

1）谐振频率 f_0

$$f_0 = \frac{\upsilon}{2\pi}\left[\left(\frac{p\pi}{l}\right)^2 + \left(\frac{2\pi}{\lambda_c}\right)^2\right]^{1/2} \qquad (5-1-12)$$

式中，l 为腔体的长度（$p=1,2,\cdots$），λ_c 为振荡模式的截止波长。

2）品质因数 Q_0

$$Q_0 = \omega_0 \frac{W}{P_1} \qquad (5-1-13)$$

式中，W 为谐振器中的储能，P_1 为谐振器的损耗功率。

实际中，谐振器内 Q_0 值可近似为

$$Q_0 \approx \frac{2}{\delta} \cdot \frac{V}{S} \qquad (5-1-14)$$

式中，S、V 分别表示谐振器的内表面积和体积，δ 为导体内壁的趋肤深度。

3) 等效电导 G_0

$$G_0 = R_S \frac{\oint_s |\boldsymbol{H}_t|^2 \, \mathrm{d}S}{\left(\int_a^b \boldsymbol{E} \cdot \mathrm{d}\boldsymbol{l}\right)^2} \quad\quad (5-1-15)$$

4) 结论

① 谐振频率由振荡模式、腔体尺寸以及腔中填充介质 (μ, ε) 所确定，而且在谐振器尺寸一定的情况下，与振荡模式相对应有无穷多个谐振频率。

② $Q_0 \propto V/S$，应选择谐振器形状使其 V/S 大一些。谐振器线尺寸与工作波长成正比，即 $V \propto \lambda_0^3$，$S \propto \lambda_0^2$，故有 $Q_0 \propto \lambda_0/\delta$，由于 δ 仅为几 μm，对厘米波段，Q_0 值将在 $10^4 \sim 10^5$ 量级。

③ 等效电导 G_0 具有多值性，与所选择的等效参考面有关。

④ 上面的三个基本参量的计算公式都是对一定的振荡模式而言的，振荡模式不同则所得参量的数值也不同。因此，上述公式只能对少数规则形状的谐振器才是可行的。对于复杂的谐振器，只能用等效电路的概念，通过测量来确定 f_0、Q_0 和 G_0。

⑤ 常用的微波谐振器有：矩形空腔谐振器、圆形空腔谐振器和微带谐振器等。

3. 谐振器的耦合和激励

1) 定义

实际的微波谐振器总是通过一个或几个端口和外电路连接，把谐振器和外电路相连的部分叫激励装置或耦合装置。

2) 分类

对波导型谐振器的激励方法有电激励、磁激励和电流激励三种，而微带线谐振器通常用平行耦合微带线来实现激励和耦合，如图 5-22 所示。

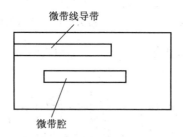

图 5-22 微带谐振器的耦合

3) 有载品质因数

$$Q_1 = \frac{Q_0}{1+\tau} \quad\quad (5-1-16)$$

式中，τ 为耦合系数。

4) 结论

τ 越大，耦合越紧，有载品质因数越小；反之 τ 越小，耦合越松，有载品质因数越接近无载品质因数。

5.1.5 微波铁氧体器件

1. 微波铁氧体的基本概念

铁氧体是一种黑褐色的陶瓷，它是微波技术中应用很广泛的非线性各向异性磁性物质。当微波频率的电磁波从不同的方向通过磁化铁氧体时，呈现一种非互易性，且其导电损耗很小。利用这种效应，可以做成各种非互易微波铁氧体元件。最常用的有隔离器和环行器。

2. 隔离器

隔离器也叫反向器，它的基本特性是电磁波正向通过时几乎无衰减，反向通过时衰减很大。常用的隔离器有谐振式和场移式两种。

1）谐振式隔离器

（1）正圆波和负圆波。

设微波铁氧体材料的外加磁场 H_i 的方向为 y 方向，如图 5-23 所示。如果一个电磁波的磁场由幅度相等、相位相差 90°且方向相互垂直的两个分量 H_x 和 H_z 构成，且 H_x 和 H_z 的方向与外加磁场 H_i 的方向成右手螺旋关系，则称为正圆（极化）波；否则，称为负圆（极化）波。正圆波和负圆波具有不同的导磁率，它们分别为 μ_+ 和 μ_-。

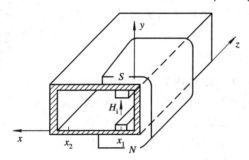

图 5-23 谐振式隔离器的铁氧体位置

（2）圆极化磁场的铁磁谐振效应。

铁磁谐振效应是指当磁场的工作频率 ω 等于铁氧体的谐振角频率 ω_0 时，铁氧体对微波能量的吸收达到最大值；对圆极化磁场来说，负圆波、正圆波具有不同的磁导率，从而两者也有不同的吸收特性。对于正圆波，磁导率为 μ_+，它具有铁磁谐振效应；而对于负圆波，磁导率为 μ_-，它不存在铁磁谐振特性。

对于矩形波导 TE_{10} 模而言，沿 $+z$ 方向传输的电磁波其磁场只有 x 分量和 z 分量，它们的表达式为

$$\left. \begin{array}{l} H_x = j\dfrac{\beta a}{\pi} H_0 \sin\left(\dfrac{\pi}{a}x\right) \cos(\omega t - \beta z) \\[3mm] H_z = H_0 \cos\left(\dfrac{\pi}{a}x\right) \cos(\omega t - \beta z) \end{array} \right\} \qquad (5-1-17)$$

H_x 和 H_z 存在 $\pi/2$ 的相差。在矩形波导宽边中心处，磁场只有 H_x 分量，即磁场矢量是线极化的，且幅度随时间周期性变化，但其方向总是 x 方向；在其它位置上，若 $|H_x| \neq |H_z|$，则合成磁场矢量是椭圆极化的，并以宽边中心为对称轴，波导两边为极化性质相反的两个磁场；当在某个位置 x_1 上有 $|H_x| = |H_z|$，此时合成磁场是圆极化的，即

$$\frac{\beta a}{\pi} \sin \frac{\pi}{a} x_1 = \cos \frac{\pi}{a} x_1 \qquad (5-1-18)$$

也就是

$$x_1 = \frac{a}{\pi} \arctan \frac{\lambda_{\mathrm{g}}}{2a} \qquad (5-1-19)$$

对于沿$+z$方向传输的 TE_{10} 模来说，在 $x=x_1$ 处，$|H_x|=|H_z|$，且 H_x 相位超前 H_z 90°。也就是说，在 $x=x_1$ 处，沿$+z$方向传输的是负圆波，而沿$-z$方向传输的是正圆波。

(3) 谐振式隔离器的工作原理。

在波导的位置 $x=x_1$ 处放置铁氧体片，并加上 y 方向的恒定磁场，恒定磁场的大小 H_i 与传输波的工作频率 ω 满足：

$$\omega = \omega_0 = \gamma H_i \qquad (5-1-20)$$

其中，ω_0 为铁氧体片的铁磁谐振频率；$\gamma = 2.8 \times 10^3 / 4\pi$ Hz/(A/m) 为电子旋磁比。这时对于沿$+z$传输的负圆波几乎无衰减通过，而对于沿$-z$传输的正圆波，因满足圆极化磁场的铁磁谐振条件而被强烈吸收，从而构成了谐振式隔离器。

若在波导的对称位置 $x=x_2=a-x_1$ 处放置铁氧体，则对于沿$+z$方向传输的波因满足圆极化磁场的铁磁谐振条件而会被强烈吸收，对于$-z$方向传输的波则会几乎无衰减地通过。

2) 场移式隔离器的工作原理

场移式隔离器是利用铁氧体对两个方向传输的波型产生的场移作用不同而制成的。它在 $x=x_1$ 处放置铁氧体，并在铁氧体片侧面加上衰减片，如图5-24所示。正像前面分析，由于在 $x=x_1$ 处沿$+z$方向传输的是负圆波而沿$-z$方向传输的是正圆波，它们的磁导率分别为 μ_- 和 μ_+。对于负圆波，$\mu_- > 1$，铁氧体呈普通的顺磁特性；对于正圆波，$\mu_+ < 0$，负的磁导率意味着电磁波将被排斥在铁氧体所在空间之外传播，致使沿$-z$方向传输的电场偏向无衰减片的一侧，而沿$+z$方向传输波的电场在衰减片一侧被衰减，从而实现了$-z$方向传输的波衰减很小而$+z$方向的衰减很大的隔离功能。

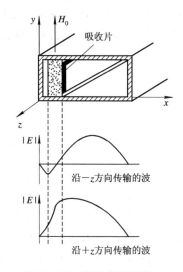

图 5-24 场移式隔离器

3. 铁氧体环行器

环行器是一种具有非互易特性的分支传输系统，如图5-25所示。

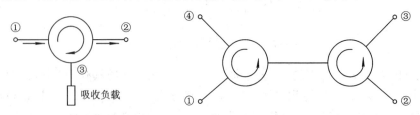

图 5-25 环行器的应用

理想的环行器必须具备以下的条件：

① 输入端口完全匹配，无反射。

② 输入端口到输出端口全通，无损耗。

③ 输入端口与隔离器间无传输。

理想的环行器的散射参数为

$$[S] = \begin{bmatrix} 0 & 0 & e^{j\theta} \\ e^{j\theta} & 0 & 0 \\ 0 & e^{j\theta} & 0 \end{bmatrix} \qquad (5-1-21)$$

式中，θ 为附加相移。

常用的铁氧体环行器是 Y 形结环行器，它是由三个互成 120°角的对称分布的分支线构成。在 Y 形结环行器的端口③接上匹配吸收负载，端口①作为输入，端口②作为输出，可以构成单向器。

5.1.6 低温共烧陶瓷(LTCC)器件

低温共烧陶瓷(LTCC)技术是近年发展起来的令人瞩目的整合组件技术，它是在低温烧结陶瓷粉制成的厚度精确而且致密的生瓷带上利用激光打孔、微孔注浆、精密导体浆料印刷等工艺制出所需要的电路图形，并将多个无源元件(如低容值电容、电阻、滤波器、阻抗转换器、耦合器等)埋入多层陶瓷基板中，使用银、铜、金等金属作为内外电极将电路连接起来，然后叠压在一起，在 950℃ 以下烧结，制成三维空间互不干扰的高密度器件(如 LTCC 滤波器等)，也可再在已共烧的内置无源元件三维电路基板表面贴装 IC 和有源器件，制成无源/有源集成的功能模块或组件(如 LTCC 射频/微波模组等)。随着 LTCC 工艺的日益成熟，必将有更广阔的应用前景。LTCC 微波器结构图及实物图分别如图 5-26 (a)、(b)所示。

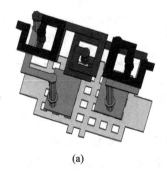

(a)   (b)

图 5-26　LTCC 微波滤波器结构图及实物照片

(a) 结构图；(b) 实物图

5.1.7 微波有源电路基础

有源电路主要实现微波信号的产生、放大、频率变换以及信号控制等功能，包括微波小信号放大器、功率放大器、微波振荡器、微波混频器以及微波信号控制电路等。它们都离不开微波半导体器件(微波二极管和微波晶体管)及其典型电路(如放大器、振荡器及混频器等)。

1. 微波半导体器件

微波半导体器件就是能够工作在微波波段的固态有源器件,它主要分为微波二极管和微波晶体管两大类。微波二极管又可以分为肖特基二极管、变容二极管及 PIN 二极管等。由于肖特基二极管具有非线性电阻和非线性电容效应,因此被广泛应用于混频、检波等电路中;而变容二极管的参数与管子的内在特性、偏置电压以及所加信号有密切的关系,使其能用于变频、压控振荡、参量放大等应用场景;当微波信号和偏置信号同时加载到 PIN 二极管时,可以将其看作一个开关电路,从而实现微波信号的通断控制,使其在微波开关电路、移相电路、电调衰减器、限幅器、天线重构等方面得到广泛的应用。另外,有些二极管,如隧道二极管、Gunn 氏二极管、IMPATT 等,在一定的电压偏置下,其伏安特性的斜率为负,此类二极管可以归类为具有负阻特性的二极管,可用于振荡器等。

典型微波二极管的实现机理、特点以及应用场景如表 5-1 所示。

表 5-1 典型微波二极管的实现机理、特点及应用场景

序号	二极管名称	实现机理	特点	用 途
1	肖特基二极管	结效应(势垒)	噪声低、成本低	混频、检波
2	变容二极管	超突变掺杂分布结型二极管	结电容随电压非线性变化,噪声低	变频、参量放大、移相
3	PIN 二极管	本征层阻抗随偏置方式的变化	正偏阻抗小、负偏阻抗大,控制速度快,工作稳定	微波开关电路、移相电路、电调衰减器、限幅器、天线重构
4	阶跃二极管	窄 I 层结构的 PIN 二极管	反向电流会出现阶跃,实现快恢复	倍频器、高速取样器等
5	Gunn 二极管	电子迁移类体效应二极管	可以出现负阻效应,小功率器件	振荡器
6	IMPATT	雪崩效应	高电压,相位噪声大	振荡器
7	噪声二极管	雪崩击穿效应	噪声温度高,功耗低	噪声源

微波晶体管可以分为结型晶体管和场效应管两类。微波结型晶体管和普通的晶体管原理相同,但就结构而言,为了降低分布效应,其电极结构往往会比较复杂。场效应管的种类繁多,常用的有金属半导体场效应管(MESFET)、金属氧化物场效应管(MOSFET)、高迁移率晶体管(HEMT)等,表 5-2 是常用的各种微波晶体管的特性一览表。它们广泛应用于微波信号放大器、微波功率放大器、微波开关、微波振荡器等有源微波电路中。

表 5-2 常用的各类微波晶体管的特性

晶体管名称	材料	工作频率/GHz	承受功率/W	成本	应用场景
BJT	Si	<3	30	低	放大、振荡
HBT	GaAs,AlGaAs	2~20	1	较高	振荡、功放
MESFET	GaAs	2~20	10	较高	放大、功放
MOSFET	Si	<1	300	低	功放
HEMT	GaAs,AlGaAs	2~40	1	较高	低噪声放大

随着集成电路设计和工艺的不断发展，各种新的微波器件也将不断涌现。但作为最常用的两类微波器件——微波晶体管和场效应管，也是构成微波放大器、振荡器、混频器等微波有源电路的核心器件。

2. 微波放大电路

微波放大电路是射频系统的一个重要的有源部件，按其实现所用器件，可以分为微波晶体管放大电路和场效应管放大电路；按其应用场景，可以分为低噪声放大器、小信号高增益放大器和功率放大器。

微波小信号放大器是一个典型的双口网络，可以使用小信号参数模型分析，反映微波放大器的主要参数有增益、噪声系数、稳定系数等，其中增益又可以分为工作功率增益、转换功率增益、资用功率增益。从放大器设计基本要求看，主要确保放大电路工作在稳定区域并且输入输出匹配良好，对于低噪声放大器需按最小噪声目标设置管子的工作状态，高增益放大器则按最大增益为目标进行设计。其设计流程包括：根据放大电路参数进行稳定性判断，再进行输入匹配网络和输出匹配网络设计，最后用微波元件实现匹配网络。

功率放大电路与小信号放大电路不同，放大器应有大的输出功率和高的效率，还要满足带宽、增益和稳定性要求。另外，由于微波功率放大器工作在大信号状态，在放大过程中会出现非线性失真。为了表征该非线性效应，通常用 1 dB 压缩点来表示，该点是放大器增益与线性增益相比下降 1 dB 时的输入功率（如图 5-27 中的 IP_{1dB}）。而将 1 dB 压缩点处的输出功率 OP_{1dB} 与背景噪声的电平差称之为放大器的线性动态范围（Linear Dynamic Range，LDR）。而当两个频率或更多频率同时输入放大器端，由于放大器的非线性效应还会产生互调信号。对于双频输入情形下，其输出信号中，除了有 ω_1、ω_2 两个基带频率成分外，最值得关注的是 $2\omega_1 - \omega_2$ 及 $2\omega_2 - \omega_1$ 这两个频率分量，因为它们很可能落入 ω_1 或 ω_2 基带信号的边频中从而引起干扰，由于这两个频率分量是三阶信号产生的，因此称之为三阶互调（The third-order Intermodulation，IM3），三阶互调输入输出曲线（分贝表示）的线性延长线与放大器功率输入输出曲线的线性延长线之交点称为三阶互调点（The third-order Intercept point，IP3），对应的输入功率称三阶交调输出功率 IIP3，而对应的输出功率则称为三阶交调输出功率 OIP3。三阶互调点越高说明抑制三阶交调的能力越强。同时，将三阶交调与背景噪声交点处到线性输出功率点之间的输出功率范围称为无杂散输出动态范围（Spurious-free Dynamic Range，SFDR），如图 5-27 所示。

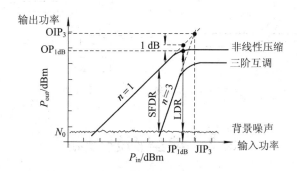

图 5-27　放大器的输入-输出功率关系曲线

总之，对于一个功率放大器来说，所需的系统参数主要有高的功率输出、高的 1 dB 压缩点、高的三阶交调点、大的动态范围、低的交调、好的线性度以及高的附加功率效率等。

3. 微波振荡器与混频器

微波振荡器(Oscillator)是将直流能量转换为微波信号能的有源电路,它是发射机中的微波信号源以及用于上下变频中产生本地振荡的基本电路。它通常由一个无源谐振电路(始端网络)、有源器件(或称振荡管)以及负载匹配网络组成,基本组成框图如图5-28所示。其中,无源谐振电路可以是谐振微带线、腔体谐振器、介质谐振器及可调谐变容管等,振荡管可以是双极晶体管(BJT)、GaAs场效应管(FET)以及异质结晶体管(HBT),都是利用它们在合适的偏置状态下呈现的负阻特性而实现能量的转换。设计一个振荡器重要的是满足振荡条件,同时需关注输出功率、直流/射频转换效率、噪声、频率稳定性、频率调节范围、杂散信号、频率牵引(带载能力)以及频率波动等系统参数。

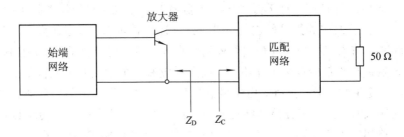

图5-28 微波振荡器结构示意图

微波混频器(Mixer)是一类典型的三端口有源电路,它利用器件的非线性或时变特性实现频率变换,是微波上下变频器、倍频器和分频器等频率变换电路的核心部件,描述混频器的主要参数包括变频损耗、噪声系数、中频阻抗、击穿功率、输入输出驻波比等。就混频器使用的器件看,可以用二极管的变阻特性实现混频,也可用晶体管或场效应管的非线性效应实现混频;就混频器电路实现的形式看,可以分为单端混频结构和平衡混频结构,平衡混频又可以分为单平衡混频和双平衡混频。图5-29所示的是典型的混频器电路——分支线电桥平衡混频器。

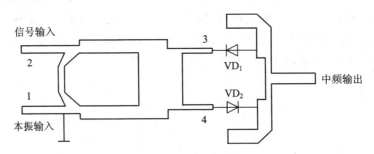

图5-29 分支线电桥平衡混频电路

5.2 典型例题分析

【例1】 在端接负载的BJ-32波导中测得行波系数为0.29,第一个电场波腹点距负载5.7 cm,工作波长为10 cm,今采用螺钉匹配,求螺钉的位置和归一化电纳值。

解 本题实质上就是讨论利用单螺钉调匹配的方法。首先将波导等效为传输线，螺钉等效为电抗元件，利用传输线理论求得波导上任一点的归一化导纳，求出实部为1的位置即为调配螺钉的位置，此时归一化导纳虚部取反即为螺钉的归一化电纳值。

查教材附录得 BJ－32 波导的尺寸为

$$a \times b = 72.14 \times 34.04 \text{ mm}^2$$

由于矩形波导中的 TE_{10} 模和 TE_{20} 模的截止波长分别为

$$\lambda_{cTE_{10}} = 2a = 14.428 \text{ cm}$$

$$\lambda_{cTE20} = a = 7.214 \text{ cm}$$

而信号的工作波长为 10 cm，因此矩形波导中只能传输 TE_{10} 主模。

波导波长为

$$\lambda_g = \frac{\lambda}{\sqrt{1 - \left(\frac{\lambda}{2a}\right)^2}} = 13.873 \text{ cm}$$

根据测得的行波系数可求得波导中的驻波比为

$$\rho = \frac{1}{K} = \frac{1}{0.29} = 3.448$$

因此，反射系数的模值为

$$|\Gamma_1| = \frac{\rho - 1}{\rho + 1} = 0.550$$

再根据第一个电场波腹点的位置可算得负载处反射系数的相位 ϕ_1，即

$$l_{\text{max1}} = \frac{\lambda_g}{4\pi}\phi_1 = \frac{13.876}{4\pi}\phi_1 = 5.7$$

所以

$$\phi_1 = 1.643\pi$$

于是负载处反射系数的表达式为

$$\Gamma_1 = |\Gamma_1| e^{j\phi_1} = 0.55 e^{j1.643\pi}$$

因此，负载的归一化导纳为

$$\bar{y}_1 = g_1 + jb_1 = \frac{1 - \Gamma}{1 + \Gamma} = \frac{1 - 0.55 e^{j1.643\pi}}{1 + 0.55 e^{j1.643\pi}}$$

$$= 0.3918 + j0.5566$$

任意离负载距离 z 处的归一化输入导纳为

$$\bar{y}_{\text{in}}(z) = \frac{y_1 + j\tan\beta z}{1 + jy_1 \tan\beta z}$$

要使负载匹配，则负载导纳应等于矩形波导的等效特性导纳，即上式中输入导纳的实部应等于1。将负载 $y_1 = g_1 + jb_1$ 代入上式，并令

$$\text{Re}[\bar{y}_{\text{in}}(z)] = 1$$

可求得

$$\xi = \tan\beta z_{\text{m}} = \frac{b_1 - \sqrt{b_1^2 - (1 - g_1)h}}{h} = 0.567$$

其中，$h=g_1^2+b_1^2-g_1$。因而，求得匹配螺钉放置的位置离负载的距离为

$$z_m = \frac{\lambda_g}{2\pi} \arctan\xi = 1.14 \text{ cm}$$

此时，离负载 z_m 处的归一化输入导纳为

$$\bar{y}_{in}(z_m) = \frac{y_1 + j \tan\beta z_m}{1 + jy_1 \tan\beta z_m} = 1 + j1.3173$$

设螺钉的归一化电纳为 b，当满足 $\bar{y}_{in}(z)+jb=1$ 时负载是匹配的，因此螺钉的归一化电纳为

$$b = -1.3173$$

【例 2】 有一个三端口元件，测得其 $[S]$ 矩阵为

$$[S] = \begin{bmatrix} 0 & 0.995 & 0.1 \\ 0.995 & 0 & 0 \\ 0.1 & 0 & 0 \end{bmatrix}$$

问：此元件有哪些性质？它是一个什么样的微波元件？

解 从此三端口的 $[S]$ 矩阵可以看出此元件有下列性质：

① 由 $S_{11}=S_{22}=S_{33}=0$ 知，此元件的三个端口均是匹配的。

② 由 $S_{23}=S_{32}=0$ 知，此元件的端口②和端口③是相互隔离的。

③ 由 $S_{ij}=S_{ji}(i,j=1,2,3)$ 知，此元件是互易的。

④ 由 $S_{11}=S_{22}=S_{33}$ 知，此元件是对称的。

⑤ 由 $[S]^+[S] \neq [I]$ 知，此元件是有耗元件。

由上述性质可知，此元件是一个不等分的电阻性功率分配元件。

【例 3】 波导双孔定向耦合器如图 5-30 所示，已知波导波长为 $\lambda_g=14$ cm，两孔相距 $d=3.45$ cm，求该定向耦合器的定向度。

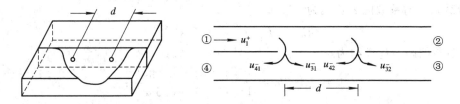

图 5-30 波导双孔定向耦合器

解 设由端口①入射 TE_{10} 波 $u_1^+=1$，第一个小孔耦合到副波导的③端口和④端口归一化出射波分别为 $u_{41}^-=q$ 和 $u_{31}^-=q$，q 为小孔耦合系数。假设小孔很小，到达第二个小孔的电磁波能量不变，只是引起相位差（βd），第二个小孔处耦合到副波导处的归一化出射波分别为 $u_{42}^-=qe^{-j\beta d}$ 和 $u_{32}^-=qe^{-j\beta d}$。于是，在端口③和端口④输出的归一化出射波分别为②③④。

$$u_3^- = u_{31}^- e^{-j\beta d} + u_{32}^- = 2qe^{-j\beta d}$$

$$u_4^- = u_{41}^- + u_{42}^- e^{-j\beta d} = 2qe^{-j\beta d} \cos\beta d$$

双孔定向耦合器的定向度为

$$D = 20 \lg \left| \frac{\overline{u_3}}{u_4} \right| = 20 \lg \left| \sec\beta d \right| = 20 \lg \left| \sec\left(\frac{2\pi}{\lambda_g} d\right) \right| = 33 \text{ dB}$$

【例 4】 设某振荡器的电路图如图 5 - 31 所示,它由靠近终端开路的微带线附近的介质谐振器(DRO)和 $[S]$ 参数为 $[S] = \begin{bmatrix} 1.8\angle 130° & 0.4\angle 45° \\ 3.8\angle 36° & 0.7\angle -63° \end{bmatrix}$ 的双极晶体管(BJT)、负载匹配网络三部分组成,假设该振荡器工作在 2.4 GHz。试给出确定传输线长度 l_t 和短截线 l_s 的方法。

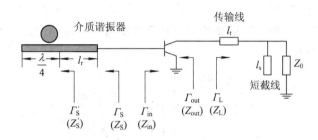

图 5 - 31 微波振荡电路原理图

解 由网络参数可得

$$\Gamma_{out} = S_{22} + \frac{S_{12} S_{21} \Gamma_S}{1 - S_{11} \Gamma_S}$$

为了使振荡器稳定工作,要使 $|\Gamma_{out}|$ 足够大,因此可选择反射系数 Γ_S,使 $1 - S_{11}\Gamma_S = 0$。于是可以确定 $\Gamma_S = 0.6\angle -130°$,再根据上式可得到:$\Gamma_{out} = 10.7\angle 132°$,假设微带线的特性阻抗为 50 Ω,可得到管子端的输出阻抗为

$$Z_{out} = Z_0 \frac{1 + \Gamma_{out}}{1 - \Gamma_{out}} = -43.7 + j6.1 \text{ Ω}$$

于是应使负载端输入阻抗满足:

$$Z_L = -\frac{1}{3} R_{out} - jX_{out} = 5.5 - j6.1 \text{ Ω}$$

这样很容易通过调节传输线长度 l_t 和短截线 l_s 的长度,使 Z_L 满足上式;而通过调节传输线的长度 l_r 以及谐振器的位置(即耦合系数)使 $\Gamma_S = 0.6\angle -130°$。这样就完成了该振荡器的初步设计。后续可使用仿真设计软件进一步细化设计。

5.3 基 本 要 求

★ 了解微波元器件的分类及它们在微波电路中的作用。

★ 掌握终端负载元件、微波连接元件和阻抗匹配元件有哪些及它们的作用。

★ 掌握定向耦合器的性能指标及波导双孔定向耦合器和双分支定向耦合器的工作原理。

★ 掌握微带环形电桥的工作原理。

★ 掌握波导分支器(E 面 T 型分支、H 面 T 型分支和匹配双 T)的工作原理。

★ 了解微波谐振器的作用及性能参数。

★ 了解微波铁氧体器件的作用，了解铁氧体环行器的工作原理，掌握谐振式隔离器和场移式隔离器的工作原理。

★ 了解常用微波二极管、晶体管、场效应管的分类、工作原理、特性参数、应用领域及方法。

★ 了解微波放大器、振荡器、混频器的工作原理、基本设计方法等。

5.4 部分习题及参考解答

【5.1】 有一矩形波导终端接匹配负载，在负载处插入一可调螺钉后，如题5.1图所示。测得驻波比为1.94，第一个电场波节点离负载距离为$0.1\lambda_g$，求此时负载处的反射系数及螺钉的归一化电纳值。

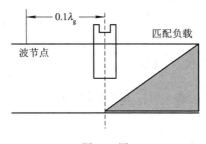

题 5.1 图

解 插入螺钉后的反射系数模值为

$$|\Gamma| = \frac{\rho - 1}{\rho + 1} = 0.32$$

反射系数的相位由下式确定：

$$\frac{\lambda_g}{4\pi}\phi + \frac{\lambda_g}{4} = 0.1\lambda_g, \quad \phi = -0.6\pi$$

即

$$\Gamma = 0.32 e^{-j0.6\pi}$$

根据反射系数与导纳之间的关系：

$$\bar{y}_{in} = \frac{1 - \Gamma}{1 + \Gamma} = g + jb$$

可得 $b = 0.67$。

【5.2】 有一驻波比为1.75的标准失配负载，标准波导尺寸为$a \times b_0 = 2 \times 1 \text{ cm}^2$，当不考虑阶梯不连续性电容时，求失配波导的窄边尺寸b_1。

解 根据等效传输线理论，假设波导的主模为TE_{10}，则其等效特性阻抗（如题5.2图所示）为

$$Z_{e1} = \frac{b_0}{a}Z_{TE_{10}}, \quad Z_{e2} = \frac{b_1}{a}Z_{TE_{10}}$$

$$\Gamma = \frac{Z_{e1} - Z_{e2}}{Z_{e1} + Z_{e2}} = \frac{b_0 - b_1}{b_0 + b_1}$$

再根据

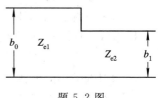

题 5.2 图

$$|\Gamma| = \frac{\rho - 1}{\rho + 1} = 0.2727$$

可求得 $b_1 = 0.57$ 或 1.75。

【5.3】 设矩形波导宽边 $a = 2.5$ cm，工作频率 $f = 10$ GHz，用 $\lambda_\mathrm{g}/4$ 阻抗变换器匹配一段空气波导和一段 $\varepsilon_\mathrm{r} = 2.56$ 的波导，如题 5.3 图所示，求匹配介质的相对介电常数 ε_r' 及变换器长度。

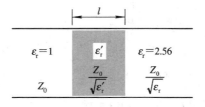

题 5.3 图

解 各部分的等效特性阻抗如题 5.3 图所示，根据传输线的 $\lambda/4$ 阻抗变换性：

$$\left(\frac{Z_0}{\sqrt{\varepsilon_\mathrm{r}'}}\right)^2 = \frac{Z_0 \cdot Z_0}{\sqrt{\varepsilon_\mathrm{r}}}$$

可得

$$\varepsilon_\mathrm{r}' = \sqrt{\varepsilon_\mathrm{r}} = 1.6$$

$$\lambda = \frac{c}{f} = 3 \text{ cm}$$

$$\lambda' = \frac{\lambda}{\sqrt{\varepsilon_\mathrm{r}'}} = 2.37 \text{ cm}$$

匹配段内波导波长：

$$\lambda_\mathrm{g} = \frac{\lambda'}{\sqrt{1 - \left(\frac{\lambda'}{2a}\right)^2}} = 2.69 \text{ cm}$$

变换器的长度：

$$l = \frac{\lambda_\mathrm{g}}{4} = 0.67 \text{ cm}$$

【5.5】 已知渐变线的特性阻抗的变化规律为

$$\bar{z}(z) = \frac{Z(z)}{Z_0} = \exp\left[\frac{z}{l} \ln \bar{z}_1\right]$$

式中，l 为线长，$\bar{z}_1$ 是归一化负载阻抗，试求输入端电压反射系数的频率特性。

解

$$\frac{\mathrm{d} \ln \bar{z}(z)}{\mathrm{d}z} = \frac{1}{l} \ln \bar{z}_1.$$

将其代入教材中式(5-1-14)得

$$\Gamma_\mathrm{in} \mathrm{e}^{\mathrm{j}\beta l} = \frac{1}{2l} \int_{-\frac{l}{2}}^{\frac{l}{2}} \ln \bar{z}_1 \, \mathrm{e}^{-\mathrm{j}2\beta z} \, \mathrm{d}z = \frac{1}{2} \ln \bar{z}_1 \frac{\sin \beta l}{\beta l}$$

所以

$$| \Gamma_{in} | = \frac{1}{2} \left| \frac{\sin\beta l}{\beta l} \right| \ln\bar{z}_1$$

【5.6】 设某定向耦合器的耦合度为 33 dB，定向度为 24 dB，端口①的入射功率为 25 W，计算直通端口②和耦合端口③的输出功率。

解
$$C = 10 \lg \frac{P_1}{P_3} = 33 \text{ dB}$$

$$\frac{P_3}{P_1} = 10^{-3.3}$$

$$P_3 = P_1 \times 10^{-3.3} = 0.0125 \text{ W}$$

$$D = 10 \lg \frac{P_3}{P_4} = 24 \text{ dB}$$

$$P_4 = 0.000\,05 \text{ W} = 50 \text{ } \mu\text{W}$$

则直通端的输出为

$$P_2 = 24.9875 \text{ W}$$

【5.7】 画出双分支定向耦合器的结构示意图，并写出其[S]矩阵。

解 双分支定向耦合器的结构示意图如图 5–13 所示。其[S]矩阵为

$$[S] = -\frac{1}{\sqrt{2}} \begin{bmatrix} 0 & j & 1 & 0 \\ j & 0 & 0 & 1 \\ 1 & 0 & 0 & j \\ 0 & 1 & j & 0 \end{bmatrix}$$

【5.8】 已知某平行耦合微带定向耦合器的耦合系数 K 为 15 dB，外接微带的特性阻抗为 50 Ω，求耦合微带线的奇偶模特性阻抗。

解
$$K = \frac{Z_{0e} - Z_{0o}}{Z_{0e} + Z_{0o}}, \quad 20 \lg K = -15$$

即

$$\frac{Z_{0e} - Z_{0o}}{Z_{0e} + Z_{0o}} = 10^{-0.75}$$

再根据 $Z_0 = \sqrt{Z_{0e} Z_{0o}} = 50$，联立两个方程可求得

$$Z_{0e} = 59.8 \text{ Ω}, \quad Z_{0o} = 41.8 \text{ Ω}$$

【5.9】 试证明如题 5.9 图(a)所示微带环形电桥的各端口均接匹配负载 Z_0 时，各段的归一化特性导纳为 $a = b = c = 1/\sqrt{2}$。

解 微带环形电桥的各支路可以用题 5.9 图(b)等效电路来等效。根据传输线的 $\lambda/4$ 阻抗变换性：

$$Y_{in1} = \frac{Y_{01}^2}{Y_1} = Y_{01}^2, \quad Y_{in2} = \frac{Y_{02}^2}{Y_1} = Y_{02}^2$$

信号从①到②与从①到④两条支路并联，而①端口的输入导纳为

$$Y_{in} = Y_{in1} + Y_{in2} = 1$$

所以
$$Y_{in1} = Y_{in2} = \frac{1}{2}$$

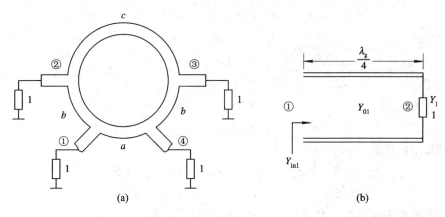

题 5.9 图

即
$$Y_{01} = b = Y_{02} = a = \frac{1}{\sqrt{2}}$$

信号由③到②与③到④两条支路并联，同理可得 $c = 1/\sqrt{2}$。

【5.10】 试写出魔 T 的散射矩阵并简要分析其特性。

解
$$[S] = \frac{1}{\sqrt{2}} \begin{bmatrix} 0 & 0 & 1 & 1 \\ 0 & 0 & 1 & -1 \\ 1 & 1 & 0 & 0 \\ 1 & -1 & 0 & 0 \end{bmatrix}$$

【5.11】 写出下列各种理想二端口元件的 $[S]$ 矩阵：

① 理想衰减器。

② 理想相移器。

③ 理想隔离器。

解 ① 理想衰减器：$[S] = \begin{bmatrix} 0 & e^{-\alpha l} \\ e^{-\alpha l} & 0 \end{bmatrix}$

② 理想相移器：$[S] = \begin{bmatrix} 0 & e^{-j\theta} \\ e^{-j\theta} & 0 \end{bmatrix}$

③ 理想隔离器：$[S] = \begin{bmatrix} 0 & 0 \\ 1 & 0 \end{bmatrix}$

【5.12】 试证明线性对称的无耗三端口网络如果反向完全隔离，则一定是理想 Y 结环行器。

证明 任意完全匹配的三端口网络的 S 矩阵为

$$[S] = \begin{bmatrix} 0 & S_{12} & S_{13} \\ S_{21} & 0 & S_{23} \\ S_{31} & S_{32} & 0 \end{bmatrix}$$

网络无耗，则 S 矩阵为幺正矩阵，即有

$$|S_{12}|^2 + |S_{13}|^2 = 1$$
$$|S_{21}|^2 + |S_{23}|^2 = 1$$
$$|S_{31}|^2 + |S_{32}|^2 = 1$$
$$S_{21}S_{23}^* = 0$$
$$S_{31}S_{32}^* = 0$$
$$S_{12}S_{13}^* = 0$$

可以得到以下两组解：
$$S_{12} = S_{23} = S_{31} = 0, \quad |S_{21}| = |S_{32}| = |S_{13}| = 1$$
$$S_{21} = S_{32} = S_{13} = 0, \quad |S_{12}| = |S_{23}| = |S_{31}| = 1$$

这意味着此器件必定是非互易的，是一理想的 Y 结环行器。

【5.13】 设矩形谐振腔由黄铜制成，其电导率 $\sigma = 1.46 \times 10^7$ S/m，它的尺寸为 $a = 5$ cm，$b = 3$ cm，$l = 6$ cm，试求 TE_{101} 模式的谐振波长和无载品质因数 Q_0 的值。

解 谐振波长为
$$\lambda_0 = \frac{2al}{\sqrt{a^2 + l^2}} = 7.68 \text{ cm}$$

矩形谐振腔的表面电阻为
$$R_S = \sqrt{\frac{\pi c \mu_0}{\sigma \lambda_0}} = 0.1028 \ \Omega$$

无载品质因数为
$$Q_0 = \frac{480\pi^2 a^3 l^3 b}{\lambda_0^3 R_S} \cdot \frac{1}{2a^3 b + 2bl^3 + a^3 l + al^3} = 2125$$

【5.14】 如题 5.14 图所示的铁氧体场移式隔离器，试确定其中 TE_{10} 模的传输方向是入纸面还是出纸面。

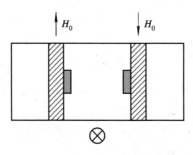

题 5.14 图

解 由铁氧体材料场移原理，可知为入纸面（见图 5-14）。

【5.15】 试说明如题 5.15 图所示的双 Y 结环行器的工作原理。

解 设两个环行器的连接端口为⑤，根据 Y 结环行器的工作原理，当信号从端口①输入时，端口⑤有输出，而端口④为隔离端无输出，输入到⑤端口的信号从端口②输出，端口③为隔离端无输出。类似分析可得：信号从端口②输入，则端口③输出，端口①、④隔离，从而形成了信号的环行。

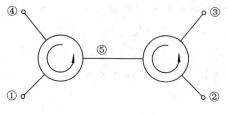

题 5.15 图

5.5 练 习 题

1. 有一矩形波导终端接匹配负载,在负载处插入一可调螺钉后,如习题图5.1测得驻波比为1.98,第一个电场波节点离负载距离为$0.125\lambda_g$,求此时负载处的反射系数及螺钉的归一化电纳值。(答案:$-j0.33,0.59$)

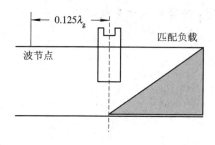

习题图 5.1

2. 已知两节$\lambda/4$阻抗变换器如习题图5.2所示,为了在中间达到匹配,试证明Z_{01}、Z_{02}满足下式:

$$Z_{01} = Z_1 \sqrt[3]{\frac{Z_2}{Z_1}}, \quad Z_{02} = Z_2 \sqrt[3]{\frac{Z_1}{Z_2}}$$

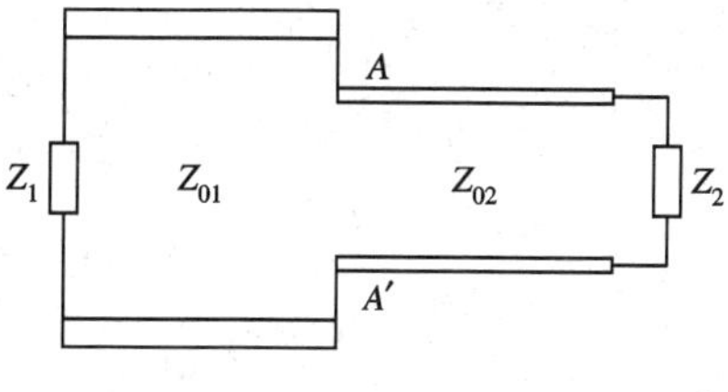

习题图 5.2

3. 已知某平行耦合微带定向耦合器的耦合系数K为25 dB,外接微带的特性阻抗为75 Ω,求耦合微带线的奇偶模特性阻抗。

4. 有一无耗互易的四端口网络,$[S] = \dfrac{-1}{\sqrt{2}} \begin{bmatrix} 0 & 1 & 0 & j \\ 1 & 0 & j & 0 \\ 0 & j & 0 & 1 \\ j & 0 & 1 & 0 \end{bmatrix}$。当微波功率从端口①输入而其余各端口均接匹配负载时,求:

① 端口②、③、④的输出功率和反射回端口 1 的功率。

② 以端口①输出场为基准，各端口输出场的相位。

（答案：端口②、④之间平分且有 90°的相差，端口③无输出）

5. 用两个向相反方向循环的 Y 结环行器能否组成一个四端环行器？如能组成，画出示意图。

6. 已知二端口网络的散射矩阵为 $[S] = \begin{bmatrix} 0.2e^{j\frac{3}{2}\pi} & 0.98e^{j\pi} \\ 0.98e^{j\pi} & 0.2e^{j\frac{3}{2}\pi} \end{bmatrix}$，求二端口网络的输入驻波比。（答案：1.5）

7. 有两个矩形谐振腔，工作模式都是 TE_{101}，谐振波长分别为 $\lambda_0 = 3$ cm 和 $\lambda_0 = 10$ cm，试问哪一个空腔尺寸大？为什么？

8. 简述 E-T 和 H-T 接头的主要区别，并画出它们的等效电路。

9. 简述魔 T 的工作原理，并写出其散射矩阵。

10. 简要说明场移式隔离器的工作原理。

第 6 章　天线辐射与接收的基本理论

6.1　基本概念和公式

6.1.1　概论

1. 天线的定义

天线是用来辐射和接收无线电波的装置。

2. 天线的基本功能

① 天线应能将导波能量尽可能多地转变为电磁波能量。这首先要求天线是一个良好的"电磁开放系统",其次要求天线与发射机匹配或与接收机匹配。

② 天线应使电磁波尽可能集中于所需的方向上,或对所需方向的来波有最大的接收,即天线具有方向性。

③ 天线应能发射或接收规定极化的电磁波,即天线有适当的极化。

④ 天线应有足够的工作频带。

3. 天线的分类

① 按用途的不同可将天线分为通信天线、广播电视天线、雷达天线等。

② 按工作波长的不同可将天线分为长波天线、中波天线、短波天线、超短波天线和微波天线等。

③ 按辐射元的类型,天线大致可以分为两大类:线天线和面天线。

4. 研究方法

研究方法常用"场"的分析方法,即麦克斯韦方程加边界条件。但在实际问题中,往往将条件理想化,进行一些近似处理,从而得到近似结果。

6.1.2　基本振子的辐射

1. 电基本振子

电基本振子是一段长度 l 远小于波长、电流 I 振幅均匀分布、相位相同的直线电流元。它是线天线的基本组成部分,如图 6 - 1 所示。它的场可以分为近区场和远区场。

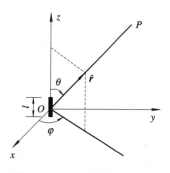

图 6 - 1　电基本振子的辐射

1）近区场（$kr \ll 1$，即 $r \ll \lambda / 2\pi$ 区域的场）

近区场具有以下特点：

① 电场 E_{θ} 和 E_r 与静电场问题中的电偶极子的电场相似，磁场 H_{φ} 和恒定电流场问题中的电流元的磁场相似，所以近区场称为准静态场。

② 场强与 $1/r$ 的高次方成正比，即近区场随距离的增大而迅速减小；也就是离天线较远时，可认为近区场近似为零。

③ 电场与磁场相位相差 $90°$，说明玻印廷矢量为虚数，也就是说，电磁能量在场源和场之间来回振荡，没有能量向外辐射。因此，近区场又称为感应场。

2）远区场（$kr \gg 1$，即 $r \gg \lambda / 2\pi$ 区域的场）

实际上，收发两端之间的距离一般是相当远的。在这种情况下，沿 z 轴放置的电基本振子的远区场为

$$
\left.
\begin{aligned}
E_{\theta} &= \mathrm{j}\, \frac{60\pi Il}{r\lambda}\, \sin\theta \mathrm{e}^{-\mathrm{j}kr} \\
H_{\varphi} &= \mathrm{j}\, \frac{Il}{2r\lambda}\, \sin\theta \mathrm{e}^{-\mathrm{j}kr}
\end{aligned}
\right\}
\qquad (6-1-1)
$$

远区场具有以下特点：

① 电基本振子的远区场只有 E_{θ} 和 H_{φ} 两个分量，它们在空间上相互垂直，在时间上同相位，其玻印廷矢量 $\boldsymbol{S} = \frac{1}{2}\boldsymbol{E} \times \boldsymbol{H}^*$ 是实数，且指向 $\hat{\boldsymbol{r}}$ 方向。这说明电基本振子的远区场是一个沿着径向向外传播的横电磁波。因此，远区场又称辐射场。

② $E_{\theta}/H_{\varphi} = \eta = \sqrt{\mu_0/\varepsilon_0} = 120\pi\ \Omega$ 是一常数，即等于媒质的本征阻抗，远区场具有与平面波相同的特性。

③ 辐射场的强度与距离成反比，随着距离的增大，辐射场减小。这是因为辐射场是以球面波的形式向外扩散的，当距离增大时，辐射能量分布到更大的球面面积上；

④ 在不同的 θ 方向上，辐射强度是不相等的。这说明电基本振子的辐射是有方向性的。

2. 磁基本振子的场

磁基本振子是一个半径为 b 的细线小环，且小环的周长 $2\pi b \ll \lambda$，如图 6-2 所示，假设其上有电流 $i(t) = I \cos\omega t$，其磁偶极矩矢量为

$$
\boldsymbol{p}_{\mathrm{m}} = \boldsymbol{a}_z I \pi b^2 = \boldsymbol{a}_z p_{\mathrm{m}} \quad (\mathrm{A} \cdot \mathrm{m}^2) \qquad (6-1-2)
$$

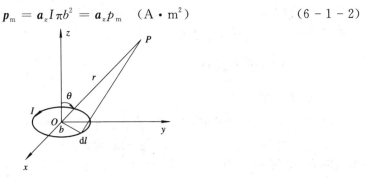

图 6-2 磁基本振子的辐射

磁基本振子的远区场为

$$E_\varphi = \frac{\omega\mu_0 p_{\mathrm{m}}}{2r\lambda}\sin\theta e^{-jkr} \left.\begin{array}{l}\\[2em]\end{array}\right\}$$
$$H_\theta = -\frac{1}{\eta}\frac{\omega\mu_0 p_{\mathrm{m}}}{2r\lambda}\sin\theta e^{-jkr}$$

$$(6-1-3)$$

3. 结论

① 电基本振子的远区场 E_θ 与磁基本振子的远区场 E_φ 有相同的方向函数 $|\sin\theta|$ ，而且在空间相互正交，相位相差为 $90°$ 。

② 将电基本振子与磁基本振子组合后，可构成一个椭圆（或圆）极化波天线。

6.1.3 天线的电参数

1. 天线方向图

所谓天线方向图是指在离天线一定距离处，辐射场的相对场强（归一化模值）随方向变化的曲线图，通常采用通过天线最大辐射方向上的两个相互垂直的平面方向图来表示。

在地面上架设的线天线一般采用下述两个相互垂直的平面来表示（见图 6-3）：

① 水平面方向图：当仰角 $\delta(\delta = 90° - \theta)$ 及距离 r 为常数时，电场强度随方位角 φ 的变化。

② 铅垂平面方向图：当 φ 及 r 为常数时，电场强度随仰角 δ 的变化。

在超高频天线中，通常采用与场矢量相平行的两个平面：

① E 平面：电场矢量所在的平面。

② H 平面：磁场矢量所在的平面。

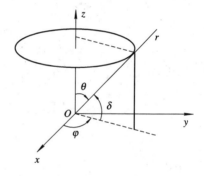

图 6-3 坐标参考图

对于沿 z 轴放置的电基本振子而言，子午平面（如 xOz 平面）是 E 平面，赤道平面（ xOy 平面）是 H 面，分别如图 6-4(a)和(b)所示。

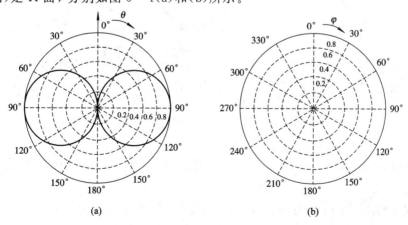

(a)　　　　　　　　　　　(b)

图 6-4 电基本振子的方向图

（a）电基本振子 E 面方向图；（b）电基本振子 H 面方向图

2. 天线的电参数

实际天线的方向图一般要比图 6-4 复杂。典型的 H 平面方向图如图 6-5(a)所示，这是在极坐标中 E_θ 的归一化模值随 φ 变化的曲线，有一个主要的最大值和若干个次要的最大值。头两个零值之间的最大辐射区域是主瓣(或称主波束)，其它次要的最大值区域都是旁瓣(或称边瓣、副瓣)。

将图 6-5(a)的极坐标图画成直角坐标图，即如图 6-5(b)所示。因为主瓣方向的场强往往比旁瓣方向的大许多个量级，所以天线方向图又常常以对数刻度来标绘。图 6-5(c)就是图 6-5(b)的分贝表示。

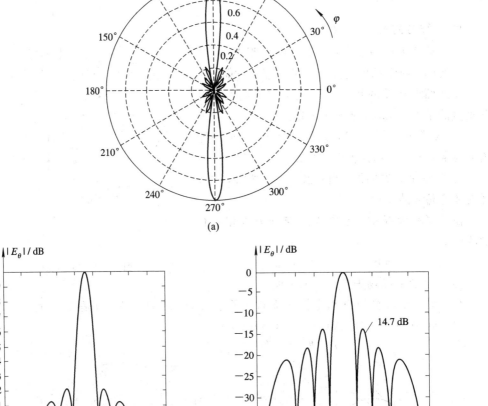

图 6-5 天线方向图的不同表示

(a) 极坐标表示的 H 面方向图；(b) 直角坐标 H 面方向图；(c) 直角坐标 H 面分贝图

1) 主瓣宽度

方向图主瓣两个半功率(即 -3 dB)点之间的宽度，在场强方向图中，等于最大场强的 $1/\sqrt{2}$ 两点之间的宽度，称为半功率波瓣宽度，有时也称为 3 dB 波速宽度；有时也将头两个零点之间的角宽作为主瓣宽度，称为零功率波瓣宽度。

2) 旁瓣电平

旁瓣电平是指离主瓣最近且电平最高的第一旁瓣电平，一般以分贝表示，如图 6 - 5 (c)所示，其旁瓣电平为－14.7 dB。

3) 前后辐射比

前后辐射比是指最大辐射方向(前向)电平与其相反方向(后向)电平之比，通常以分贝数表示。

4) 方向系数

在离天线某一距离处，实际天线在最大辐射方向上的辐射功率流密度与相同辐射功率的理想无方向性天线在同一距离处的辐射功率流密度之比称为方向系数。

天线方向系数的一般表达式为

$$D = \frac{4\pi}{\int_0^{2\pi} \int_0^{\pi} |F(\theta,\varphi)|^2 \sin\theta \, d\theta \, d\varphi} \qquad (6 - 1 - 4)$$

式中，$F(\theta,\varphi)$ 为天线的方向函数。

要使天线的方向系数大，不仅要求主瓣窄，而且要求全空间的旁瓣电平小。

3. 天线效率

天线效率是指天线辐射功率与输入功率之比，记为 η_A。实际中，常用天线的辐射电阻 R_Σ 来度量天线辐射功率的能力。此时天线效率为

$$\eta_A = \frac{R_\Sigma}{R_\Sigma + R_1} = \frac{1}{1 + R_1/R_\Sigma} \qquad (6 - 1 - 5)$$

要提高天线效率，应尽可能提高辐射电阻 R_Σ，降低损耗电阻 R_1。

4. 增益系数与有源辐射参数

天线的辐射效能可分为无源参数(如增益、效率等)和有源辐射参数。

1) 天线的增益系数(简称增益)

增益系数定义为：方向系数与天线效率的乘积，

$$G = D \cdot \eta_A \qquad (6 - 1 - 6)$$

天线方向系数和效率愈高，则增益系数愈高。

2) 天线的有源辐射参数

工程上通常采用有源测量(OTA)的方式来评价天线特性，对于发射天线通常用总辐射功率(TRP)来表征其辐射能力；对于接收天线，通常用天线的总全向灵敏度(TIS)来表征其有源性能。

(1) 等效全向功率(EIRP)与总辐射功率(ERP)。

等效全向功率是通过将辐射功率信号加到天线上，在一定距离处测的功率值：

$$EIRP(\theta,\varphi) = P \cdot G(\theta,\varphi)$$

总辐射功率是通过对整个辐射球面的发射功率进行面积分并取平均得到，即：

$$TRP = \frac{1}{4\pi} \int_0^{2\pi} \int_0^{\pi} [EIRP_\theta(\theta,\varphi) + EIRP_\varphi(\theta,\varphi)] \sin\theta d\theta d\varphi \qquad (6 - 1 - 7)$$

它反映了该辐射系统总的辐射特性，也是手机制造业必须测试的指标之一。

(2) 总全向灵敏度(TIS)。

总全向灵敏度是指接收天线在立体全方向接收机的接收灵敏度平均值。

$$\text{TIS} = \frac{4\pi}{\int_0^{2\pi}\int_0^{\pi}\left[\text{EIS}_\theta(\theta,\varphi) + \text{EIS}_\varphi(\theta,\varphi)\right]\sin\theta\mathrm{d}\theta\mathrm{d}\varphi} \qquad (6-1-8)$$

其中，$\text{EIS}(\theta,\varphi)$为某方向上接收灵敏度。这是手机制造业必须测试的另外一个重要指标。

5. 极化和交叉极化电平

在空间某一固定位置上，电场矢量的末端随时间变化所描绘的图形，如果是直线，就称为线极化；如果是圆就称为圆极化；如果是椭圆就称为椭圆极化。如此按天线所辐射的电场的极化形式可将天线分为线极化天线、圆极化天线和椭圆极化天线。

理想情况下，线极化意味着只有一个方向，但实际上是不可能的。比如一个垂直极化天线，不可能只有垂直分量，而在水平方向也有电场分量，为此，通常用交叉极化电平来表征。一般交叉极化电平是一个测量值，它比同极化电平要小。对于圆极化天线难以辐射纯圆极化波，其实际辐射的是椭圆极化波，这对利用天线的极化特性实现天线间的电磁隔离是不利的，所以对圆极化天线通常用轴比来表征。

6. 频带宽度

当工作频率变化时，天线的有关电参数不超出规定的频率范围称为频带宽度，简称为天线的带宽，通常有阻抗带宽、回波损耗带宽、增益带宽、轴比带宽等。

7. 输入阻抗与驻波比

天线输入端的阻抗称为天线的输入阻抗。

设天线输入端的反射系数为Γ(或散射参数为S_{11})，则天线的电压驻波比为

$$\text{VSWR} = \frac{1+|\Gamma|}{1-|\Gamma|}$$

回波损耗为

$$L_r = -20\lg|\Gamma|$$

输入阻抗为

$$Z_{\text{in}} = Z_0\frac{1+\Gamma}{1-\Gamma}$$

当反射系数$\Gamma=0$时，$\text{VSWR}=1$，此时$Z_{\text{in}}=Z_0$天线与馈线匹配，这意味着输入端功率均被送到天线上，即天线得到最大功率，如图6-6所示。

天线的输入阻抗对频率的变化往往十分敏感，当天线工作频率偏离设计频率时，天线与馈线的匹配变坏，致使馈线上的反射系数和电压驻波比增大，天线辐射效率降低。因此在实际应用中，要求电压驻波比不能大于某规定值。

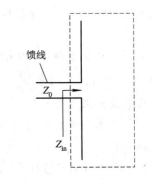

图6-6 天线与馈线的匹配

8. 有效长度

有效长度是指在保持实际天线最大辐射方向上的场强值不变的条件下，假设天线上电

流分布为均匀分布时天线的等效长度。通常将归于输入电流 I_0 的有效长度记为 h_{ein}，把归于波腹电流 I_m 的有效长度记为 h_{em}。显然，有效长度愈长，表明天线的辐射能力愈强。

6.1.4　接收天线理论

1.　天线接收电动势

如果假设发射天线的归一化方向函数为 $F_t(\theta_i)$，最大入射场强为 $|E_i|_{max}$，则接收天线的接收电动势为

$$\mathscr{E} = |E_i|_{max} \cdot F_c(\theta_i) \cos\psi \cdot h_{ein} F_r(\theta) \qquad (6-1-9)$$

式中，h_{ein} 是接收天线归于输入电流的有效长度；$F_r(\theta)$ 是接收天线的归一化方向函数，它等于天线用作发射时的方向函数，如图 6-7 所示。

当两天线极化正交时，$\psi=90°$，$\mathscr{E}=0$，天线收不到信号。

天线接收的功率可分为三部分，即

$$P = P_{\Sigma} + P_L + P_l$$

其中，P_{Σ} 为接收天线的再辐射功率，P_L 为负载吸收的功率，P_l 为导线和媒质的损耗功率。

接收天线的等效电路如图 6-8 所示。图中，Z_0 为包括辐射阻抗 $Z_{\Sigma 0}$ 和损耗电阻 R_{l0} 在内的接收天线输入阻抗，Z_L 是负载阻抗。可见在接收状态下，天线输入阻抗相当于接收电动势的内阻抗。

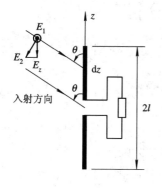

图 6-7　天线接收原理

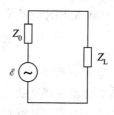

图 6-8　天线的等效电路

2.　有效接收面积

当天线以最大接收方向对准来波方向进行接收时，接收天线传送到匹配负载的平均功率由一块与来波方向相垂直的面积所截获，则这个面积称为接收天线的有效接收面积。

如果考虑天线的效率，有效接收面积为

$$A_e = \frac{G\lambda^2}{4\pi} \qquad (6-1-10)$$

如果不考虑天线的效率，有效接收面积为

$$A_e = \frac{D\lambda^2}{4\pi} \qquad (6-1-11)$$

3.　等效噪声温度

噪声源分布在天线周围的空间，天线的等效噪声温度为

$$T_a = \frac{D}{4\pi} \int_0^{2\pi} \int_0^{\pi} T(\theta, \varphi) \mid F(\theta, \varphi) \mid^2 \sin\theta \, \mathrm{d}\theta \, \mathrm{d}\varphi \qquad (6-1-12)$$

式中，$T(\theta, \varphi)$ 为噪声源的空间分布函数，$F(\theta, \varphi)$ 为天线的归一化方向函数。

为了减小通过天线而送入接收机的噪声，天线的最大辐射方向不能对准强噪声源，并应尽量降低旁瓣和后瓣电平。

4. 接收天线的方向性

接收天线的方向性有以下要求：

① 主瓣宽度尽可能窄，以抑制干扰。但如果干扰与有用信号来自同一方向，即使主瓣很窄，也不能抑制干扰；另一方面当来波方向易于变化时，主瓣太窄则难以保证稳定的接收。因此，如何选择主瓣宽度，应根据具体情况而定。

② 旁瓣电平尽可能低。如果干扰方向恰与旁瓣最大方向相同，则接收噪声功率就会较高，也就是干扰较大；对雷达天线而言，如果旁瓣较大，则由主瓣所看到的目标与旁瓣所看到的目标会在显示器上相混淆，造成目标的失落。因此，在任何情况下，都希望旁瓣电平尽可能的低。

③ 要求天线方向图中，最好能有一个或多个可控的零点，以便将零点对准干扰方向，而且当干扰方向变化时，零点方向也随之改变，以抑制干扰，这也称为零点自动形成技术。

6.2　典型例题分析

【例 1】　已知某天线在 E 平面上的方向函数为

$$F(\theta) = \cos\left(\frac{\pi}{4}\cos\theta - \frac{\pi}{4}\right)$$

① 画出其 E 面方向图。

② 计算其半功率波瓣宽度。

解　① 借助 MATLAB 可画出 E 面方向图如图 6-9 所示。

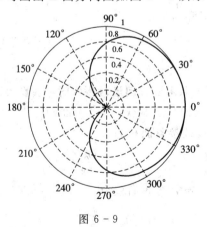

图 6-9

② 半功率波瓣宽度就是场强下降到最大值的 $1/\sqrt{2}$ 的两个点之间的角度，即

$$\left| \cos\left(\frac{\pi}{4} \cos\theta - \frac{\pi}{4} \right) \right| = \frac{\sqrt{2}}{2}$$

解得

$$\cos\theta = 0 \quad 即 \quad \theta = \pm 90°$$

所以，半功率波瓣宽度为

$$2\theta_{0.5} = 180°$$

【例2】 ① 有一无方向性天线，辐射功率为 $P_\Sigma = 100$ W，计算 $r = 10$ km 处 M 点的辐射场强值。② 若改为方向系数 $D = 100$ 的强方向性天线，其最大辐射方向对准点 M，再求 M 点的场强值。

解 辐射功率 $P_\Sigma = 100$ W 在距离为 r 的球面上的功率流密度为

$$S_0 = \frac{P_\Sigma}{4\pi r^2}$$

① 对于无方向性天线，功率流密度为

$$S = \frac{1}{2}\text{Re}(E_0 H_0^*) = \frac{|E_0|^2}{240\pi}$$

上述两式相等，可求得 $r = 10$ km 处 M 点的辐射场强值为

$$|E_M| = \sqrt{\frac{60P_\Sigma}{r^2}} = 7.75 \text{ mV/m}$$

② 对于方向系数为 D 的天线，根据方向系数的定义(教材中式(6-3-4))，有

$$|E_M| = \sqrt{\frac{60P_\Sigma}{r^2}D} = 77.5 \text{ mV/m}$$

可见，采用方向系数为 D 的天线与无方向性天线相比较，相当于在最大辐射方向上将辐射功率放大了 D 倍。

【例3】 已知天线在某一主平面上的方向函数为 $F(\theta) = \sin^2\theta + 0.414$。① 画出天线在此主平面的方向图；② 若天线的方向系数为 $D = 1.6$，辐射功率为 $P_\Sigma = 10$ W，试计算在 $\theta = 30°$ 方向上，$r = 2$ km 处的场强值。

解 ① 天线的方向图如图 6-10 所示。

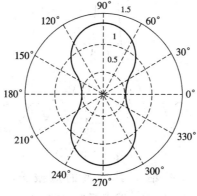

图 6-10

② 根据方向系数的定义，可求得最大辐射方向上，$r = 2$ km 处的场强为

$$|E_{\max}| = \sqrt{\frac{60P_\Sigma}{r^2}D} = 15.5 \text{ mV/m}$$

电场强度随方向按 $F(\theta) = \sin^2\theta + 0.414$ 变化，因此，在 $\theta = 30°$ 方向上，$r = 2 \text{ km}$ 处的场强值为

$$|E|_{\theta=30°} = |E_{\max}|\frac{\sin^2 30° + 0.414}{\sin^2 90° + 0.414} = 7.28 \text{ mV/m}$$

6.3　基　本　要　求

★ 了解天线在通信中的地位及作用。
★ 掌握天线辐射场区域的划分及基本振子辐射场的规律。
★ 掌握天线的各电参数的分析与计算，了解各电参数之间的关系。
★ 掌握描述接收天线的性能指标有哪些。
★ 了解发射天线与接收天线的关系，作为接收天线应有什么要求。

6.4　部分习题及参考解答

【6.5】　设某天线方向图如题 6.5 图所示，试求主瓣零功率波瓣宽度、半功率波瓣宽度、第一旁瓣电平。

解　主瓣零功率波瓣宽度为 $2\theta_0 = 20°$；

主瓣半功率波瓣宽度为 $2\theta_{0.5} = 14°$；

第一旁瓣电平：$20 \lg\left(\frac{1}{0.23}\right) = 12.8 \text{ dB}$。

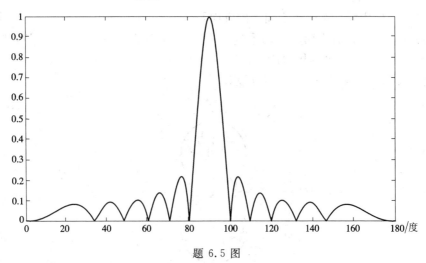

题 6.5 图

【6.6】　长度为 $2h\,(h \ll \lambda)$ 沿 z 轴放置的短振子，中心馈电，其电流分布为 $I(z) = I_{\mathrm{m}} \sin k(h - |z|)$，式中 $k = 2\pi/\lambda$，试求短振子的：

① 辐射电阻。

② 方向系数。

③ 有效长度(归于输入电流)。

解 由于 $h \ll \lambda$，故短振子的电流可近似表示为

$$I(z) = I_m \sin k(h - |z|) \approx I_m k(h - |z|)$$

短振子的辐射场为

$$
\begin{aligned}
E_\theta &= j30k \sin\theta \frac{e^{-jkr}}{r} \int_{-h}^{h} I_m k(h - |z|) e^{jkz\cos\theta} dz \\
&= j30k^2 I_m \sin\theta \frac{e^{-jkr}}{r} \int_{-h}^{h} (h - |z|) e^{jkz\cos\theta} dz \\
&\approx j30k^2 I_m \sin\theta \frac{e^{-jkr}}{r} h^2
\end{aligned}
$$

辐射功率为

$$P_\Sigma = \frac{r^2 |E_{max}|^2}{240\pi} \int_0^{2\pi} \int_0^{\pi} \sin^2\theta \sin\theta \, d\theta \, d\varphi$$

将辐射电场代入上式得

$$P_\Sigma = 10(kh)^4$$

① 辐射电阻为

$$R_\Sigma = 20(kh)^4$$

② 方向系数为

$$D = \frac{4\pi}{\int_0^{2\pi} \int_0^{\pi} |F(\theta)|^2 \sin\theta \, d\theta \, d\varphi} = 1.5$$

③ 有效长度为

$$h_{ein} = \frac{I_m}{I_m \sin kh} \int_{-h}^{h} \sin k(h - |z|) dz \approx h$$

【6.7】 有一个位于 xOy 平面的、很细的矩形小环，环的中心与坐标原点重合，环的两边尺寸分别为 a 和 b，并与 x 轴和 y 轴平行，环上电流为 $i(t) = I_0 \cos\omega t$，假设 $a \ll \lambda$、$b \ll \lambda$，试求小环的辐射场及两主平面方向图。

解 设矩形小环沿 y 轴方向的两个边产生的位为 A_y(如题 6.7 图(a)所示)，则其表达式为

$$A_y = \frac{\mu_0}{4\pi} \int I_0 \cos\omega t \left(\frac{e^{-jkr_1}}{r_1} - \frac{e^{-jkr_2}}{r_2} \right) dy'$$

其中

$$r_1 = \sqrt{\left(r\sin\theta\cos\varphi - \frac{a}{2} \right)^2 + (r\sin\theta\sin\varphi - y')^2 + (r\cos\theta)^2}$$

$$r_2 = \sqrt{\left(r\sin\theta\cos\varphi + \frac{a}{2} \right)^2 + (r\sin\theta\sin\varphi - y')^2 + (r\cos\theta)^2}$$

考虑到 $r \gg a$，$r \gg b$，有

$$\frac{e^{-jkr_1}}{r_1} \approx \frac{1}{r} e^{-jkr\left[1 - \frac{1}{r}\sin\theta\left(\frac{a}{2}\cos\varphi + y'\sin\varphi\right)\right]}, \quad \frac{e^{-jkr_2}}{r_2} \approx \frac{1}{r} e^{-jkr\left[1 - \frac{1}{r}\sin\theta\left(y'\sin\varphi - \frac{a}{2}\cos\varphi\right)\right]}$$

所以

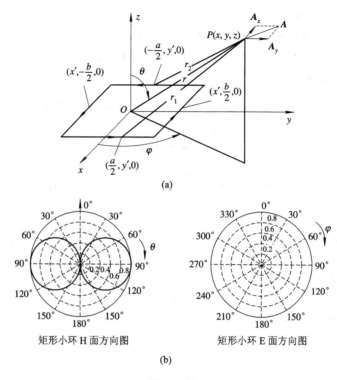

(a)

矩形小环 H 面方向图　　　　矩形小环 E 面方向图

(b)

题 6.7 图

$$A_y = \frac{jabI_0\mu_0 \cos\omega t}{4\pi} \frac{\mathrm{e}^{-jkr}}{r} k \sin\theta \cos\varphi$$

沿 x 轴方向的两个边产生的位为 A_x，同理可得

$$A_x = -\frac{jabI_0\mu_0 \cos\omega t}{4\pi} \frac{\mathrm{e}^{-jkr}}{r} k \sin\theta \sin\varphi$$

因而，有

$$\boldsymbol{A} = \boldsymbol{a}_x A_x + \boldsymbol{a}_y A_y = \boldsymbol{a}_\varphi \frac{jabI_0\mu_0 \cos\omega t}{4\pi} \sin\theta \frac{\mathrm{e}^{-jkr}}{r}$$

令 $p_\mathrm{m} = abI_0 \cos\omega t$，则

$$\boldsymbol{A} = \boldsymbol{a}_\varphi \frac{\mathrm{j}\mu_0 p_\mathrm{m}}{4\pi} \sin\theta \frac{\mathrm{e}^{-jkr}}{r}$$

辐射场为

$$E_\varphi = -\mathrm{j}\omega A_\varphi = \frac{\omega\mu_0 p_\mathrm{m} k}{4\pi r} \sin\theta \mathrm{e}^{-jkr} = \frac{\omega\mu_0 p_\mathrm{m}}{2\lambda r} \sin\theta \mathrm{e}^{-jkr}$$

$$H_\theta = -\frac{1}{\eta} \frac{\omega\mu_0 p_\mathrm{m}}{2\lambda r} \sin\theta \mathrm{e}^{-jkr}$$

矩形小环的方向图如题 6.7 图(b)所示。可见，矩形小环的辐射场与圆形小环的辐射场相同，因此方向图也相同。

【6.8】 有一长度为 $\mathrm{d}l$ 的电基本振子，载有振幅为 I_0、沿 $+y$ 方向的时谐电流，试求其方向函数，并画出在 xOy 面、xOz 面、yOz 面的方向图。

解 电基本振子如题 6.8 图(a)所示放置，其上电流分布为

$$I(z) = \boldsymbol{a}_y I_0 \cos\omega t$$

则它所产生的磁矢位为

$$\boldsymbol{A} = \boldsymbol{a}_y \frac{\mu_0}{4\pi} \int I_0 \cos\omega t \, \frac{\mathrm{e}^{-\mathrm{j}kr_1}}{r_1} \mathrm{d}y'$$

式中

$$r_1 = \sqrt{(r\,\sin\theta\,\cos\varphi)^2 + (r\,\sin\theta\,\sin\varphi - y')^2 + (r\,\cos\theta)^2}$$

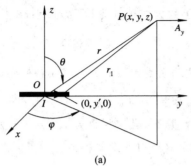

(a)

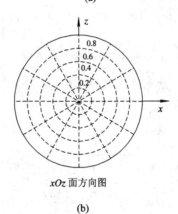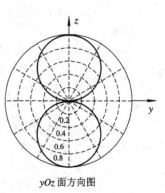

xOy 面方向图   xOz 面方向图   yOz 面方向图

(b)

题 6.8 图

由于 $r \gg \mathrm{d}l$，因而有

$$\frac{\mathrm{e}^{-\mathrm{j}kr_1}}{r_1} \approx \frac{1}{r} \mathrm{e}^{-\mathrm{j}kr\left(1 - \frac{1}{r}y'\sin\theta\,\sin\varphi\right)}$$

经积分得

$$\boldsymbol{A} = \boldsymbol{a}_y \frac{\mu_0 I_0 \, \mathrm{d}l \, \cos\omega t}{4\pi r} \mathrm{e}^{-\mathrm{j}kr}$$

根据直角坐标与球坐标的关系：

$$\boldsymbol{a}_y = \boldsymbol{a}_r \sin\theta\,\sin\varphi + \boldsymbol{a}_\theta \cos\theta\,\sin\varphi + \boldsymbol{a}_\varphi \cos\varphi$$

再根据

$$\boldsymbol{H} = \frac{1}{\mu_0} \nabla \times \boldsymbol{A} \quad \text{和} \quad \boldsymbol{E} = \frac{1}{\mathrm{j}\omega} \nabla \times \boldsymbol{H}$$

沿 y 轴方向放置的电基本振子的辐射场为

$$\boldsymbol{E} = -\mathrm{j} \frac{\eta I_0 \, \cos\omega t \, \mathrm{d}l}{2\lambda r} \mathrm{e}^{-\mathrm{j}kr} [\boldsymbol{a}_\theta \cos\theta\,\sin\varphi + \boldsymbol{a}_\varphi \cos\varphi]$$

$$H = -j \frac{I_0 \cos\omega t \, dl}{2\lambda r} e^{-jkr} [\boldsymbol{a}_\varphi \cos\theta \sin\varphi - \boldsymbol{a}_\theta \cos\varphi]$$

由辐射场可画出三个平面的方向图,如题 6.8 图(b)所示。

6.5 练 习 题

1. 已知某天线在 E 平面上的方向函数为 $|F(\theta)| = \left| \cos\left(\frac{\pi}{4} \cos\theta - \frac{\pi}{4} \right) \right|$,画出 E 平面的方向图,并计算其半功率波瓣宽度。(答案:180°)

2. 若天线的某主平面的方向函数为 $|F(\theta)| = \left| \cos\left(\frac{\pi}{4} \cos\theta - \frac{\pi}{4} \right) \right| |\cos\theta|$,画出其方向图,并计算其第一旁瓣电平。(答案:−14.4 dB)

3. 有一长度为 dl 的电基本振子,载有振幅为 I_0、沿 +x 方向的时谐电流,试求其辐射场,并画出在 xOy 面,xOz 面,yOz 面的方向图。

答案:
$$E = -j \frac{\eta I_0 \cos\omega t \, dl}{2\lambda r} e^{-jkr} (\boldsymbol{a}_\theta \cos\theta \cos\varphi - \boldsymbol{a}_\varphi \sin\varphi)$$
$$H = -j \frac{I_0 \cos\omega t \, dl}{2\lambda r} e^{-jkr} (\boldsymbol{a}_\varphi \cos\theta \cos\varphi + \boldsymbol{a}_\theta \sin\varphi)$$

4. 一长度为 $2h(h \ll \lambda)$ 中心馈电的短振子,其电流分布为 $I(z) = I_0 (1 - |z|/h)$,其中 I_0 为输入电流,也等于波腹电流 I_m。试求:

① 短振子的辐射场(电场、磁场)。

② 辐射电阻及方向系数。

③ 有效长度。

答案:
$$E_\theta = j30 I_0 \frac{e^{-jkr}}{r} (kh \sin\theta), \quad H_\varphi = \frac{E_\theta}{\eta} = j \frac{kh I_0}{4\pi r} \sin\theta e^{-jkr}$$
$$R_\Sigma = 80\pi^2 \left(\frac{h}{\lambda} \right)^2, \quad 1.5; \quad h$$

第 7 章　电波传播概论

7.1　基本概念和公式

7.1.1　电波传播的基本概念

1. 电波传播的方式

根据媒质及不同媒质分界面对电波传播产生的主要影响,可将电波传播方式分为视距传播、天波传播、地面波传播、不均匀媒质传播等。

2. 自由空间的基本传输损耗

收发天线相距 r,载波频率为 f,输入到发射天线的功率为 P_i,从接收天线接收的功率为 P_R,则输入功率 P_i 与接收功率 P_R 之比定义为自由空间的基本传输损耗,其表达式为

$$L_{bf} = 10\ \lg \frac{P_i}{P_R}$$

$$= 32.45 + 20\ \lg f(\mathrm{MHz}) + 20\ \lg r(\mathrm{km}) - G_i(\mathrm{dB}) - G_R(\mathrm{dB}) \qquad (7-1-1)$$

式中,G_i 和 G_R 分别为发射天线和接收天线的增益系数。

上式表明:若不考虑天线的因素,自由空间的传输损耗是球面波在传播的过程中,随着距离的增大和能量的自然扩散而引起的,它反映了球面波的扩散损耗。值得指出的是,公式(7-1-1)仅适用于天线的远区,对于比较靠近天线的区域,其传输机理更加复杂,值得关注。

3. 传输媒质对电波传播的影响

1) 传输损耗(信道损耗)

若不考虑天线的影响,则实际的传输损耗为

$$L_b = 32.45 + 20\ \lg f(\mathrm{MHz}) + 20\ \lg r(\mathrm{km}) - A(\mathrm{dB}) \qquad (7-1-2)$$

式中,前三项为自由空间损耗 L_{bf},A 为实际媒质的损耗。可见不同的传播方式、传播媒质,其信道的传输损耗也不同。

2) 衰落现象

所谓衰落,一般是指信号电平随时间的随机起伏。根据引起衰落的原因分类,大致可分为吸收型衰落和干涉型衰落。

(1) 吸收型衰落

由于传输媒质电参数的变化,使得信号在媒质中的衰减发生相应的变化,如大气中的

氧、水汽以及由后者凝聚而成的云、雾、雨、雪等都对电波有吸收作用。由于气象的随机性，因而这种吸收的强弱也有起伏，所形成的信号衰落，称为吸收型衰落。由这种机理引起信号电平的变化较慢，所以称为慢衰落，它通常是指信号电平的中值（五分钟中值、小时中值、月中值等）在较长时间间隔内的起伏变化，如图 7-1(a)所示。

（2）干涉型衰落

由随机多径干涉现象引起的信号幅度和相位的随机起伏称为干涉型衰落。这种起伏的周期很短，信号电平变化很快，故称为快衰落，如图 7-1(b)所示。

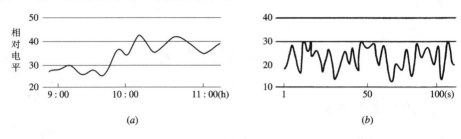

图 7-1　信号的衰落

(a) 慢衰落；(b) 快衰落

快衰落叠加在慢衰落之上，在较短的时间内观察时，前者表现明显，后者不易被察觉。信号的衰落现象严重地影响电波传播的稳定性和系统的可靠性，如移动通信系统中采用的时间、频率、空间等分集接收技术就是用来克服快衰落的有效措施，而功率储备是解决慢衰落的主要方法。

3）传输失真

无线电波通过媒质除产生传输损耗外，还会产生振幅失真和相位失真。产生失真的原因有两个：一是媒质的色散效应，二是随机多径传输效应。

（1）色散效应

色散效应是由于不同频率的无线电波在媒质中的传播速度有差别而引起的信号失真。

（2）多径传输效应

无线电波在传播时通过两个以上不同长度的路径到达接收点，如图 7-2(a)所示，接收天线收到的信号是几个不同路径传来的电场强度之和。设接收点的场是两条路径传来的相位差为 $\varphi = \omega\tau$ 的两个电场的矢量和。最大的传输时延与最小的传输时延的差值定义为多径时延 τ。对所传输信号中的每个频率成分，相同的 τ 值却引起了不同的相差。例如，对 f_1，若 $\varphi_1 = \omega_1\tau = \pi$，则因二矢量反相抵消，此分量的合成场强呈现最小值；而对 f_2，若

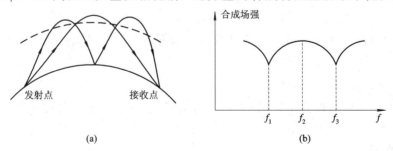

图 7-2　多径传输效应

$\varphi_2 = \omega_2 \tau = 2\pi$，则因二矢量同相相加，此分量的合成场强呈现最大值，如图 7-2(b)所示，其余各成分依次类推。显然，若信号带宽过大，就会引起较明显的失真。这种现象称之为频率选择性衰落。

（3）相关带宽

最大的传输时延与最小的传输时延的差值定义为多径时延 τ。一般情况下，信号带宽不能超过 $1/\tau$。若信号带宽过大，就会引起较明显的失真。定义相关带宽为

$$\Delta f = \frac{1}{\tau} \qquad\qquad (7-1-3)$$

4）电波传播方向的变化

当电波在无限大的均匀、线性媒质内传播时，它是沿直线传播的。然而，在不同媒质分界处将使电波产生折射、反射；媒质中的不均匀体(如对流层中的湍流团)将使电波产生散射；球形地面和障碍物将使电波产生绕射；特别是某些传输媒质的时变性将使射线轨迹随机变化，从而使到达接收天线处的射线入射角随机起伏，导致接收信号产生严重的衰落。

7.1.2 视距传播

1. 视距传播的定义

视距传播是指发射天线和接收天线处于相互"能看见"的视线距离内的传播方式，如图 7-3 所示。它是超短波和微波波段主要的电波传播方式。

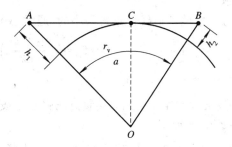

图 7-3 视线距离

2. 视线距离

当考虑大气的不均匀性对电波传播轨迹的影响时，视线距离 $r_v \approx \overline{AB}$，具体为

$$r_v = 4.12(\sqrt{h_1} + \sqrt{h_2}) \times 10^3 \text{ m} \qquad\qquad (7-1-4)$$

式中，h_1 和 h_2 分别为发射天线和接收天线的高度。

通常把 $r < 0.8r_v$ 的区域称为照明区，将 $r > 1.2r_v$ 的区域称为阴影区，此时几乎不能接收到信号，而把 $0.8r_v < r < 1.2r_v$ 的区域称为半照明半阴影区。

3. 大气对电波的衰减

大气对电波的衰减主要来自两个方面：

① 云、雾、雨等小水滴对电波的热吸收及水分子、氧分子对电波的谐振吸收，热吸收与小水滴的浓度有关，谐振吸收与工作波长有关。

② 云、雾、雨等小水滴对电波的散射，散射衰减与小水滴半径的 6 次方成正比，与波长的 4 次方成反比。当工作波长短于 5 cm 时，就应该计及大气层对电波的衰减，尤其当工

作波长短于 3 cm 时，大气层对电波的衰减将趋于严重。

4. 场分析

1）场的表达式

在视距传播中，除了自发射天线直接到达接收天线的直射波外，还存在从发射天线经由地面反射到达接收天线的反射波，如图 7 - 4 所示，因此接收天线处的场是直射波与反射波的叠加。

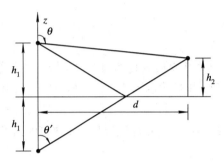

图 7 - 4　直射波与反射

设 h_1 为发射天线高度，h_2 为接收天线高度，d 为收、发天线间距，接收点的场强为

$$\boldsymbol{E} = \boldsymbol{a}_\theta E_0 f(\theta) \frac{\mathrm{e}^{-jkr}}{r} F \tag{7 - 1 - 5}$$

式中，$f(\theta)$ 为天线方向函数。

对于视距通信电路来说，电波的射线仰角是很小的（通常小于 $1°$），所以

$$|F| = |1 - \mathrm{e}^{-jk2h_1h_2/d}| = 2\left|\sin\left(\frac{2\pi h_1 h_2}{d\lambda}\right)\right| \tag{7 - 1 - 6}$$

2）讨论

① 当工作波长和收、发天线间距不变时，接收点场强随天线高度 h_1 和 h_2 的变化在零值与最大值之间波动，如图 7 - 5 所示。

② 当工作波长 λ 和两天线高度 h_1、h_2 都不变时，接收点场强随两天线间距的增大而呈波动状态变化，间距减小，最大值与最小值的间隔变小，如图 7 - 6 所示。

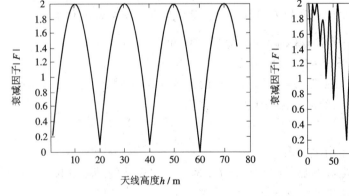

图 7 - 5　接收点场强随天线高度变化曲线

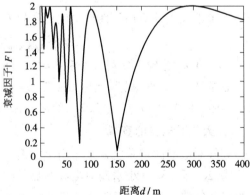

图 7 - 6　接收点场强随间距 d 变化曲线

③ 当两天线高度 h_1、h_2 和间距 d 不变时，接收点场强随工作波长 λ 呈波动状态变化，

如图 7 - 7 所示。

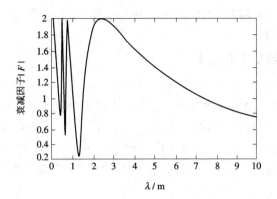

图 7 - 7　接收点场强随工作波长 λ(m)的变化曲线

5. 结论

在微波视距通信设计中，为使接收点场强稳定，希望反射波的成分愈小愈好。所以在通信信道路径的设计和选择时，要尽可能地利用起伏不平的地形或地物，使反射波场强削弱或改变反射波的传播方向，使其不能到达接收点，以保证接收点场强稳定。

7.1.3　天波传播

1. 天波传播的定义

天波传播通常是指自发射天线发出的电波，在高空被电离层反射后到达接收点的传播方式。有时也称为电离层电波传播，主要用于中波和短波波段。

2. 电离层概况

① 电离层主要是由于太阳的紫外辐射使高空电子电离形成的。

② 电离层是地球高空大气层的一部分，从离地面 60 km 的高度一直延伸到 1000 km 的高空。

③ 按电子密度随高度的变化将电离层相应地分为 D、E、F_1、F_2 四层，每一个区域都有一个电子浓度的最大值，如图 7 - 8 所示。

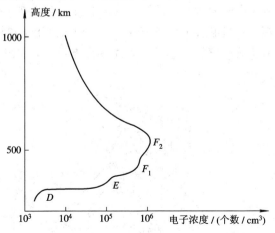

图 7 - 8　电离层电子密度的高度分布

④ 电离层电子密度与日照密切相关:白天大,晚间小,而且晚间 D 层消失。

⑤ 电离层电子密度又随四季发生变化。除此之外,太阳的骚动与黑子活动也对电离层电子密度产生很大的影响。

3. 无线电波在电离层中的传播

1) 电波频率 f(Hz)与入射角 θ_0 和电子密度的关系

当电波入射到空气—电离层界面时,由于电离层折射率小于空气折射率,折射角大于入射角,此时射线要向下偏折。当电波进入电离层后,由于电子密度随高度的增加而逐渐减小,因此各薄片层的折射率依次变小,电波将连续下折,直至到达某一高度处电波开始折回地面,如图 7 - 9 所示。可见,电离层对电波的"反射"实质上是电波在电离层中连续折射的结果。

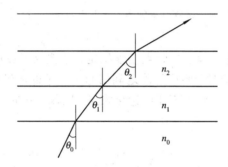

图 7 - 9 电离层对电波的连续折射

设电波在第 i 层处到达最高点,然后即开始折回地面,电波频率 f 与入射角 θ_0 和电波折回处的电子密度 N_i(电子数/立方米)三者之间的关系为

$$f = \sqrt{80.8 N_i}\ \sec\theta_0 \tag{7-1-7}$$

2) 结论

(1) 最高可用频率

当电波以 θ_0 角度入射时,电离层能把电波"反射"回来的最高可用频率为

$$f_{\max} = \sqrt{80.8 N_{\max}}\ \sec\theta_0 \tag{7-1-8}$$

式中,$N_{\max}$ 为电离层的最大电子密度。也就是说,当电波入射角 θ_0 一定时,频率越高,电波反射后所到达的距离越远;当电波工作频率高于 $f_{\max}$ 时,由于电离层不存在比 $N_{\max}$ 更大的电子密度,因此电波不能被电离层"反射"回来而穿出电离层,如图 7 - 10 所示,这正是超短波和微波不能以天波传播的原因。

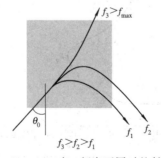

图 7 - 10 θ_0 一定、频率不同时的射线

（2）天波静区

频率为 f 的电波被电离层"反射"回来的最小入射角为

$$\theta_{0min} = \arcsin\sqrt{1 - \frac{80.8N_{max}}{f^2}} \qquad (7-1-9)$$

由于入射角 $\theta_0 < \theta_{0min}$ 的电波不能被电离层"反射"回来，因此使得以发射天线为中心的一定半径的区域内就不可能有天波到达，这就形成了天波的静区。

当电波频率一定，射线对电离层的入射角 θ_0 较小时，电波需要到达电子浓度较高处才能被反射回来，此时通信距离较近，如图 7-11 的曲线 1、2 所示；但当 θ_0 继续减小时，通信距离变远，如图 7-11 中的曲线 3 所示；当入射角 $\theta_0 < \theta_{0min}$ 时，则电波能被电离层"反射"回来所需的电子密度超出实际存在的 N_{max} 值，于是电波穿出电离层，如图 7-11 中的曲线 4 所示。

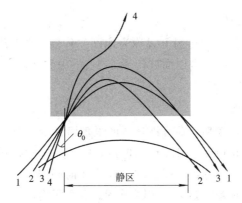

图 7-11 频率一定时通信距离与入射角的关系

（3）多径效应

天线射向电离层的是一束电波射线，各根射线的入射角稍有不同，它们在不同的高度上被"反射"回来，因而有多条路径到达接收点，这种现象称为多径传输。多径传输引起的接收点场强的起伏变化称为多径效应，如图 7-12 所示。

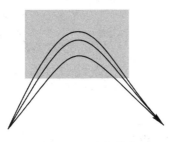

图 7-12 多径效应

（4）最佳工作频率 f_{opt}

为了减小电离层对电波的吸收，天波传播应尽可能采用较高的工作频率。然而当工作频率过高时，电波需到达电子密度很大的地方才能被"反射"回来，这就大大增长了电波在电离层中的传播距离，随之也增大了电离层对电波的衰减。通常取最佳工作频率为

$$f_{opt} = 0.85f_{max} \qquad (7-1-10)$$

4. 天波通信的特点

① 选择频率是个很重要的问题，频率太高，电波穿透电离层射向太空；频率太低，电离层吸收太大，以致不能保证必需的信噪比，因此通信频率必须选择在最佳频率附近。

② 天波传播随机多径效应严重，多径时延较大，信道带宽较窄。

③ 天波传播不太稳定，衰落严重。

④ 电离层所能反射的频率范围是有限的，一般是短波范围。

⑤ 由于天波传播是靠高空电离层反射回来的，因而受地面的吸收及障碍物的影响较小。

⑥ 天波通信，特别是短波通信，建立迅速，机动性好，设备简单。

7.1.4 地表面波传播

1. 地表面波传播的定义

无线电波沿地球表面传播的传播方式称为地面波传播。当天线低架于地面，且最大辐射方向沿地面时，传播方式主要是地面波传播。在长、中波波段和短波的低频段（几千赫兹至几兆赫兹）均可用这种传播方式。

2. 地面波的波前倾斜现象

由于大地是非理想导电媒质，垂直极化波的电场沿地面传播时（见图 7 - 13），会在地面感应出与其一起移动的正电荷，进而形成电流，从而产生欧姆损耗，造成大地对电波的吸收，并沿地表面形成较小的电场水平分量，致使波前倾斜，并变为椭圆极化波。这种现象称为地面波的波前倾斜现象，如图 7 - 14 所示。不言而喻，波前的倾斜程度反映了大地对电波的吸收程度。

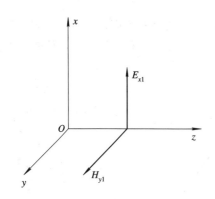

图 7 - 13 理想导电地面的场结构

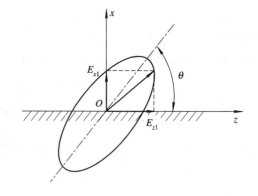

图 7 - 14 非理想导电地面的场结构

3. 地表面波传播的特点

① 垂直极化波沿非理想导电地面传播时，由于大地对电波能量的吸收作用，产生了沿传播方向的电场纵向分量 E_{z1}，因此可以用 E_{z1} 的大小来说明传播损耗的情况。地面的电导率越小或电波频率越高，E_{z1} 越大，说明传播损耗越大。因此，地面波传播主要用于长、中波传播。

② 由于 $E_{x1} \gg E_{z1}$，故在地面上采用直立天线接收较为适宜。

③ 由于地表面的电性能及地貌、地物等并不随时间很快地变化，并且基本上不受气候条件的影响，因此信号稳定，这是地面波传播的突出优点。

7.1.5 不均匀媒质的散射传播

1. 不均匀媒质的散射传播的定义

电波在低空对流层或高空电离层下缘遇到不均匀的"介质团"而发生散射，散射波的一部分到达接收天线处，这种传播方式称为不均匀媒质的散射传播，如图 7-15 所示。

不均匀媒质的散射传播主要有电离层散射传播和对流层散射传播。

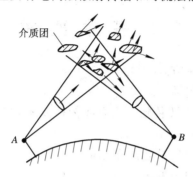

图 7-15 不均匀媒质传播

2. 对流层散射传播的原理

当超短波、短波投射到对流层中的不均匀的介质团时，就在其中产生感应电流，成为一个二次辐射源，将入射的电磁能量向四面八方再辐射。于是电波就到达不均匀介质团所能"看见"但电波发射点却不能"看见"的超视距范围。

3. 对流层散射传播的特点

① 由于散射波相当微弱，即传输损耗很大（包括自由空间传输损耗、散射损耗、大气吸收损耗及来自天线方面的损耗，一般超过 200 dB），因此对流层散射通信要采用大功率发射机、高灵敏度接收机和高增益天线。

② 由于湍流运动的特点，散射体是随机变幻的，它们之间在电性能上是相互独立的，因而它们对接收点的场强贡献是随机的。这种随机多径传播现象，使信号产生严重的快衰落。这种快衰落一般通过采用分集接收技术来克服。

③ 这种传播方式的优点是：容量较大、可靠性高、保密性好，单跳跨距达 300～800 km，一般用于无法建立微波中继站的地区，如用于海岛之间或跨越湖泊、沙漠、雪山等地区。

7.1.6 室内电波传播

1. 室内电波传播的特点

电波的室内传播受到许多因素的影响，诸如：建筑物形状、建筑材料、家具摆设、隔断（包括门的开关状态）以及天线的位置与摆置方式等。由于室内传播路径变化多端，电磁波在室内传播会引起较多的附加损耗，主要是反射、散射和折射三种基本方式。

2. 接收功率

收发天线间距离为 d，收发天线的增益分别为 G_r 和 G_t，室内传播损耗为 L_d（对于自由

空间 $L_d = 1$），则接收端的接收功率为

$$P_r(d) = \frac{P_t G_t G_r \lambda^2}{(4\pi)^2 L_d} \frac{1}{d^2} \qquad (7-1-11)$$

上述公式中 $d = 0$ 是不成立的，因此工程上通常在满足远区条件下靠近发射天线的某一点 d_0 处（称为参考距离）测得接收功率为 $P_r(d_0)$，则距离 d 处的接收功率可写成：

$$P_r(d) = P_r(d_0) \left(\frac{d_0}{d}\right)^n \qquad (7-1-12)$$

其中，n 称为路径损耗指数因子，通常取 $n = 3 - 4$。

7.2 基 本 要 求

★ 了解电波传播有哪几种方式。

★ 掌握传输媒质对电波传播的影响。

★ 掌握微波视距传播、天波传播、地面波传播及不均匀媒质散射传播的原理及其特点。

★ 了解电离层的概况及大气对电波的衰减。

★ 了解地面波的波前倾斜现象。

★ 了解室内电波传播的特点。

7.3 练 习 题

1. 什么是多径传输效应？

2. 什么是相关带宽？

3. 大气对电波的衰减主要来自哪两个方面？

4. 什么是色散效应？

5. 电波传播的无线信道主要有哪些？

6. 简述对流层散射传播的特点。

7. 天波传播中为什么要一天更换几次频率？

8. 电离层分为哪几层？

9. 何谓快衰落？主要由什么引起？

第 8 章 线 天 线

8.1 基本概念和公式

8.1.1 线天线的定义

横向尺寸远小于纵向尺寸并小于波长的细长结构的天线称为线天线,它们广泛地应用于通信、雷达等无线电系统中。

8.1.2 对称振子天线

1. 对称振子天线的结构

对称振子天线是由两根互成 180°、粗细和长度都相同的导线构成,中间为两个馈电端,如图 8 - 1 所示。

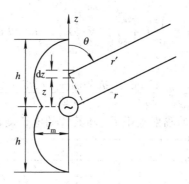

图 8 - 1 细振子的辐射

2. 对称振子天线的辐射

1) 辐射场

假如天线振子沿 z 轴放置,其上的电流分布为

$$I(z) = I_\mathrm{m} \sin\beta(h - |z|) \tag{8-1-1}$$

其中,β 为相移常数,$\beta = k = \dfrac{2\pi}{\lambda_0} = \dfrac{\omega}{c}$,则细振子天线的辐射场为

$$E_\theta = \mathrm{j}\,\frac{60 I_\mathrm{m}}{r}\mathrm{e}^{-\mathrm{j}\beta r} F(\theta) \tag{8-1-2}$$

其中

$$F(\theta) = \frac{\cos(\beta h \, \cos\theta) - \cos\beta h}{\sin\theta} \qquad\qquad (8-1-3)$$

$|F(\theta)|$ 是对称振子的 E 面方向函数，它描述了归一化远区场 $|E_\theta|$ 随 θ 角的变化情况。

图 8-2 分别为四种不同电长度(相对于工作波长的长度：$2h/\lambda = 1/2, 1, 3/2, 2$)的对称振子天线的归一化 E 面方向图，其中 $2h/\lambda = 1/2$ 和 $2h/\lambda = 1$ 的对称振子分别称为半波对称振子和全波对称振子，最常用的是半波对称振子。由方向图可见，当电长度趋近于 3/2 时，天线的最大辐射方向将偏离 $90°$，而当电长度趋近于 2 时，在 $\theta = 90°$ 平面内就没有辐射了。

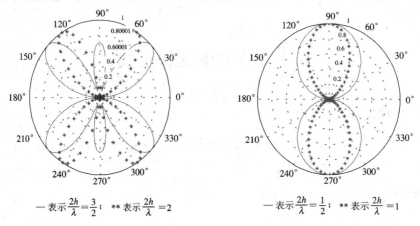

一表示 $\dfrac{2h}{\lambda} = \dfrac{3}{2}$；** 表示 $\dfrac{2h}{\lambda} = 2$ 一表示 $\dfrac{2h}{\lambda} = \dfrac{1}{2}$；** 表示 $\dfrac{2h}{\lambda} = 1$

图 8-2 对称振子天线的归一化 E 面方向图

由于 $|F(\theta)|$ 不依赖于 φ，所以 H 面的方向图为圆。

2) 辐射功率

$$P_\Sigma = \frac{15}{\pi} I_m^2 \int_0^{2\pi} \int_0^{\pi} |F(\theta)|^2 \sin\theta \, d\theta \, d\varphi \qquad\qquad (8-1-4)$$

3) 辐射电阻

$$R_\Sigma = 60 \int_0^{\pi} \frac{[\cos(\beta h \, \cos\theta - \cos\beta h)]^2}{\sin\theta} \, d\theta \qquad\qquad (8-1-5)$$

图 8-3 给出了对称振子的辐射电阻 R_Σ 随其臂的电长度 h/λ 的变化曲线。

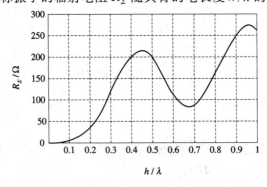

图 8-3 对称振子的辐射电阻与 h/λ 的关系曲线

3. 半波振子的辐射电阻及方向性

1) 半波振子的定义

振子的电长度 $2h/\lambda = 1/2$ 的对称振子称为半波振子。

2）半波振子的 E 面方向函数

$$F(\theta) = \frac{\cos\left(\dfrac{\pi}{2}\cos\theta\right)}{\sin\theta} \qquad (8-1-6)$$

3）辐射电阻

$$R_{\Sigma} = 73.1\ \Omega \qquad (8-1-7)$$

4）方向系数

$$D = 1.64 \qquad (8-1-8)$$

5）方向图的主瓣宽度

$$2\theta_{0.5} = 78° $$

4. 振子天线的输入阻抗

1）特性阻抗

对称振子的平均特性阻抗如图8-4所示，则

$$\overline{Z}_0 = 120\left(\ln\frac{2h}{a} - 1\right) \qquad (8-1-9)$$

式中，a 和 h 分别为对称振子的半径和一臂的长度。

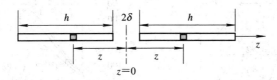

图 8-4　对称振子特性阻抗的计算

2）对称振子的输入阻抗

$$Z_{\text{in}} = \overline{Z}_0\,\frac{\text{sh}2\alpha h - \dfrac{\alpha}{\beta}\sin2\beta h}{\text{ch}2\alpha h - \cos2\beta h} - j\overline{Z}_0\,\frac{\dfrac{\alpha}{\beta}\text{sh}2\alpha h + \sin2\beta h}{\text{ch}2\alpha h - \cos2\beta h} \qquad (8-1-10)$$

式中，$\overline{Z}_0$ 为对称振子的平均特性阻抗，α 和 β 分别为对称振子的等效衰减常数和相移常数。

3）波长缩短现象

对称振子的相移常数 β 大于自由空间的波数 k，亦即对称振子上的波长短于自由空间波长，称为波长缩短现象。

令 $n_1 = \beta/k$，n_1 称为波长缩短系数，它通常由实验确定。

$$n_1 = \frac{\beta}{k} = \frac{\lambda}{\lambda_a} \qquad (8-1-11)$$

式中，λ 和 λ_a 分别为自由空间和对称振子上的波长。图 8-5 为波长缩短系数与对称振子一臂的电长度之间的关系曲线。

造成波长缩短现象的主要原因分别如下：

① 对称振子辐射引起振子电流衰减，使振子电流相速减小，相移常数 β 大于自由空间的波数 k，致使波长缩短。

② 由于振子导体有一定半径，末端分布电容增大（称为末端效应），末端电流实际不为

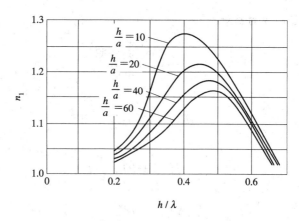

图 8 - 5　$n_1 = \beta/k$ 与 h/λ 的关系曲线

零，这等效于振子长度增加，因而造成波长缩短。振子导体越粗，末端效应越显著，波长缩短越严重。

图 8 - 6 是对称振子的输入电阻 R_{in}、输入电抗 X_{in} 与 h/λ 的关系曲线，曲线的参变量是对称振子的平均特性阻抗 $\overline{Z}_0$。

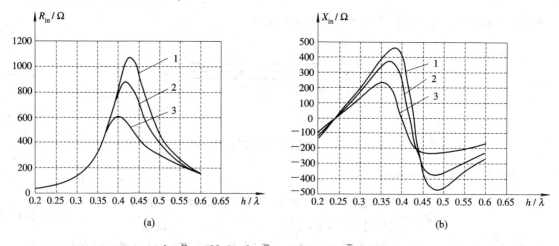

(a)　　　　　　　　　　　(b)

$1 - \overline{Z}_0 = 455\ \Omega$　$2 - \overline{Z}_0 = 405\ \Omega$　$3 - \overline{Z}_0 = 322\ \Omega$

图 8 - 6　对称振子的输入阻抗、输入电抗与 h/λ 的关系曲线

(a)输入电阻；(b)输入电抗

4) 结论

① 对称振子的平均特性阻抗 $\overline{Z}_0$ 随 h/a 的变化而变化。h 一定时，a 越大，则 $\overline{Z}_0$ 越低，R_{in} 和 X_{in} 随频率的变化越平缓，其频率特性越好。

② 当 $h/\lambda \approx 0.25$（半波振子）时，对称振子处于串联谐振状态，而 $h/\lambda \approx 0.5$（全波振子）时，对称振子处于并联谐振状态，无论是串联谐振还是并联谐振，对称振子的输入阻抗都为纯电阻。但在串联谐振点附近，输入电阻随频率变化平缓，且 $R_{in} = R_{\Sigma} = 73.1\ \Omega$，有利于同馈线的匹配。

③ 对于半波振子，在工程上其输入阻抗可按下式作近似计算，即

$$Z_{in} = \frac{R_{\Sigma}}{\sin^2 \beta h} - j\overline{Z}_0 \cot\beta h \qquad (8 - 1 - 12)$$

8.1.3 阵列天线

1. 阵列天线的基本概念

1）天线阵

由若干辐射单元按某种方式排列所构成的系统称为天线阵。

2）天线元或阵元

构成天线阵的辐射单元称为天线元或阵元。

3）相似元

将形状与尺寸相同，且以相同姿态排列的各阵元称为相似元。

2. 二元阵

1）二元阵的辐射场

设天线阵是由间距为 d 并沿 x 轴排列的两个相同的天线元所组成，如图 8 - 7 所示，假设天线元由振幅相等的电流所激励，但天线元 2 的电流相位超前天线元 1 的相位角为 ζ，二元阵辐射场的电场强度模值为

$$|E_\theta| = \frac{2E_m}{r_1} |F(\theta,\varphi)| \left|\cos\frac{\psi}{2}\right| \qquad (8-1-13)$$

式中，E_m 是电场强度振幅；$|F(\theta,\varphi)|$ 是各天线元本身的方向图函数，称为元因子；$\left|\cos\dfrac{\psi}{2}\right|$ 称为阵因子。

$$\psi = kd\ \sin\theta\ \cos\varphi + \zeta \qquad (8-1-14)$$

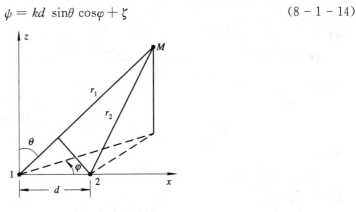

图 8 - 7　二元阵的辐射

2）结论

① 在各天线元为相似元的条件下，天线阵的方向图函数是单元因子与阵因子的乘积，这个特性称为方向图乘积定理。

② 元因子表示组成天线阵的单个辐射元的方向图函数，仅取决于天线元本身的形式和尺寸。它体现了天线元的方向性对天线阵方向性的影响。

③ 阵因子表示各向同性元所组成的天线阵的方向性，取决于天线阵的排列方式及其天线元上激励电流的相对振幅和相位，与天线元本身的形式和尺寸无关。

3）半波振子组成的二元阵

如果天线阵由两个沿 x 轴排列且平行于 z 轴放置的半波振子组成，其电场强度的模值为

$$| E_\theta | = \frac{2E_m}{r_1} \left| \frac{\cos\left(\frac{\pi}{2}\cos\theta\right)}{\sin\theta} \right| \left| \cos\frac{\psi}{2} \right| \qquad (8-1-15)$$

① E 面方向图函数为

$$| F_E(\theta) | = \left| \frac{\cos\left(\frac{\pi}{2}\cos\theta\right)}{\sin\theta} \right| \left| \cos\frac{1}{2}(kd\,\sin\theta + \zeta) \right| \qquad (8-1-16)$$

② H 面方向图函数为

$$| F_H(\varphi) | = \left| \cos\frac{1}{2}(kd\,\cos\varphi + \zeta) \right| \qquad (8-1-17)$$

结论：二元阵的 E 面和 H 面的方向图函数与单个半波振子是不同的，特别在 H 面，由于单个半波振子无方向性，天线阵 H 面方向函数完全取决于阵因子。

图 8-8 和图 8-9 分别为两个平行于 z 轴放置且沿 x 方向排列的半波振子，在 $d = \lambda/4$，$\zeta = -\pi/2$ 时的 H 面和 E 面方向图。

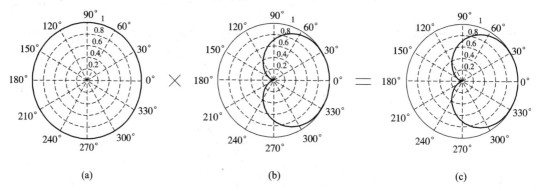

(a)　　　　　　　(b)　　　　　　　(c)

图 8-8　天线阵 H 面方向图
(a) 元因子；(b) 阵因子；(c) 二元天线阵方向图

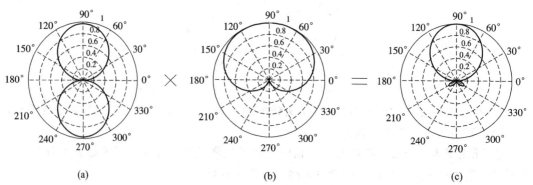

(a)　　　　　　　(b)　　　　　　　(c)

图 8-9　天线阵 E 面方向图
(a) 元因子；(b) 阵因子；(c) 二元天线阵方向图

4）二项式阵

（1）定义

若天线阵中各阵元上电流振幅是按二项式展开的系数分布，则称为二项式阵。

（2）H 面方向图函数

间距为 $\lambda/2$ 的 n 元二项式阵的 H 面方向图函数为

$$|F_H(\varphi)| = \left| \cos\left(\frac{\pi}{2}\cos\varphi\right) \right|^{n-1} \tag{8-1-18}$$

结论：二项式阵与等幅阵的方向图比较，二项式阵的方向图旁瓣电平较低。

图 8-10 为三元二项式阵 H 面方向图，它没有旁瓣。

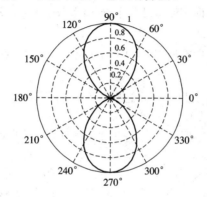

图 8-10　三元二项式阵 H 面方向图

3. 均匀直线阵

1）定义

均匀直线阵是间距相等、各阵元电流的幅度相等（等幅分布）而相位依次等量递增或递减的直线阵，如图 8-11 所示。

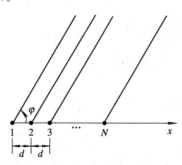

图 8-11　均匀直线阵

2）均匀直线阵的场

N 个天线元沿 x 轴排成一行，相邻阵元之间相位差为 ζ，则均匀直线阵的辐射场的模值为

$$|E_\theta| = |E_m| \left| \frac{F(\theta,\varphi)}{r} \right| |A(\psi)| \tag{8-1-19}$$

其中，$A(\psi)$ 为 H 平面归一化方向图函数即阵因子方向函数，其表达式为

$$|A(\psi)| = \frac{1}{N}\left|\frac{1-e^{jN\psi}}{1-e^{j\psi}}\right| = \frac{1}{N}\left|\frac{\sin(N\psi/2)}{\sin(\psi/2)}\right| \qquad (8-1-20)$$

式中

$$\psi = kd\,\cos\varphi + \zeta \qquad (8-1-21)$$

3）方向图参数

（1）主瓣方向

均匀直线阵的最大值的方向，当 $\psi=0$ 或 $kd\,\cos\varphi_m+\zeta=0$ 时，有

$$\cos\varphi_m = -\frac{\zeta}{kd} \qquad (8-1-22)$$

① 边射阵：最大辐射方向在垂直于阵轴方向上（$\varphi_m=\pm\pi/2$）的均匀直线阵。此时相邻阵元之间相位差 $\zeta=0$。

② 端射阵：最大辐射方向在阵轴方向上（$\varphi_m=0$ 或 π）的均匀直线阵。此时天线阵相邻阵元之间相位差 $\zeta=\pm kd$。

图 8-12 和图 8-13 分别为十二元边射阵和端射阵天线方向图。

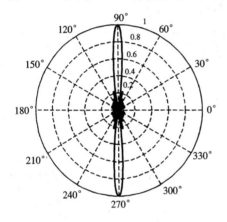

图 8-12 十二元均匀边射阵方向图

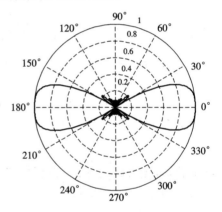

图 8-13 十二元均匀端射阵方向图

③ 相控阵：通过改变相邻元电流相位差 ζ 实现方向图扫描的天线阵。

（2）零辐射方向

阵方向图的零点发生的方向，$|A(\psi)|=0$，或

$$\frac{N\psi}{2} = \pm m\pi, \quad m=1,2,3,\cdots \qquad (8-1-23)$$

显然，边射阵与端射阵相应的以 φ 表示的零点方位是不同的。

（3）主瓣宽度

① 边射阵（$\zeta=0$，$\varphi_m=\pi/2$）。当 $Nd\gg\lambda$ 时，主瓣宽度为

$$2\Delta\varphi \approx \frac{2\lambda}{Nd} \qquad (8-1-24)$$

② 端射阵（$\zeta=-kd$，$\varphi_m=0$）。显然，均匀端射阵的主瓣宽度大于同样长度的均匀边射阵的主瓣宽度，有

$$\Delta\varphi \approx \sqrt{\frac{2\lambda}{Nd}} \qquad (8-1-25)$$

③ 旁瓣方位。旁瓣是次极大值，它们的方向发生在 $\left| \sin \dfrac{N\psi}{2} \right| = 1$，即

$$\frac{N\psi}{2} = \pm(2m+1)\frac{\pi}{2}, \quad m = 1, 2, 3, \cdots \tag{8-1-26}$$

第一旁瓣发生在 $m=1$，即 $\psi = \pm 3\pi/N$ 的方向。

④ 第一旁瓣电平。若以对数表示，多元均匀直线阵的第一旁瓣电平为

$$20 \lg \frac{1}{0.212} = 13.5 \text{ dB} \tag{8-1-27}$$

4）结论

① 天线阵的主瓣宽度和旁瓣电平是既相互依赖又相互对立的一对矛盾。方向图的主瓣宽度小，则旁瓣电平就高；反之，主瓣宽度大，则旁瓣电平就低。对于均匀直线阵，增加天线元数可以降低旁瓣电平，但当第一旁瓣电平达到 −13.5 dB 后，即使再增加天线元数，也不能降低旁瓣电平。

② 均匀直线阵的主瓣很窄，但旁瓣数目多、电平高。

③ 二项式直线阵的主瓣很宽，旁瓣就消失了。

事实上除了有直线阵列天线外，还有平面阵列天线，其原理与线阵相似。阵列天线可以有效提高天线的辐射性能，并且在馈电移相网络的配合下可以实现波束的扫描，形成相控阵。新一代移动通信广泛采用了阵列天线技术以实现多波束及智能扫描。

8.1.4 直立天线与水平振子天线

1. 直立振子天线

垂直于地面或导电平面架设的天线称为直立振子天线，如图 8-14 所示。它广泛地应用于长、中、短波及超短波波段。

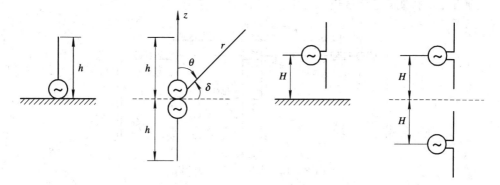

图 8-14 直立天线及其等效分析

1）单极天线的方向图

架设在理想导电平面上的单极天线的方向函数为

$$F(\delta) = \frac{\cos(kh\,\sin\delta) - \cos kh}{\cos\delta} \tag{8-1-28}$$

2）有效高度

$$h_{\text{ein}} = \frac{1}{k} \tan \frac{kh}{2} \approx \frac{h}{2} \tag{8-1-29}$$

3）提高单极天线效率的方法

① 提高天线的辐射电阻。提高辐射电阻可采用在顶端加容性负载和在天线中部或底部加感性负载的方法，如图 8－15 所示。

② 降低损耗电阻。减小损耗一般采用在天线底部加辐射状地网的方式。

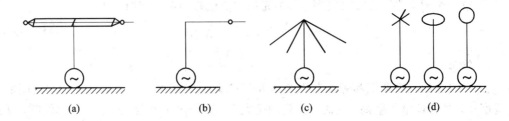

图 8－15　加顶单极天线

（a）T 形天线；（b）倒 L 形天线；（c）伞形天线；（d）带辐射叶形、圆盘形、球形天线

4）结论

① 单极天线的方向图随其电长度而变化。当 h/λ 逐渐增大时，波瓣变尖；当 $h/\lambda > 0.5$ 时，出现旁瓣；当 h/λ 继续增大时，由于天线上反相电流的作用，沿地面方向的辐射减弱。因此实际中一般取 h/λ 为 0.53 左右。

② 单极天线的方向增益较低，效率也低。要提高其方向性，在超短波波段也可以采用在垂直于地面的方向上排阵。

2. 水平振子天线

平行于地面或导电平面架设的天线称为水平振子天线，如图 8－16 所示。它经常应用于短波通信、电视或其它无线电系统中。

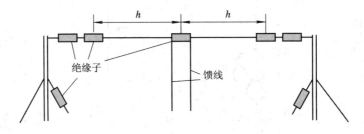

图 8－16　水平振子天线结构

1）水平振子天线的方向图

① $\varphi = 90°$ 的铅垂平面方向函数为

$$|F(\delta)| = \left| \frac{\cos(kh\ \cos\delta) - \cos kh}{\sin\delta} \right| \cdot |\sin(kH\ \sin\delta)| \qquad (8-1-30)$$

② $\varphi = 0°$ 的铅垂平面方向函数为

$$|F'(\delta)| = |\sin(kH\ \sin\delta)| \qquad (8-1-31)$$

图 8－17 为架设在理想地面上的水平振子垂直平面方向图。

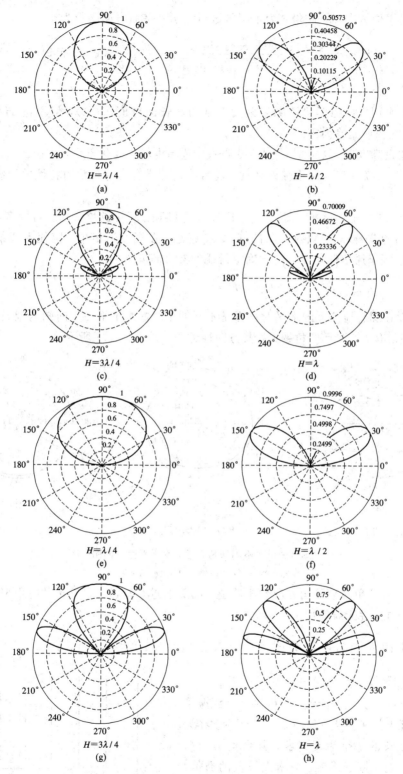

图 8 - 17 架设在理想地面上的水平振子垂直平面方向图

(a)~(d)为 $\varphi=90°$ 平面；(e)~(h)为 $\varphi=0°$ 平面

③ 水平平面方向图。仰角 δ 为不同常数时的水平平面方向函数为

$$| F(\delta,\varphi) | = \left| \frac{\cos(kh\ \cos\delta\ \sin\varphi) - \cos kh}{\sqrt{1 - \cos^2\delta\ \sin^2\varphi}} \right| \cdot | \sin(kH\ \sin\delta) | \quad (8-1-32)$$

2）结论

① 垂直平面方向图形状取决于架设高度与波长的比值（H/λ），但不论 H/λ 为多大，沿地面方向的辐射始终为零。

② 当架设高度 $H \leqslant \lambda/4$ 时，在 $\delta = 60° \sim 90°$ 范围内场强变化不大，并在 $\delta = 90°$ 方向上辐射最大，说明天线具有高仰角辐射特性，通常将这种具有高仰角辐射特性的天线称为高射天线。

③ $\varphi = 0°$ 的垂直平面方向图仅取决于 H/λ，且随着 H/λ 的增大，波瓣增多，第一波瓣（最靠近地面的波瓣）最强辐射方向的仰角 δ_{m1} 越小。在短波通信中，应使天线最大辐射方向的仰角 δ_{m1} 等于通信仰角 δ_0，由此确定天线的架设高度 H 为

$$H = \frac{\lambda}{4\ \sin\delta_0} \quad (8-1-33)$$

④ 架设在理想地面上的水平对称振子不同仰角时的水平平面方向图与架设高度无关，但跟天线仰角有关，并且仰角越大，其方向性越弱，如图 8-18 所示。

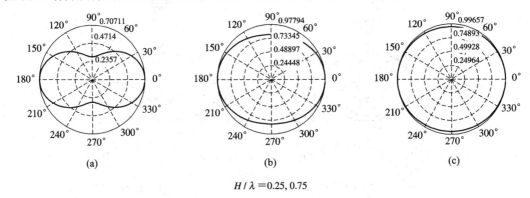

$$H/\lambda = 0.25, 0.75$$

图 8-18　不同仰角 δ 时的水平平面方向图

(a) $\delta = 30°$；(b) $\delta = 60°$；(c) $\delta = 75°$

⑤ 由于高仰角水平平面方向性不明显，因此在进行短波 300 km 以内距离的通信时，常把它作全方向性天线使用。

8.1.5　引向天线与电视天线

1. 引向天线

引向天线又称八木天线，它由一个有源振子及若干个无源振子组成，如图 8-19 所示。在无源振子中较长的一个为反射器，其余均为引向器，它广泛地应用于米波、分米波波段的通信、雷达、电视及其它无线电系统中。

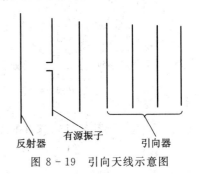

反射器　有源振子　引向器

图 8-19　引向天线示意图

1）工作原理

当无源振子与有源振子的间距 $d<0.25\lambda$ 时，无源振子的长度短于有源振子的长度时，由于无源振子电流相位滞后于有源振子，故二元引向天线的最大辐射方向偏向无源振子所在方向；反之，当无源振子的长度长于有源振子的长度时，无源振子的电流相位超前于有源振子，故二元引向天线的最大辐射方向偏向有源振子所在方向。在这两种情况下，无源振子分别具有引导或反射有源振子辐射场的作用，故称为引向器或反射器。因此，通过改变无源振子的尺寸及与有源振子的间距来调整它们的电流分配比，就可以达到改变引向天线的方向图的目的。

2）多元引向天线

（1）方向系数

在工程上，多元引向天线的方向系数可用下式近似计算，即

$$D_{\Delta} = K_1 \frac{L_a}{\lambda} \qquad (8-1-34)$$

其中，L_a 是引向天线的总长度，也就是从反射器到最后一根引向器的距离；K_1 是比例常数，如图 8-20(a)所示。

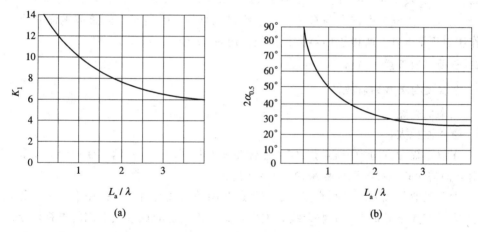

图 8-20 引向天线的方向系数比例常数和主瓣宽度与天线总长度的关系

(a) K_1 与 L_a/λ 实验曲线；(b) $2\alpha_{0.5}$ 与 L_a/λ 的关系曲线

（2）主瓣半功率波瓣宽度

主瓣半功率波瓣宽度近似为

$$2\alpha_{0.5} = 55° \sqrt{\frac{L_a}{\lambda}} \qquad (8-1-35)$$

3）折合振子

折合振子可以看成是长度为 $\lambda/2$ 的短路双线传输线在纵长方向折合而成。它实际上是由两个非常靠近且平行的半波振子在末端相连后构成的，但仅在一根振子的中部馈电，如图8-21所示。

折合振子的输入阻抗为

$$Z_{\text{in}} = 4R_{\Sigma} = 300 \ \Omega \qquad (8-1-36)$$

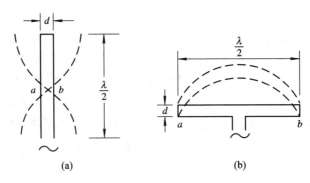

图 8-21　折合振子与短路双线传输线

（a）短路双线传输线；（b）折合振子

4）结论

① 在引向天线中，无源振子虽然使天线方向性增强，但由于各振子之间的相互影响，又使天线的工作频带变窄，输入阻抗降低，有时甚至低至十几欧姆，不利于与馈线的匹配。为了提高天线的输入阻抗和展宽频带，引向天线的有源振子常采用折合振子。

② 当 L_a/λ 较小时，K_1 较大，随着 L_a/λ 的增大，也就是当引向器数目增多时，K_1 反而下降。这是由于随着引向器与有源振子的距离的增大，引向器上的感应电流减小，因而引向作用也逐渐减小。所以引向器数目一般不超过 12 个。

2. 电视发射天线

1）电视发射天线的特点

① 频率范围宽。

② 覆盖面积大。

③ 在以零辐射方向为中心的一定的立体角所对的区域，电视信号变得十分微弱，因此零辐射方向的出现，对电视广播来说是不好的。

④ 由于工业干扰大多是垂直极化波，因此我国的电视发射信号采用水平极化方式。

⑤ 为了扩大服务范围，发射天线必须架在高大建筑物的顶端或专用的电视塔上。

2）旋转场天线

设有两个电流大小相等 $I_1 = I_2 = I$，相位差 $\zeta = 90°$ 的直线电流元，在水平面内垂直放置，如图 8-22 所示。在 xOy 平面内的任一点上两电流元的合成场为

$$E = \frac{60\pi Il}{r\lambda} \sin(\omega t + \varphi) \qquad (8-1-37)$$

3）结论

① 电视发射天线的特点：发射天线功率大、频带宽、水平极化及水平面内无方向性，而在铅垂平面有较强的方向性等。

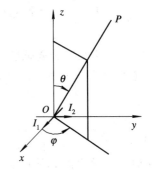

图 8-22　旋转场天线辐射场

② 旋转场天线方向图是一个"8"字以角频率 ω 在水平面内旋转，其效果是在水平面内没有方向性，稳态方向图是个圆。由于电流元的辐射比较弱，实际应用的旋转场天线，常常以半波振子作为单元天线，这时，其方向图在水平面内基本上是无方向的，如图 8-23 所示。

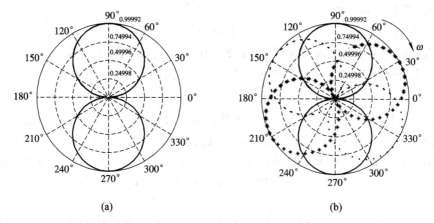

图 8-23 单个电流元天线和旋转场天线的方向图

(a) 单个电流元的方向图；(b) 旋转场天线方向图

③ 为了提高铅垂面内的方向性，可以将若干正交半波振子以间距半波长排阵，然后安装在同一根杆子上，而同一层内的两个正交半波振子馈电电缆的长度相差 $\lambda/4$，以获得 90° 的相差，如图 8-24 所示。

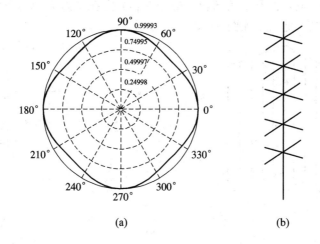

图 8-24 电流幅度相等、相位差 90°的正交半波振子的水平方向图与正交半波振子阵

(a) 电流幅度相等、相差为 90°的正交半波振子的水平面方向图；(b) 正交半波振子阵

8.1.6 移动通信基站天线

1. 移动通信基站天线的特点

① 为了尽可能避免地形、地物的遮挡，天线应架设在很高的地方。

② 为了使用户在移动状态下使用方便，天线应采用垂直极化。

③ 根据组网方式的不同，如果是顶点激励，则采用扇形天线；如果是中心激励，则采用全向天线。

④ 为了节省发射机功率，天线增益应尽可能高一些。

⑤ 为了提高天线的效率及带宽，天线与馈线应良好地匹配。

2. 移动通信基站天线

移动通信技术发展迅速，基站天线的变化也比较快，从最早的角反射式交叉同轴天线、正交偶极子阵列、智能阵列天线，一直到 MIMO 智能阵列向大规模 MIMO 阵列天线，不断进步，接下来将对角反射式交叉同轴天线、正交偶极子阵列两部分作一介绍。

1）角反射式交叉同轴天线

VHF 和 UHF 移动通信基站天线一般是由馈源和角形反射器两部分组成。为了获得较高的增益，馈源一般采用并馈共轴阵列和串馈共轴阵列两种形式；而为了承受一定的风荷，反射器可以采用条形结构，只要导线之间距 d 小于 0.1λ，它就可以等效为反射板。两块反射板构成 120°反射器。反射器与馈源组成扇形定向天线，三个扇形定向天线组成全向天线，如图 8 - 25 所示。

并馈共轴阵列，由功分器将输入信号均分，然后用相同长度的馈线将其分别送至各振子天线上。由于各振子天线电流等幅同相，根据阵列天线的原理，其远区场同相叠加，因此其方向性得到加强，如图 8 - 26 所示。

串馈共轴阵列，关键是利用 180°移相器，使各振子天线上的电流分布相位接近同相，以达到提高方向性的目的，如图 8 - 27 所示。为了缩短天线的尺寸，实际中还采用填充介质的垂直同轴天线，辐射振子就是同轴线的外导体，而在辐射振子与辐射振子的连接处，同轴线的内外导体交叉连接，如图 8 - 28 所示。

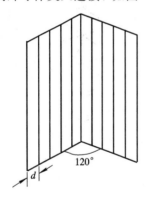

图 8 - 25　120°角形反射器

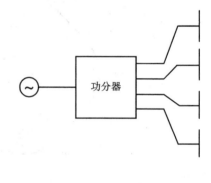

图 8 - 26　并馈共轴阵列

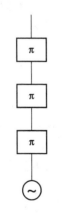

图 8 - 27　串馈共轴阵列

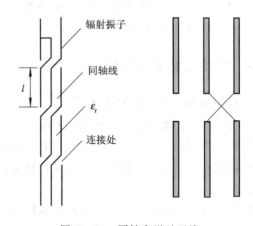

图 8 - 28　同轴高增益天线

2）正交偶极子阵列天线

为了保证手机放置的灵活性，通常会采用由两个正交的偶极子排阵而成的阵列天线（即双极化阵列）作为基站天线（如教材图 8-44 所示），由正交偶极子单元、功分馈电网络、反射底板和天线罩构成，其中两个端口是独立馈电，从而形成±45°的双极化天线。

8.1.7 螺旋天线与倒 F 天线

在移动通信的发展史上，螺旋天线和倒 F 天线在手机终端上的应用功不可没。

1. 螺旋天线

将导线绕制成螺旋形线圈而构成的天线称为螺旋天线，如图 8-29 所示。通常它带有金属接地板（或接地网栅），由同轴线馈电，同轴线的内导体与螺旋线相接，外导体与接地板相连，螺旋天线是常用的圆极化天线。

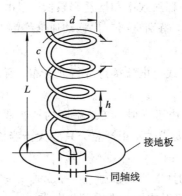

图 8-29 螺旋天线

螺旋天线的辐射特性与螺旋的直径有密切关系：

① 当 $d/\lambda < 0.18$ 时，天线的最大辐射方向在与螺旋轴线垂直的平面内，称为法向模式，此时天线称为法向模式天线，如图 8-30(a) 所示。

② 当 $d/\lambda \approx 0.25 \sim 0.46$ 时，即螺旋天线一圈的长度 c 在一个波长左右的时候，天线的辐射方向在天线的轴线方向，此时天线称为轴向模式天线，如图 8-30(b) 所示。

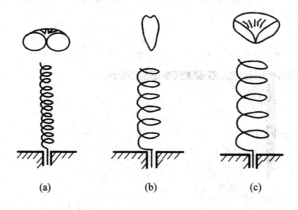

(a)   (b)   (c)

图 8-30 螺旋天线的辐射特性与螺旋直径的关系
(a) 法向模式天线；(b) 轴向模式天线；(c) 圆锥形模式天线

③ 当 $d/\lambda > 0.5$ 时，天线的最大辐射方向偏离轴线分裂成两个方向，方向图呈圆锥形状，如图 8-30(c) 所示。

1) **法向模螺旋天线**

(1) N 圈螺旋天线的辐射场

$$E = \frac{N\omega\mu_0 I}{4\pi} \cdot \frac{e^{-j\beta r}}{r}(\boldsymbol{a}_\theta jh + \boldsymbol{a}_\varphi k\pi b^2)\sin\theta \tag{8-1-38}$$

式中，β 为相移常数，$b = d/2$。设螺旋线上的波长缩短系数为 n_1，则

$$\beta = n_1 k = n_1 \cdot \frac{2\pi}{\lambda} \tag{8-1-39}$$

(2) 结论

① 由于 E_θ 和 E_φ 的时间相位差为 $\pi/2$，所以法向模螺旋天线的辐射场是椭圆极化波，呈边射型，方向图呈 "8" 字形；当 $h = k\pi b^2$ 时，螺旋天线辐射圆极化波。

② 虽然法向模螺旋天线的辐射效率和增益都较低，但由于其加工简单，成本低廉，曾广泛用于超短波手持式通信机，特别是第二代移动通信终端上。

2) **轴向模螺旋天线**

① 由于在轴向辐射螺旋天线上电流接近纯行波分布，所以在一定的带宽内，其阻抗变化不大，且基本接近纯电阻。

② 在它的末端反射很小。由于反射回接地平面的场非常弱，因此对接地平面的影响可以忽略，且对接地平面尺寸的要求也不很严格，只要大于半波长即可，形状可以是圆的或方的，一般是金属圆盘形状。

③ 螺旋线的直径对天线的性能影响很小，当螺旋线圈按右旋形式绕制时，它就辐射或接收右旋圆极化波，反之，则辐射或接收左旋圆极化波。

④ 由于轴向模天线具有圆极化能力，设计成的四臂螺旋天线（Quadrifilar Helix Antenna）具有全方向 360° 的接收能力，已经成为高精度导航仪的首选天线。

3. 倒 F 天线

倒 F 天线是直列振子天线的变形，并在此基础上发展出平面倒 F 天线（PIFA），这类天线由于制作工艺简单，易于匹配和共形，成为移动通信终端内置天线的主流结构。其典型结构如图 8-31 所示。

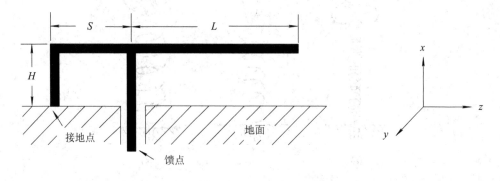

图 8-31　平面倒 F 天线基本结构

8.1.8 行波天线

如果天线上电流分布是行波，则此天线称为行波天线。

通常，行波天线是由导线末端接匹配负载来消除反射波而构成的(见图 8 - 32)。

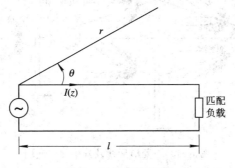

图 8 - 32 行波天线

1. 行波单导线天线的方向图

单根行波单导线的方向函数为

$$F(\theta) = \frac{\sin\theta \, \sin\left[\dfrac{\beta l}{2}(1-\cos\theta)\right]}{1-\cos\theta} \qquad (8-1-40)$$

当天线长度较长时，行波天线的最大辐射方向可近似由下式确定：

$$\cos\theta_\mathrm{m} = 1 - \frac{\lambda}{2l} \qquad (8-1-41)$$

当 l/λ 较大，工作波长改变时，最大辐射方向 θ_m 变化不大。

2. V 形天线和菱形天线

1) V 形天线

用两根行波单导线可以组成 V 形天线(见图 8 - 33)。对于一定长度 l/λ 的行波单导线，适当选择张角 2θ，可以在张角的平分线方向上获得最大辐射。V 形天线具有较好的方向图宽频带特性和阻抗宽频带特性。由于其结构及架设特别简单，特别适应于短波移动式基站中。

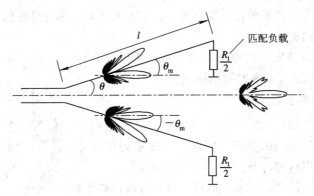

图 8 - 33 V 形天线($l/\lambda=10$，$\theta=15°$)

2) 菱形天线

它可以看成是由两个 V 形天线在开口端相连而成(见图 8 - 34)，其工作原理与 V 形天线相似。载有行波电流的四个臂长相等，它们的辐射方向图完全相同。适当选择菱形的边长和顶角 2θ，可在对角线方向获得最大辐射。它被广泛应用于短波通信和广播、超短波散射通信中。

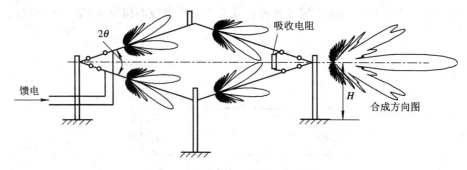

图 8 - 34　菱形天线及其平面方向图

3. 结论

行波单导线天线、V 形天线和菱形天线等，它们都具有较好的单向辐射特性、较高的增益及较宽的带宽，因此在短波、超短波波段都获得了广泛的应用。

8.1.9　宽频带天线

若天线的阻抗、方向图等电特性在一倍频程（$f_{max}/f_{min}=2$）或几倍频程范围内无明显变化，就称为宽频带天线；若在更大频程范围内（比如 $f_{max}/f_{min}\geqslant10$）其阻抗、方向图等电特性基本上不变化时，就称为非频变天线。

1. 非频变天线的条件

1）角度条件

天线的形状仅取决于角度，而与其它尺寸无关。即当工作频率变化时，天线的形状、尺寸与波长之间的相对关系不变：

$$r = r_0 \mathrm{e}^{a\varphi} \tag{8-1-42}$$

2）终端效应弱

有限长天线具有近似无限长天线的电性能，这种现象就称为终端效应弱。终端效应的强弱取决于天线的结构。

满足上述两个条件即可构成非频变天线。非频变天线分为两大类：等角螺旋天线和对数周期天线。

2. 平面等角螺旋天线

平面等角螺旋天线（见图 8 - 35）臂上电流在流过约一个波长后迅速衰减到 20 dB 以下，因此其有效辐射区就是周长约为一个波长以内的部分。

平面等角螺旋天线的辐射场是圆极化的，且双向辐射，即在天线平面的两侧各有一个主波束，如果将平面的双臂等角螺旋天线绕制在一个旋转的圆锥面上，就可以实现锥顶方向的单向辐射，且方向图仍然保持宽频带和圆极化特

图 8 - 35　平面等角螺旋天线

性。平面和圆锥等角螺旋天线的频率范围可以达到 20 倍频程或者更大。

3. 对数周期天线

1) 齿状对数周期天线

对数周期天线的基本结构是将金属板刻成齿状。齿片上的横向电流远大于径向电流，如果齿长恰等于谐振长度(即齿的一臂约等于 $\lambda/4$)，则该齿具有最大的横向电流，且附近的几个齿上也具有一定幅度的横向电流，而那些齿长远大于谐振长度的各齿，其电流迅速衰减到最大值的 30 dB 以下，这说明天线的终端效应很弱，因此有限长的天线近似具有无限长天线的特性，如图 8 - 36 所示。

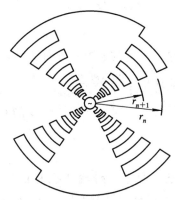

图 8 - 36   齿状对数周期天线

2) 对数周期偶极子天线

N 个对称振子天线用双线传输线馈电，且两相邻振子交叉连接。当天线馈电后，能量沿双绞线传输，当能量行至长度接近谐振长度的振子，由于发生谐振，输入阻抗呈现纯电阻，振子上电流大，形成较强的辐射场，我们把这部分称为有效辐射区。有效区以外的振子，由于离谐振长度较远，输入阻抗很大，其上电流很小，它们对辐射场的贡献可以忽略。当天线工作频率变化时，有效辐射区随频率的变化而左右移动，但电尺寸不变，因而，对数周期天线具有宽频带特性，其频带范围为 10 或者是 15 倍频程。目前，对数周期天线在超短波和短波波段获得了广泛的应用，如图 8 - 37 所示。

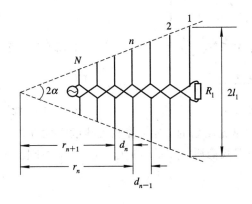

图 8 - 37   对数周期偶极子天线阵

8.1.10　缝隙天线

如果在同轴线、波导管或空腔谐振器的导体壁上开一条或数条窄缝,可使电磁波通过缝隙向外空间辐射而形成一种天线,这种天线称为缝隙天线,如图 8-38 所示。

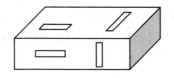

图 8-38　缝隙天线

1. 理想缝隙天线的辐射场

无限大和无限薄的理想导电平板上的缝隙的方向函数为

$$F(\theta) = \frac{\cos(kl\ \cos\theta) - \cos kl}{\sin\theta} \qquad (8-1-43)$$

根据对偶原理,理想缝隙天线的方向函数与同长度的对称振子的方向函数 E 面和 H 面相互交换。

2. 波导缝隙天线

实际应用的波导缝隙天线通常是开在传输 TE_{10} 模的矩形波导壁上的半波谐振缝隙,如果所开缝隙截断波导内壁表面电流(即缝隙不是沿电流线开),表面电流的一部分绕过缝隙,另一部分以位移电流的形式沿原来的方向流过缝隙,因而缝隙被激励,向外空间辐射电磁波,如图 8-39 所示。而波导缝隙辐射的强弱取决于缝隙在波导壁上的位置和取向。为了获得最强辐射,应使缝隙垂直截断电流密度最大处的电流线,即应沿磁场强度最大处的磁场方向开缝,如缝 1,2,3。纵缝 1,3,5 是由横向电流激励;横缝 2 是由纵向电流激励;斜缝 4 则是由与其长边垂直的电流分量激励。实验证明,沿波导缝隙的电场分布与理想缝隙的几乎一样,近似为正弦分布,但由于波导缝隙开在有限大波导壁上,辐射受没有开缝的其它三面波导壁的影响,因此是单向辐射,方向图如图 8-40 所示。

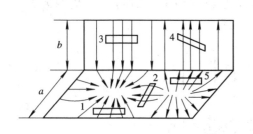

图 8-39　波导缝隙的辐射

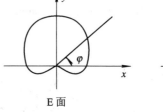
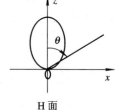

图 8-40　波导天线辐射方向图

单缝隙天线的方向性是比较弱的,为了提高天线的方向性,可在波导的一个壁上开多个缝隙组成天线阵,以获得我们所需要的方向性,缺点是频带比较窄。

8.1.11　微带天线

1. 微带天线的结构

微带天线是由一块厚度远小于波长的介质板和(用印刷电路或微波集成技术)覆盖在它

的两面上的金属片构成的，其中完全覆盖介质板的一片称为接地板，而尺寸可以和波长相比拟的另一片称为辐射元。辐射元的形状有方形、矩形、圆形和椭圆形等等，如图 8 - 41 所示。

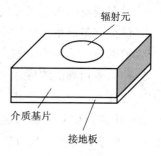

图 8 - 41　微带天线的结构

2. 方向函数

微带天线的 E 面和 H 面方向函数为

$$F_{\mathrm{E}}(\varphi) = \cos\left(\frac{kl \ \cos\varphi}{2}\right) = \cos\left(\frac{\pi \ \cos\varphi}{2}\right) \quad (8 - 1 - 44)$$

$$F_{\mathrm{H}}(\theta) = \frac{\sin\left(\frac{kw \ \cos\theta}{2}\right)}{\frac{kw \ \cos\theta}{2}} \sin\theta \quad (8 - 1 - 45)$$

3. 结论

① 矩形微带天线的 H 面方向图与理想缝隙的 H 面方向图相同，这是因为在该面内的两缝隙的辐射不存在波程差。所不同的是 E 面，由于接地板的反射作用，使得辐射变成单方向的，如图 8 - 42 所示。

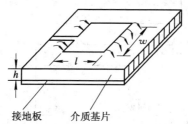

图 8 - 42　矩形微带天线开路端电场结构

② 微带天线的体积小、重量轻、剖面低，因此容易做到与高速飞行器共形，且电性能多样化（如双频微带天线、圆极化天线等），尤其是容易和有源器件、微波电路集成为统一组件，因而适合大规模生产。在现代通信中，微带天线广泛地应用于 100 MHz～50 GHz 的频率范围。在 GPS 接收机中主要采用此类天线。

③ 微带天线的波瓣较宽，方向系数较低。除此之外，微带天线的缺点还有：频带窄、损耗大、交叉极化大、单个微带天线的功率容量小等。尽管如此，由于微带制作阵元的一致性很好，且易于集成，故很多场合将其设计成微带天线阵，且得到了广泛的应用。

④ 用微带天线可以实现圆极化，其大致途径有单馈、多馈、多单元三种形式。圆极化微带天线在导航、射频识别等系统中得到了广泛的应用，值得关注。

8.1.12　智能天线与 MIMO 天线

由于无线通信技术的发展，频谱资源越来越紧张，为了把空间域对通信容量的贡献最大化，人们提出了智能天线波束赋形技术（简称智能天线）和多输入多输出天线（简称 MIMO 天线）技术，下面分别简单作介绍。

1. 智能天线技术

1）智能天线技术的优点

智能天线技术的主要优点有：

① 具有较高的接收灵敏度。

② 使空分多址系统(SDMA)成为可能。

③ 消除在上下链路中的干扰。

④ 抑制多径衰落效应。

2) 智能天线的工作原理

每一个用户信号分为 D 路(D 为天线单元数),并分别以 W_{1D},W_{2D},$\cdots$,W_{MD} 加权,如图 8-43 所示,得到 $M \times D$ 路信号(M 为用户数),然后将相应的 M 路信号合成一路并送到各天线单元上。由于各天线单元上的信号都是由 M 路信号以不同的加权系数组合而成的,因此信号的波形是不同的,从而构成了 M 个信道方向图,如图 8-44 所示。当两个信号同时存在时,由场的叠加原理可知,智能天线的功率方向图为两个信道方向图的叠加,如图 8-44(c)所示。从表面上看,图 8-44(c)的功率方向图与自适应天线方向图相似,但前者中 A 点处接收到的信号主要是 A 点信号,B 点接收的主要是 B 点信号,从而保证了两个用户共用一个传统信道,实现空分复用。

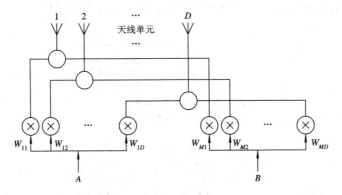

图 8-43 智能天线原理框图

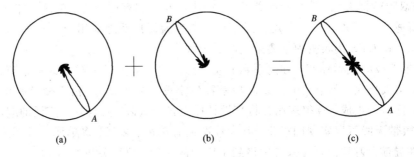

图 8-44 智能天线信道方向图

3) 智能天线的主要技术

智能天线的主要技术有:来波到达角检测,数字波束形成,零点相消。

4) 结论

智能天线将在以下几个方面提高移动通信系统的性能:

① 提高通信系统的容量和频谱利用效率。

② 增大基站的覆盖面积。

③ 提高数据传输速率。

④ 降低基站发射功率，节省系统成本，减少了信号干扰与电磁环境污染。

⑤ 智能天线技术也是第 5 代移动通信中实现 MIMO 天线的基本技术之一。

2. MIMO 天线技术

MIMO(Multiple-Input Multiple-Output)多天线系统在收、发端分别设置多副相互独立的天线，并利用多径效应提升通信容量：当多径分量足够丰富时，各对收、发的多径衰落趋于独立，则相应无线信道趋于独立，在相同频率下同时产生多个传输信道。此技术在不增加带宽和发射功率的情况下可成倍地增加通信容量并提升频谱利用率，同时还有利于信号的稳定传输以及增强信号的收发强度等。从理论上看，天线数量越多，系统通信容量越高，然而，实际天线数量需综合考虑系统实现代价等多方面因素。图 8 - 45 是 MIMO 天线系统的结构示意图。

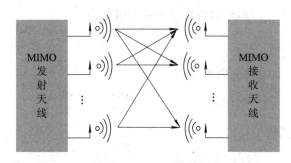

图 8 - 45　MIMO 天线系统结构示意图

总之，MIMO 天线及智能天线均是由阵列天线、馈电控制网络以及信号处理模组组成，而 MIMO 天线的信道数量更多，控制算法更加复杂，而且随着工作频段向毫米波段推进，其天线的结构和形式必将发生深刻的革命。

8.2　典型例题分析

【例 1】　一沿 z 轴方向放置的对称振子，其导线半径 $a = 10$ mm，工作频率 $f = 180$ MHz，设对称振子的一臂长度为 40 cm，试求：

① 对称振子的辐射电阻。

② 对称振子的输入阻抗。

③ 画出对称振子的 E 面方向图。

解　对称振子的工作频率 $f = 180$ MHz，其对应的波长为

$$\lambda = \frac{c}{f} = \frac{3 \times 10^8}{180 \times 10^6} = \frac{5}{3} \text{ m}$$

① 对称振子的一臂长度 $h = 40$ cm，则其电长度为

$$\frac{h}{\lambda} = 0.24$$

查教材中图 8 - 4 得

$$R_\Sigma = 65 \ \Omega$$

② 当对称振子的一臂长度为 40 cm 时，其电长度为 0.24，考虑到波长缩短效应，此对

称振子即为半波振子。半波振子的输入阻抗可以根据它的工程近似公式求得，即

$$Z_{\text{in}} = \frac{R_\Sigma}{\sin^2 \beta h} - j\overline{Z}_0 \cot \beta h$$

由 $h/a = 40$，查教材中图 8-6 得波长缩短系数为

$$n_1 = 1.05$$

因而，对称振子的相移常数为

$$\beta = 1.05k = \frac{2.1\pi}{\lambda}$$

对称振子的平均特性阻抗为

$$\overline{Z}_0 = 120\left(\ln \frac{2h}{a} - 1\right) = 405.8 \ \Omega$$

将上述各参数代入即可得到对称振子的输入阻抗为

$$Z_{\text{in}} = \frac{65}{\sin^2(2.1\pi \times 0.24)} - j405.8 \cot(2.1\pi \times 0.24) = 65.0 + j5.1 \ \Omega$$

③ 对称振子的 E 面方向函数为

$$F(\theta) = \frac{\cos(\beta h \ \cos\theta) - \cos\beta h}{\sin\theta}$$

将 β 和 h 代入上式得

$$F(\theta) = \frac{\cos(0.504\pi \cos\theta) - \cos(0.504\pi)}{\sin\theta}$$

因此，对称振子的 E 面方向图如图 8-46 所示。

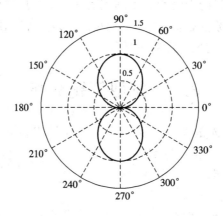

图 8-46

【例 2】 设均匀三元直线阵由三个半波振子组成，其排列如图 8-47 所示，求：
① 此阵列的阵方向函数。
② 若它们的相位差 $\zeta = 0$，画出它们的阵方向图。
③ 若它们的相位差 $\zeta = 90°$，再画出它们的阵方向图。

解 ① 由于此三元阵列为均匀直线阵，其阵方向函数可由教材中式(8-2-20)给出，所以

$$|A(\psi)| = \frac{1}{3}\left|\frac{\sin(3\psi/2)}{\sin(\psi/2)}\right|$$

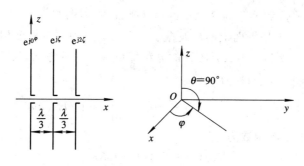

图 8 - 47

其中

$$\psi = kd\,\cos\varphi + \zeta = \frac{2\pi}{3}\cos\varphi + \zeta$$

② 若它们的相位差 $\zeta = 0$ 时，$\psi = kd\,\cos\varphi + \zeta = \frac{2\pi}{3}\cos\varphi$，其方向函数为

$$|A(\psi)| = \frac{1}{3}\left|\frac{\sin(\pi\,\cos\varphi)}{\sin\left(\dfrac{\pi\,\cos\varphi}{3}\right)}\right|$$

其方向图如图 8 - 48 所示。

③ 若它们的相位差 $\zeta = \dfrac{\pi}{2}$ 时，$\psi = kd\,\cos\varphi + \zeta = \dfrac{2\pi}{3}\cos\varphi + \dfrac{\pi}{2}$，其方向函数为

$$|A(\psi)| = \frac{1}{3}\left|\frac{\sin\left(\pi\,\cos\varphi + \dfrac{3\pi}{4}\right)}{\sin\left(\dfrac{\pi\,\cos\varphi}{3} + \dfrac{\pi}{4}\right)}\right|$$

方向图如图 8 - 49 所示。

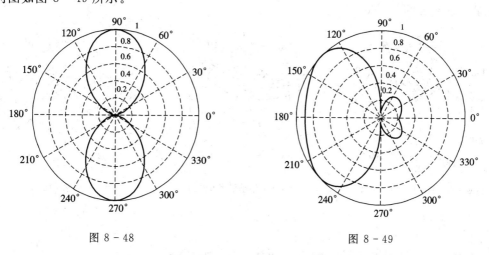

图 8 - 48   图 8 - 49

由图 8 - 48 和 8 - 49 可见，当均匀直线阵的相位差 $\zeta = 0$ 时，其最大辐射方向在垂直于阵轴的方向上，此时的直线阵为边射阵；当均匀直线阵的相位差 $\zeta = 90°$ 时，其最大辐射方向在阵轴的方向上，此时的直线阵为端射阵。

【例 3】 架设在理想导电地面上的水平半波振子天线，设它离地面的高度为 $H =$

$5\lambda/4$，试画出其铅垂平面和仰角为 $\delta=30°$ 的水平平面方向图。

解 架设在理想导电地平面上的半波振子，可以等效为两个幅度相等、相位相反的半波振子所组成的阵列，所以，用二元阵列的方法即可求出它的方向函数。

$\varphi=90°$ 的铅垂平面方向函数为

$$F(\delta) = \left| \frac{\cos(kh\ \cos\delta) - \cos kh}{\sin\delta} \right| \left| \sin(kH\ \sin\delta) \right|$$

$\varphi=0°$ 的铅垂平面方向函数为

$$F(\delta) = \left| \sin(kH\ \sin\delta) \right|$$

将 $h=\lambda/4$、$H=5\lambda/4$ 代入上式得架设在地面上的水平半波振子在 $\varphi=90°$ 和 $\varphi=0°$ 的铅垂平面方向函数分别为

$$F(\delta) = \left| \frac{\cos\left(\frac{\pi}{2}\ \cos\delta\right)}{\sin\delta} \right| \left| \sin\left(\frac{5\pi}{2}\ \sin\delta\right) \right|$$

$$F(\delta) = \left| \sin\left(\frac{5\pi}{2}\ \sin\delta\right) \right|$$

水平平面方向函数为

$$F(\varphi) = \left| \frac{\cos(kh\ \cos\delta\ \sin\varphi) - \cos kh}{\sqrt{1 - \cos^2\delta\ \sin^2\varphi}} \right| \left| \sin(kH\ \sin\delta) \right|$$

将仰角 $\delta=30°$、$h=\lambda/4$、$H=5\lambda/4$ 代入得水平半波振子在仰角 $\delta=30°$ 的水平面内的方向函数为

$$F(\varphi) = \left| \frac{\cos\left(\frac{\sqrt{3}\pi}{4}\ \sin\varphi\right)}{\sqrt{1 - \frac{3}{4}\ \sin^2\varphi}} \right| \left| \sin\left(\frac{5\pi}{4}\right) \right|$$

它们的方向图如图 8-50 所示。

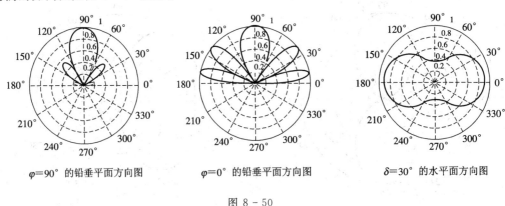

$\varphi=90°$ 的铅垂平面方向图 $\varphi=0°$ 的铅垂平面方向图 $\delta=30°$ 的水平面方向图

图 8-50

8.3 基 本 要 求

★ 了解线天线的定义及其应用背景。

★ 掌握对称振子天线的辐射与其电长度之间的关系，重点掌握半波振子天线的方向

图、辐射电阻、输入阻抗及波长缩短效应的分析与计算。

★ 掌握直线阵列天线的方向图、波瓣宽度、旁瓣电平等的分析与计算,重点掌握方向图乘积定理及边射阵、端射阵的定义及其方向性。

★ 了解天线的波瓣宽度、旁瓣电平、方向系数之间的关系。

★ 掌握直立振子天线的方向性与其高度之间的关系,了解提高单极天线效率的方法。

★ 掌握水平振子天线的方向性与其电长度及架设高度之间关系的分析与计算,从而合适地选择其电长度和架设高度。

★ 掌握引向天线的工作原理及折合振子的作用。

★ 了解电视发射天线的特点及旋转场天线的工作原理。

★ 了解移动基站天线的特点及其组成。

★ 掌握螺旋天线的辐射特性与螺旋直径的关系,了解法向模螺旋天线和轴向模螺旋天线的辐射特点。

★ 了解行波天线的特点,掌握行波单导线天线的分析方法及 V 型天线和菱形天线的方向性。

★ 了解宽频带天线的定义及形成宽频带天线的条件,掌握平面等角螺旋天线和对数周期天线的工作原理。

★ 了解缝隙天线的辐射原理。

★ 掌握微带天线的结构及工作原理。

★ 了解智能天线的特点及其工作过程。

8.4 部分习题及参考解答

【8.4】 一半波振子臂长 $h = 35$ cm,直径 $2a = 17.35$ mm,工作波长 $\lambda = 1.5$ m,试计算其输入阻抗。

解 由于 $h/\lambda = 0.35/1.5 = 0.23$,查教材中图 8-4 得:$R_\Sigma = 50\ \Omega$。其等效特性阻抗为

$$\bar{Z}_0 = 120\left(\ln\frac{2h}{a} - 1\right) = 406.9\ \Omega$$

由 $h/a = 40$ 和 $h/\lambda = 0.23$ 查教材中图 8-6 得:$n_1 = 1.05$,即 $\beta = 1.05k$。输入阻抗为

$$Z_{\text{in}} = \frac{R_\Sigma}{\sin^2\beta h} - \text{j}\bar{Z}_0 \cot\beta h = 50 - \text{j}21.8\ \Omega$$

【8.5】 有两个平行于 z 轴并沿 x 轴方向排列的半波振子,若① $d = \lambda/4$,$\zeta = \pi/2$;② $d = 3\lambda/4$,$\zeta = \pi/2$ 时,试分别求其 E 面和 H 面方向函数,并画出方向图。

解 半波振子的方向函数:$\dfrac{\cos\left(\dfrac{\pi}{2}\cos\theta\right)}{\sin\theta}$;

阵因子:$\cos\left(\dfrac{\psi}{2}\right)$,其中 $\psi = kd\,\sin\theta\,\cos\varphi + \zeta$。

由方向图乘积定理知,二元阵的方向函数等于二者的乘积。

(1) $d = \lambda/4$,$\zeta = \pi/2$

令 $\varphi=0$ 得 E 面方向函数为

$$F_{E}(\theta) = \left| \frac{\cos\left(\frac{\pi}{2}\cos\theta\right)}{\sin\theta} \right| \left| \cos\frac{\pi}{4}(1+\sin\theta) \right|$$

令 $\theta=90°$，则 H 面方向函数为

$$F_{H}(\varphi) = \left| \cos\frac{\pi}{4}(1+\cos\varphi) \right|$$

其 E 面和 H 面方向图如题 8.5 图(a)所示。

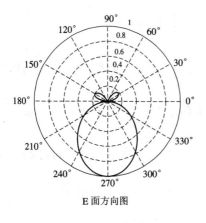

E 面方向图

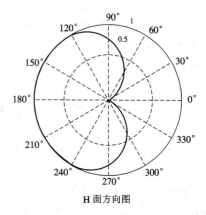

H 面方向图

(a)

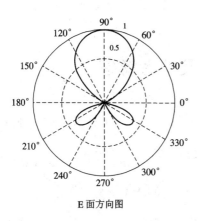

E 面方向图

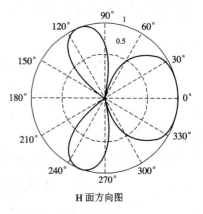

H 面方向图

(b)

题 8.5 图

(2) $d=3\lambda/4$，$\zeta=\pi/2$

令 $\varphi=0$，则 E 面方向函数为

$$F_{E}(\theta) = \left| \frac{\cos\left(\frac{\pi}{2}\cos\theta\right)}{\sin\theta} \right| \left| \cos\frac{\pi}{4}(1+3\sin\theta) \right|$$

令 $\theta=90°$，则 H 面方向函数为

$$F_{H}(\varphi) = \left| \cos\frac{\pi}{4}(1+3\cos\varphi) \right|$$

方向图如题 8.5 图(b)所示。

【8.6】 若将上述两个半波振子沿 y 轴排列，重复上题的计算。

解 半波振子的方向函数：$\dfrac{\cos\left(\dfrac{\pi}{2}\cos\theta\right)}{\sin\theta}$；

阵因子：$\cos\left(\dfrac{\psi}{2}\right)$，其中 $\psi=kd\sin\theta\sin\varphi+\zeta$。

(1) $d=\lambda/4$，$\zeta=\pi/2$

令 $\varphi=90°$，则 E 面方向函数为

$$F_E(\theta)=\left|\frac{\cos\left(\dfrac{\pi}{2}\cos\theta\right)}{\sin\theta}\right|\left|\cos\frac{\pi}{4}(1+\sin\theta)\right|$$

令 $\theta=90°$，则 H 面方向函数为

$$F_H(\varphi)=\left|\cos\frac{\pi}{4}(1+\sin\varphi)\right|$$

方向图如题 8.6 图(a)所示。

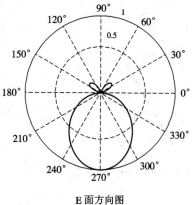
E 面方向图

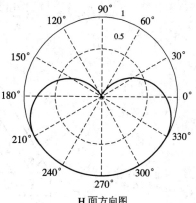
H 面方向图

(a)

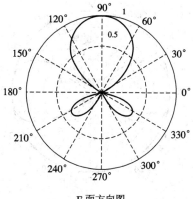
E 面方向图

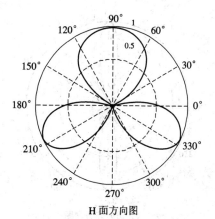
H 面方向图

(b)

题 8.6 图

163

(2) $d = \dfrac{3\lambda}{4}$, $\zeta = \dfrac{\pi}{2}$

令 $\varphi = 90°$，则 E 面方向函数为

$$F_E(\theta) = \left| \frac{\cos\left(\dfrac{\pi}{2}\cos\theta\right)}{\sin\theta} \right| \left| \cos\frac{\pi}{4}(1 + 3\sin\theta) \right|$$

令 $\theta = 90°$，则 H 面方向函数为

$$F_H(\varphi) = \left| \cos\frac{\pi}{4}(1 + 3\sin\varphi) \right|$$

方向图如题 8.6 图(b)所示。

【8.7】 六元均匀直线阵，各元间距为 $\lambda/2$，① 求出天线阵相对于 ψ 的归一化阵方向函数。② 分别画出工作于边射状态和端射状态的方向图，并计算其主瓣半功率波瓣宽度和第一旁瓣电平。

解 ① 如题 8.7 图(a)所示，六元均匀直线阵的归一化方向函数为

$$|A(\psi)| = \frac{1}{6}\left| \frac{\sin 3\psi}{\sin\dfrac{\psi}{2}} \right|, \qquad \psi = kd\cos\varphi + \zeta$$

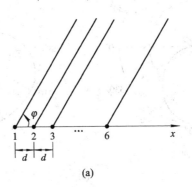

(a)

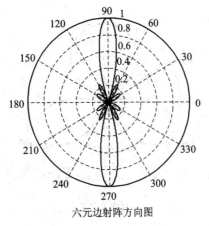

六元边射阵方向图

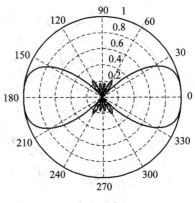

六元端射阵方向图

(b)

题 8.7 图

② $\zeta=0$ 时为边射阵的归一化方向函数，即

$$|A(\psi)| = \frac{1}{6} \left| \frac{\sin(3\pi \cos\varphi)}{\sin\left(\frac{\pi}{2} \cos\varphi\right)} \right|$$

$\zeta=kd=\pi$ 时为端射阵的归一化方向函数，即

$$|A(\psi)| = \frac{1}{6} \left| \frac{\sin 3\pi(\cos\varphi + 1)}{\sin \frac{\pi}{2}(\cos\varphi + 1)} \right|$$

其方向图如题 8.7 图(b)所示。

③ 令

$$|A(\psi)| = \frac{1}{6} \left| \frac{\sin(3\pi \cos\varphi)}{\sin\left(\frac{\pi}{2} \cos\varphi\right)} \right| = \frac{\sqrt{2}}{2}$$

求得边射阵的主瓣半功率波瓣宽度为 $17.2°$，第一个次最大值发生在 $60°$，第一旁瓣的函数值为

$$|A(\psi)| = \frac{1}{6} \left| \frac{\sin(3\pi \cos 60°)}{\sin\left(\frac{\pi}{2} \cos 60°\right)} \right| = \frac{\sqrt{2}}{6}$$

第一旁瓣电平为

$$20 \lg \frac{6}{\sqrt{2}} = 12.6 \text{ dB}$$

同样令

$$|A(\psi)| = \frac{1}{6} \left| \frac{\sin 3\pi(\cos\varphi + 1)}{\sin \frac{\pi}{2}(\cos\varphi + 1)} \right| = \frac{\sqrt{2}}{2}$$

求得端射阵的主瓣半功率波瓣宽度为 $63.4°$，第一个次最大值发生在 $60°$，故第一旁瓣电平为 12.6 dB。

【8.8】 沿 y 轴取向的两等幅馈电的半波振子沿 z 轴排列，其间距和相位分别为：① $d=\lambda/4$，$\zeta=\pi/2$，② $d=\lambda/4$，$\zeta=-\pi/2$，两种情况下半波振子的辐射功率都为 1 W，计算上述两种情况下，在 xOy 平面内 $\varphi=30°$、$r=1$ km 处的场强值。

解 ① 如题 8.8 图所示，沿 z 轴排列的二元半波振子阵的阵因子为

$$\cos \frac{\pi}{4}(1 + \cos\theta)$$

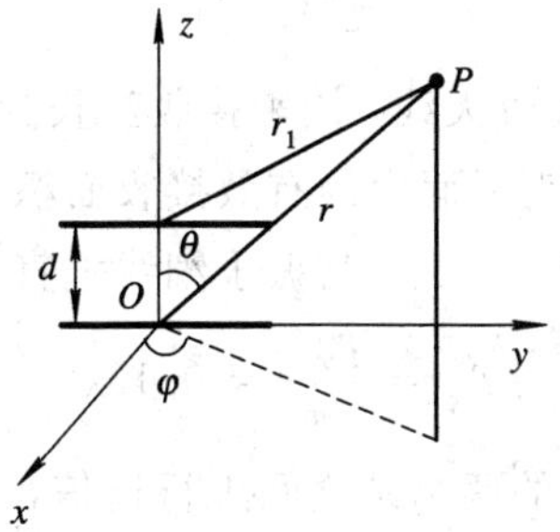

题 8.8 图

而半波振子在 xOy 平面内的方向函数为

$$\frac{\cos\left(\dfrac{\pi}{2}\sin\varphi\right)}{\cos\varphi}$$

所以,此二元阵在 xOy 平面的辐射场表达式为

$$E_\varphi = \text{j}\,\frac{60I_\text{m}}{r}\,\text{e}^{-\text{j}kr}\,\frac{\cos\left(\dfrac{\pi}{2}\sin\varphi\right)}{\cos\varphi}\,2\cos\frac{\pi}{4}$$

半波振子的辐射功率为 1 W,由 $P=\dfrac{1}{2}I_\text{m}^2 R_\Sigma$ 可求得其电流,即

$$I_\text{m} = \sqrt{\frac{2}{R_\Sigma}} = \sqrt{\frac{2}{73.1}} = 0.1654$$

将 $\varphi=30°$、$r=1$ km 和 I_m 代入辐射场表达式得

$$|E_\varphi| = 11.5 \text{ mV/m}$$

② 类似计算得 $|E_\varphi|=11.5$ mV/m。

【8.9】 五元二项式天线阵,其电流振幅比为 1∶4∶6∶4∶1,各元间距为 $\lambda/2$,试
① 画出天线阵方向图。
② 计算其主瓣半功率波瓣宽度,并与相同间距的均匀五元阵比较。

解 五元二项式天线阵的方向函数为

$$F_H(\varphi) = \left|\cos\left(\frac{\pi}{2}\cos\varphi\right)\right|^4$$

① 阵方向图如题 8.9 图所示。

② $2\varphi_{0.5}=30.3°$。

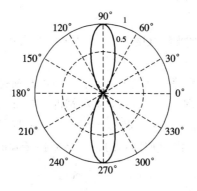

题 8.9 图

【8.10】 设以半波振子为接收天线,用来接收波长为 λ、极化方向与振子平行的线极化平面波,试求其与振子细线垂直平面内的有效接收面积。

解 半波振子的方向系数 $D=1.64$,与振子细线垂直平面内的有效接收面积为

$$A_\text{e} = \frac{D\lambda^2}{4\pi} = 0.13\lambda^2$$

【8.11】 设在相距 1.5 km 的两个站之间进行通信,每站均以半波振子为天线,工作频率为 300 MHz。若一个站发射的功率为 100 W,则另一个站的匹配负载中能收到多少

功率?

解 设匹配负载吸收的平均功率为 $P_{L\max}$，则接收天线的有效接收面积为

$$A_{e收} = \frac{P_{L\max}}{S_{av}}$$

其中，S_{av} 为发射天线的功率流密度，即

$$S_{av} = \frac{P_发}{4\pi r^2} D_发$$

所以

$$\frac{P_{L\max}}{P_发} = \frac{A_{e收}}{4\pi r^2} D_发$$

而

$$A_{e收} = \frac{D_收 \lambda^2}{4\pi} = 0.13\lambda^2$$

因而

$$P_{L\max} = \frac{D_收 D_发 \lambda^2}{(4\pi r)^2} P_发 = 0.76 \ \mu W$$

【8.12】 直立振子的高度 $h=10$ m，当工作波长 $\lambda=300$ m 时，求它的有效高度以及归于波腹电流的辐射电阻。

解
$$I_m h_{em} = \int_0^h I(z)\mathrm{d}z = \int_0^h I_m \sin\beta(h-z)\mathrm{d}z = \frac{2I_m}{\beta} \sin^2 \frac{\beta h}{2}$$

归于波腹电流的有效高度为

$$h_{em} = \frac{2}{\beta} \sin^2 \frac{\beta h}{2} \approx 1 \text{ m}$$

由于 $h/\lambda=1/30<0.1$，用近似公式：$R_\Sigma=10(\beta h)^4=0.0192 \ \Omega$。

【8.13】 直立接地振子的高度 $h=40$ m，工作波长 $\lambda=600$ m、振子的直径 $2a=15$ mm 时，求振子的输入阻抗；在归于输入电流的损耗电阻 $R_1=5 \ \Omega$ 的条件下，求振子的效率。

解 输入阻抗

$$Z_{in} = \frac{R_\Sigma}{\sin^2\beta h} - j\overline{Z}_0 \cot\beta h$$

由于 $h/\lambda=1/15<0.1$，$R_\Sigma=10(\beta h)^4=0.308 \ \Omega$，得等效特性阻抗为

$$\overline{Z}_0 = 60\left(\ln\frac{h}{a} - 1\right) = 455 \ \Omega$$

忽略波长缩短效应，即

$$\beta = k = \frac{2\pi}{\lambda}$$

将上述各量代入输入阻抗公式得：$Z_{in}=1.86-j1022 \ \Omega$。

由于直立振子的损耗较大，即需考虑损耗电阻，因此用上述方法计算得到的电阻部分需按下式修正：

$$R_{in} = \frac{R_\Sigma}{\sin^2\beta h} + R_1 = 6.86 \ \Omega$$

其效率为

$$\eta_A = \frac{P_\Sigma}{P_{in}} = \frac{R_\Sigma / \sin^2 \beta h}{R_{in}} \approx 0.27$$

【8.14】 已知 T 形天线的水平部分长度为 100 m、特性阻抗为 346 Ω，垂直部分长度为 100 m、特性阻抗为 388 Ω，其工作波长 $\lambda = 600$ m，求天线的有效高度与辐射电阻。

解 T 形天线的水平部分折合为垂直线段的延长线 h'（如题 8.14 图所示），已知垂直部分的特性阻抗 $Z_{0c} = 388$ Ω，水平部分的特性阻抗为 $Z_{0h} = 346$ Ω，则折合长度 h' 为

$$h' = \frac{1}{\beta} \arctan \left(\frac{2Z_{0c}}{Z_{0h}} \tan \beta h_2 \right) = 87.2 \text{ m}$$

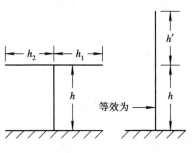

题 8.14 图

T 形天线的虚高为

$$h_0 = h + h' = 187 \text{ m}$$

归于输入电流的有效高度为

$$h_{ein} = \frac{1}{I_0} \int_0^h I(z) \mathrm{d}z = \frac{1}{\sin \beta h_0} \int_0^h \sin \beta (h_0 - z) \mathrm{d}z = 102.2 \text{ m}$$

辐射电阻为

$$R_\Sigma = 30 \int_0^\pi \frac{\cos \beta h' \cos(\beta h \cos \theta) - \sin \beta h' \sin(\beta h \cos \theta) - \cos \beta (h + h')}{[\cos \beta h' - \cos \beta (h + h')]^2 \sin \theta} \mathrm{d}\theta$$

数值计算结果是 $R_\Sigma = 37.6$ Ω。

【8.15】 一架设在地面上的水平振子天线，工作波长 $\lambda = 40$ m，若要在垂直于天线的平面内获得最大辐射仰角 $\delta = 30°$，试计算该天线应架设多高？

解 垂直于天线平面内的方向函数为

$$\sin(kH \sin \delta)$$

当 $\delta = 30°$ 时，辐射最大，即

$$\sin(kH \sin 30°) = 1$$

因而天线的架设高度为

$$H = \frac{\lambda}{2} = 20 \text{ m}$$

【8.16】 一个七元引向天线，反射器与有源振子的间距为 0.15λ，各引向器等间距排列，且间距为 0.2λ，试估算其方向系数。

解 在工程上，多元引向天线的方向系数可用下式估算：

$$D_\delta = K_1 \frac{L_a}{\lambda}$$

式中，L_a 为引向天线的总长度，$L_a = 0.15\lambda + 0.2\lambda \times 5 = 1.15\lambda$；$K_1$ 为比例常数，查教材中图 8 - 33 得 $K_1 = 9.4$，所以 $D_\delta = 10.8$。

【8.17】 设长度为 L 的行波天线上，电流分布为 $I(z) = I_0 e^{-j\beta z}$，试求其方向函数，并画出 $L = \lambda$，5λ 的方向图。

解 长度为 L，电流为 $I(z) = I_0 e^{-j\beta z}$ 的方向函数为

$$F(\theta) = \frac{\sin\theta \, \sin\left[\dfrac{\beta L}{2}(1 - \cos\theta)\right]}{1 - \cos\theta}$$

① $L = \lambda$ 时，有

$$F(\theta) = \frac{\sin\theta \, \sin\left[\pi(1 - \cos\theta)\right]}{1 - \cos\theta}$$

② $L = 5\lambda$ 时，有

$$F(\theta) = \frac{\sin\theta \, \sin\left[5\pi(1 - \cos\theta)\right]}{1 - \cos\theta}$$

方向图如题 8.17 图所示。

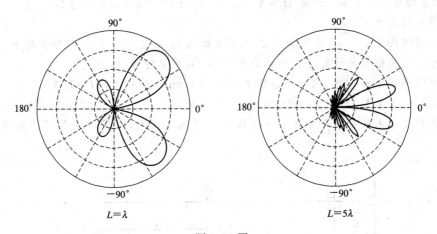

$L = \lambda$ $L = 5\lambda$

题 8.17 图

【8.19】 N 匝、直径为 $2b$、螺距为 s 的法向模螺旋天线，其中 $2b$ 和 s 均远小于 λ/N，且螺旋天线辐射圆极化波，求：

① 增益系数和方向系数。

② 辐射电阻。

解 N 匝、直径为 $2b$、螺距为 s 的法向模螺旋天线的辐射场为

$$\boldsymbol{E} = \frac{N\omega\mu_0 I}{4\pi}(\boldsymbol{a}_\theta js + \boldsymbol{a}_\varphi \beta\pi b^2) \, \sin\theta$$

对于圆极化有

$$s = \beta\pi b^2$$

其辐射功率为

$$P_\Sigma = \frac{1}{240\pi} \iint r^2 \, |\,E\,|^2 \, \sin\theta \, \mathrm{d}\theta \, \mathrm{d}\varphi$$

辐射电阻为

增益系数为

$$R_\Sigma = \frac{2P_\Sigma}{I^2} = 40N^2\pi^2\left(\frac{2\pi b}{\lambda}\right)^2$$

$$G = \frac{4\pi F^2(\theta,\varphi)}{\int_0^{2\pi}\int_0^{\pi} F^2(\theta,\varphi)\,\sin\theta\,\mathrm{d}\theta\,\mathrm{d}\varphi} = 3\,\sin^2\theta$$

方向系数为

$$D = 3$$

8.5 练 习 题

1. 一无方向性天线，辐射功率为 $100\ \mathrm{W}$，计算 $r=10\ \mathrm{km}$ 处的 M 点的辐射场强值。若改用方向系数 $D=100$ 的强方向性天线，其最大辐射方向对准点 M，再求 M 点处的场强。
（答案：$7.75\ \mathrm{mV/m}$，$77.5\ \mathrm{mV/m}$）

2. 两个沿 x 轴取向的半波振子，它们的电流大小相等，相位相同，间距 $d=\lambda/2$，两个振子的辐射功率均为 $1\ \mathrm{W}$，计算 yOz 平面内 $\theta=60°$、$r=1\ \mathrm{km}$ 处的场强值。
（答案：$11.3\ \mathrm{mV/m}$）

3. 当对称振子全长 $2h$ 分别为 $\lambda/2$、1.25λ 和 1.5λ 及 2λ 时，画出 E 面方向图。

4. 水平半波振子离地面的高度为 $H=3\lambda/4$，画出其铅垂面方向图。

5. 对称振子全长 $2h=1.2\ \mathrm{m}$，导线半径 $a=10\ \mathrm{mm}$，工作频率 $f=120\ \mathrm{MHz}$，试近似计算其输入阻抗。（答案：$65-\mathrm{j}1.1\ \Omega$）

6. 画出习题图 8.1 中两种情况下的 E 面和 H 面方向图，设两半波振子等幅馈电。

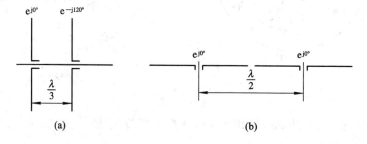

(a)   (b)

习题图 8.1

7. 写出 N 个无方向性点源排列成一个线阵的场强表达式。设元间距为 d，各元等幅馈电但相位依次滞后 ζ。$\left[\text{答案：}E=\mathrm{j}\dfrac{60I_\mathrm{m}}{rN}\mathrm{e}^{-\mathrm{j}kr}\dfrac{\sin\left(N\dfrac{kd\,\sin\theta\,\cos\varphi+\zeta}{2}\right)}{\sin\left(\dfrac{kd\,\sin\theta\,\cos\varphi+\zeta}{2}\right)}\right]$

8. 一引向天线，反射器与主振子的间距为 0.15λ，五个引向器等间距排列，间距为 0.23λ，估算其主瓣宽度与方向系数。（答案：$43°$，11.7）

9. 为什么引向天线的主振子通常要采用折合振子的形式？试说明其工作原理。

10. 对称振子一臂之长 $h=0.2\lambda$，0.3λ，0.4λ，查出三种情况下的辐射电阻（归于波腹电流）。若归于输入电流，其值又如何？（设波长缩短系数都为 $n_1=1.04$）。
（答案：$35\ \Omega$，$120\ \Omega$，$200\ \Omega$ 和 $37.6\ \Omega$，$140\ \Omega$，$788\ \Omega$）

11. 简要说明微带天线的工作原理。

12. 设长度为 L 的行波天线上，电流分布为 $I(z) = I_0 e^{-j\beta z}$，试求其方向函数，并画出 $L = 3\lambda$ 的方向图。

$$\left[答案：F(\theta) = \frac{\sin\theta \, \sin\left[\frac{\beta L}{2}(1-\cos\theta)\right]}{1-\cos\theta} \right]$$

第9章 面 天 线

9.1 基本概念和公式

9.1.1 面天线的定义

电流分布在天线体的金属表面，且口径尺寸远大于工作波长的天线称为面天线。面天线常用在无线电频谱的高频端，特别是微波波段。

9.1.2 惠更斯元的辐射

1. 惠更斯元的辐射场

惠更斯元是分析面天线的基本辐射单元。设平面口径上的一个惠更斯元如图 9-1 所示，其面元 $dS = dxdy$，若面元上的切向电场为 E_y，切向磁场为 H_x，则惠更斯元的辐射场为

$$d\boldsymbol{E} = j\frac{E_y dS}{2\lambda r}e^{-jkr}\left[\boldsymbol{a}_\theta \sin\varphi(1+\cos\theta) + \boldsymbol{a}_\varphi \cos\varphi(1+\cos\theta)\right] \qquad (9-1-1)$$

惠更斯元在 E 面和 H 面的辐射场可统一表达为

$$dE = j\frac{E_y dS}{2\lambda r}e^{-jkr}(1+\cos\theta) \qquad (9-1-2)$$

惠更斯元的方向函数为

$$|F(\theta)| = \left|\frac{1}{2}(1+\cos\theta)\right| \qquad (9-1-3)$$

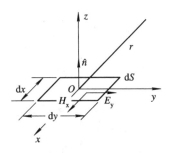

图 9-1 惠更斯元

2. 结论

惠更斯元具有单向辐射特性，且其最大辐射方向在 $\theta = 0°$ 方向上，即最大辐射方向与面

元相垂直。其方向图如图 9 - 2 所示。

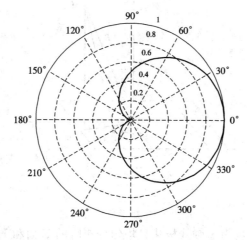

图 9 - 2 惠更斯元的方向图

9.1.3 平面口径的辐射

1. 平面口径的辐射

设平面口径 S 位于 xOy 平面上（见图 9 - 3），坐标原点到观察点 M 的距离为 R，面元 dS 到观察点 M 的距离为 r，口径面在远处辐射场的一般表达式为

$$E_M = \mathrm{j}\,\frac{\mathrm{e}^{-\mathrm{j}kR}}{R\lambda}\,\frac{1+\cos\theta}{2}\iint_S E_y\,\mathrm{e}^{\mathrm{j}k(x_S\sin\theta\cos\varphi + y_S\sin\theta\sin\varphi)}\,\mathrm{d}S \qquad (9-1-4)$$

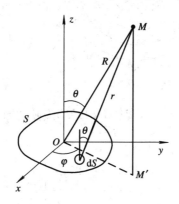

图 9 - 3 平面口径的辐射

2. S 为矩形口径时辐射场的特性

设矩形口径（见图 9 - 4）的尺寸为 $D_1 \times D_2$。

1）口径场沿 y 轴线极化且均匀分布（即 $E_y = E_0$）

E 平面和 H 平面的方向函数分别为

$$|F_E(\theta)| = \left|\frac{\sin(kD_2\,\sin\theta/2)}{kD_2\,\sin\theta/2}\right|\left|\frac{1+\cos\theta}{2}\right| \qquad (9-1-5)$$

$$|F_H(\theta)| = \left|\frac{\sin(kD_1\,\sin\theta/2)}{kD_1\,\sin\theta/2}\right|\left|\frac{1+\cos\theta}{2}\right| \qquad (9-1-6)$$

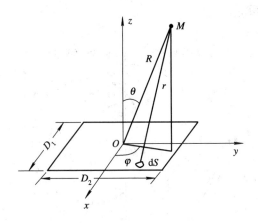

图 9-4　矩形口径的辐射

图 9-5 为矩形口径场沿 y 轴线极化且均匀分布时的 E 面和 H 面方向图,其最大辐射方向在 $\theta=0°$ 方向上,且当 D_1/λ 和 D_2/λ 都较大时,辐射场的能量主要集中在 z 轴附近较小的 θ 角范围内。因此在分析主瓣特性时可认为 $(1+\cos\theta)/2 \approx 1$。

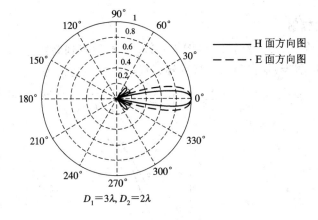

$$D_1 = 3\lambda,\ D_2 = 2\lambda$$

图 9-5　矩形口径场均匀分布时的方向图

① 主瓣宽度和旁瓣电平为

$$\left.\begin{aligned} 2\theta_{0.5E} &= 51° \frac{\lambda}{D_2} \\ 2\theta_{0.5H} &= 51° \frac{\lambda}{D_1} \end{aligned}\right\} \tag{9-1-7}$$

E 面和 H 面的第一旁瓣电平为

$$20\ \lg 0.214 = -13.2\ \text{dB} \tag{9-1-8}$$

② 方向系数为

$$D = 4\pi \frac{S}{\lambda^2} \tag{9-1-9}$$

2)口径场沿 y 轴线极化且振幅沿 x 轴余弦分布

$$E_y = E_0 \cos\frac{\pi x_S}{D_1} \tag{9-1-10}$$

E 面和 H 面方向函数分别为

$$|\ F_{\text{E}}(\theta)\ | = \left|\frac{\sin(kD_2\ \sin\theta/2)}{kD_2\ \sin\theta/2}\right| \left|\frac{1+\cos\theta}{2}\right| \qquad (9-1-11)$$

$$|\ F_{\text{H}}(\theta)\ | = \left|\frac{\cos(kD_1\ \sin\theta/2)}{1-(kD_1\ \sin\theta/2)^2}\right| \left|\frac{1+\cos\theta}{2}\right| \qquad (9-1-12)$$

① 主瓣宽度和旁瓣电平为

$$\left.\begin{aligned} 2\theta_{0.5\text{E}} &= 51°\frac{\lambda}{D_2} \\[2mm] 2\theta_{0.5\text{H}} &= 68°\frac{\lambda}{D_1} \end{aligned}\right\} \qquad (9-1-13)$$

E 面第一旁瓣电平为

$$20\ \lg 0.214 = -13.2\ \text{dB} \qquad (9-1-14)$$

H 面第一旁瓣电平为

$$20\ \lg 0.071 = -23\ \text{dB} \qquad (9-1-15)$$

② 方向系数为

$$D = 4\pi\frac{S}{\lambda^2}\cdot\frac{8}{\pi^2} = 4\pi\frac{S}{\lambda^2}\upsilon \qquad (9-1-16)$$

其中，υ 为口径利用因数，此时 $\upsilon=0.81$，而均匀分布时 $\upsilon=1$。

3. S 为圆形口径时的辐射特性

1) 口径场沿 y 轴线极化且在半径为 a 的圆面上(见图 9-6)均匀分布(即 $E_y = E_0$)

两主平面的方向函数为

$$|\ F_{\text{E}}(\theta)\ | = |\ F_{\text{H}}(\theta)\ | = \left|\frac{2J_1(ka\ \sin\theta)}{ka\ \sin\theta}\right| \left|\frac{1+\cos\theta}{2}\right| \qquad (9-1-17)$$

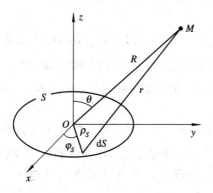

图 9-6   圆形口径时的辐射特性

① 主瓣宽度为

$$2\theta_{0.5\text{E}} = 2\theta_{0.5\text{H}} = 61°\frac{\lambda}{2a} \qquad (9-1-18)$$

② 第一旁瓣电平为

$$20\ \lg 0.132 = -17.6\ \text{dB} \qquad (9-1-19)$$

③ 方向系数为

$$D = 4\pi \frac{S}{\lambda^2} \qquad (9-1-20)$$

2) 口径场沿 y 轴线极化且振幅沿半径方向呈锥削分布

$$E_y = E_0 \left[1 - \left(\frac{\rho_S}{a} \right)^2 \right]^m \qquad (9-1-21)$$

式中，$m=0,1,2,\cdots$。m 越大，意味着锥削越严重即分布越不均匀，$m=0$ 对应于均匀分布。

锥削分布时的方向函数为

$$|F_{\mathrm{E}}(\theta)| = |F_{\mathrm{H}}(\theta)| = |\Delta_{m+1}(ka \, \sin\theta)| \left| \frac{1+\cos\theta}{2} \right| \qquad (9-1-22)$$

其中

$$\Delta_{m+1}(ka \, \sin\theta) = \frac{1}{\pi a^2} \int_0^a J_m(k\rho \, \sin\theta) \, \rho^{m+1} \, \mathrm{d}\rho$$

4. 结论

平面不同口径场分布时的方向图如图 9-7 所示。

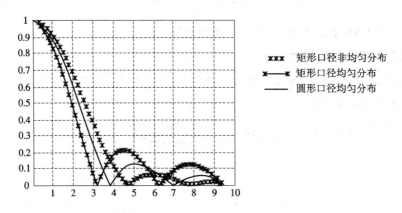

图 9-7　口径辐射 H 平面方向函数曲线

① 平面口径的最大辐射方向在口径平面的法线方向（即 $\theta=0°$）上。这是因为在此方向上，平面口径上所有惠更斯元到观察点的波程相位差为零，与同相离散天线阵的情况是一样的。

② 平面口径辐射的主瓣宽度、旁瓣电平和口径利用因数均取决于口径场的分布情况。口径场分布越均匀，主瓣越窄，旁瓣电平越高，口径利用因数越大。

③ 在口径场分布一定的情况下，平面口径电尺寸越大，主瓣越窄，口径利用因数越大。

5. 口径场不同相时对辐射的影响

① 直线律相移：当平面电磁波倾斜投射于平面口径时，在口径上形成线性相位相移。口径场相位沿 x 轴有直线律相移时，方向图形状并不发生变化，但整个方向图发生了平移，且相位偏移 β_m 越大，方向图平移越大。

② 平方律相移：当球面波或柱面波垂直投射于平面口径上时，口径平面上就形成相位

近似按平方律分布的口径场。设在矩形口径上沿 x 轴有平方律相位偏移，方向图主瓣位置不变，但主瓣宽度增大、旁瓣电平升高。当相位最大偏移 $\beta_m = \frac{\pi}{2}$ 时，旁瓣与主瓣混在一起；当 $\beta_m = 2\pi$ 时，峰值下陷，主瓣呈马鞍形方向性大大恶化，如图 9-8 所示。因而在面天线的设计、加工及装配中，应尽可能减小口径上的平方律相移。

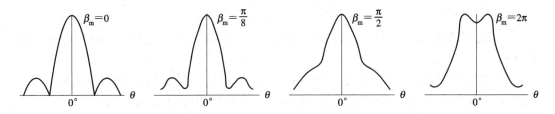

图 9-8　矩形口径平方律相位偏移 β_m 时的 H 平面方向图

9.1.4　旋转抛物面天线

1. 旋转抛物面天线的结构

旋转抛物面天线是由两部分组成的，其一是抛物线绕其焦轴旋转而成的抛物反射面；其二是置于抛物面焦点的馈源，如图 9-9 所示。

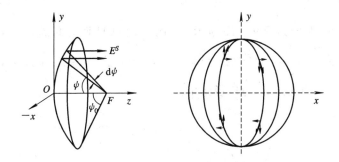

图 9-9　抛物面天线口径场分布示意图

设 $D_0 = 2a$ 为抛物面口径的直径，ψ_0 为抛物面口径的张角，则两者的关系为

$$\frac{f}{D_0} = 4 \tan \frac{\psi_0}{2} \tag{9-1-23}$$

抛物面的形状可用焦距与直径比或口径张角的大小来表征，实用抛物面的焦距直径比一般为 $0.25 \sim 0.5$。

2. 抛物面天线的工作原理

置于抛物面焦点的馈源将高频导波能量转变成电磁波能量并投向抛物反射面，如果馈源辐射理想的球面波，而且抛物面口径尺寸为无限大时，则抛物面就把球面波变为理想平面波，能量沿 z 轴正方向传播，其它方向的辐射为零，从而获得很强的方向性。但实际上抛物面天线的波束不可能是波瓣宽度趋于零的理想波束，而是一个与抛物面口径尺寸及馈源方向图有关的窄波束。

3. 抛物面天线的辐射特性

1）口径场分布

设馈源的辐射功率为 P_Σ，方向函数为 $D_f(\psi)$，则口径场的表达式为

$$|E^s| = \frac{\sqrt{60 P_\Sigma D_f(\psi)}}{\rho} \qquad (9-1-24)$$

因此口径场分布有如下特点：

① 即使馈源是一个无方向性的点源，即 $D_f(\psi)=$ 常数，E^s 随 ψ 的增大仍按 $1/\rho$ 规律逐渐减小。

② 通常，馈源的辐射也是随 ψ 的增大而减弱，考虑两方面的原因，口径场的大小由口径沿径向 ρ 逐渐减小，越靠近口径边缘，场越弱，但各点的场的相位都相同。

2）口径场的极化

口径场是辐射场，是横电磁波，所以场矢量必然与 z 轴垂直，即在口径上一般有 x 和 y 两个极化分量。对于焦距直径比较大的天线来说，口径场的 y 分量称为口径场的主极化分量，而把 x 分量称为口径场的交叉极化分量。口径场的主极化分量在四个象限内都具有相同的方向，而交叉极化分量在四个象限的对称位置上大小相等、方向相反。因此口径场的交叉极化分量在 z 轴、E 面和 H 面内的辐射相互抵消，对方向图没有贡献，如图 9 - 9 (b) 所示。也就是说，只有主极化分量对抛物面天线的 E 面和 H 面的辐射场有贡献。

3）方向函数

抛物面天线的辐射场如图 9 - 10 所示，它的 E 面和 H 面方向函数相同，表示如下

$$F(\theta) = \int_0^{\psi_0} \sqrt{D_f(\psi)} \tan \frac{\psi}{2} J_0 \left(ka \cot \frac{\psi_0}{2} \tan \frac{\psi}{2} \sin\theta \right) \mathrm{d}\psi \qquad (9-1-25)$$

其中，a 为抛物面口径半径，ψ_0 为口径张角。

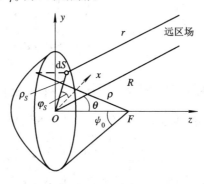

图 9 - 10　抛物面天线的辐射特性

抛物面方向图具有如下特点：

① 一般情况下，馈源的方向图越宽及口径张角越小，口径场就越均匀，因而抛物面方向图的主瓣越窄、旁瓣电平越高。

② 旁瓣电平，除了直接与口径场分布的均匀程度有关外，馈源在 $\psi > \psi_0$ 以外的漏辐射也是旁瓣的部分，漏辐射越强，则旁瓣电平越高。

③ 反射面边缘电流的绕射、馈源的反射、交叉极化等都会影响旁瓣电平。

对于大多数抛物面天线，主瓣宽度在如下范围内：

$$2\theta_{0.5} = K \frac{\lambda}{2a} \quad (K = 65° \sim 80°) \tag{9-1-26}$$

- 如果口径场分布较均匀，系数 K 应取少一些，反之取大一些。
- 当口径边缘场比中心场约低 11 dB 时，系数 K 可取为 70°。

4）方向系数与最佳照射

① 口径利用系数为

$$\upsilon = \cot^2 \frac{\psi_0}{2} \frac{\left| \int_0^{\psi_0} \sqrt{D_f(\psi)} \tan \frac{\psi}{2} \, \mathrm{d}\psi \right|^2}{\frac{1}{2} \int_0^{\psi_0} D_f(\psi) \sin\psi \, \mathrm{d}\psi} \tag{9-1-27}$$

② 口径截获系数为

$$\upsilon_1 = \frac{1}{2} \int_0^{\psi_0} D_f(\psi) \sin\psi \, \mathrm{d}\psi \tag{9-1-28}$$

③ 方向系数为

$$D = \frac{4\pi S}{\lambda^2} \upsilon \upsilon_1 = \frac{4\pi S}{\lambda^2} g \tag{9-1-29}$$

式中，$g = \upsilon\upsilon_1 \leqslant 1$，称为方向系数因数，且有

$$g = \cot^2 \frac{\psi_0}{2} \left| \int_0^{\psi_0} \sqrt{D_f(\psi)} \tan \frac{\psi}{2} \, \mathrm{d}\psi \right|^2 \tag{9-1-30}$$

结论如下：

① 张角 ψ_0 一定时，馈源方向函数 $D_f(\psi)$ 变化越快，方向图越窄，则口径场分布越不均匀，口径利用因数 υ 越低，而口径截获因数 υ_1 越高。

② 馈源方向函数 $D_f(\psi)$ 一定时，张角 ψ_0 越大，则口径场分布越不均匀，口径利用因数 υ 越低，口径截获因数 υ_1 越高。

③ 口径利用因数 υ 和口径截获因数 υ_1 是两个相互矛盾的因素。因此，对于一定的馈源方向函数，必对应着一个最佳张角 ψ_{opt}，此时 $g = \upsilon\upsilon_1$ 最大，即方向系数最大。ψ_{opt} 称为最佳张角，此时馈源对抛物面的照射称为最佳照射。一般最佳照射时 $g = 0.83$，且抛物面口径边缘处的场强比中心处低 11 dB。

4. 馈源

1）基本要求

① 馈源方向图与抛物面张角配合，使天线方向系数最大。尽可能减少绕过抛物面边缘的能量漏失。方向图接近圆对称，最好没有旁瓣和后瓣。

② 具有确定的相位中心，这样才能保证相位中心与焦点重合时，抛物面口径为同相场。

③ 尺寸应尽可能小一些，以减少对口径的遮挡。

④ 具有一定的带宽，因为天线带宽主要取决于馈源系统的带宽。

2）馈源的选择

① 波导辐射器由于传输波形的限制，口径不大，方向图波瓣较宽，适用于短焦距抛物面天线。

② 长焦距抛物面天线的口径张角较小，为了获得最佳照射，馈源方向图应较窄，即要

求馈源口径较大，一般采用小张角口径喇叭。

③ 在某些情况下，要求天线辐射或接收圆极化电磁波（如雷达搜索或跟踪目标），这就要求馈源为圆极化的，像螺旋天线等。

④ 有时要求天线是宽频带的，此时应采用宽频带馈源，如平面螺旋天线、对数周期天线等。

5．抛物面天线的偏焦特性及其应用

1）偏焦特性

① 使馈源沿垂直于抛物面轴线的方向运动，即产生横向偏焦。

② 使馈源沿抛物面轴线方向往返运动，即产生纵向偏焦。

③ 无论是横向偏焦还是纵向偏焦，它们都导致抛物面口径场相位偏焦。如果横向偏焦不大时，抛物面口径场相位偏焦接近于线性相位偏移，它导致主瓣最大值偏离轴向，而方向图形状几乎不变；纵向偏焦引起口径场相位偏差是对称的，因此方向图也是对称的。

2）应用

① 利用一种传动装置，使馈源沿垂直于抛物面轴线方向连续运动，即可实现波瓣扫描。

② 在抛物面天线的焦点附近放置多个馈源，可形成多波束用来发现和跟踪多个目标。

③ 纵向偏焦较大时，方向图波瓣变得很宽，这样，一部天线可以兼作搜索和跟踪之用。大尺寸偏焦时用于搜索，正焦时用于跟踪。

9.1.5 卡塞格伦天线

1．卡塞格伦天线的构成及特点

卡塞格伦天线是由主反射面、副反射面和馈源三部分组成的。与单反射面天线相比，它具有下列优点：

① 由于天线有两个反射面，几何参数增多，便于按照各种需要灵活地进行设计。

② 可以采用短焦距抛物面天线作主反射面以减小天线的纵向尺寸。

③ 由于采用了副反射面，馈源可以安装在抛物面顶点附近，使馈源和接收机之间的传输线缩短了，从而减小了传输线损耗所造成的噪声。

2．卡塞格伦天线的工作原理——等效抛物面原理

卡塞格伦天线可以用一个口径尺寸和场分布与原抛物面相同，但焦距放大了 A 倍的旋转抛物面天线来等效，如图 9 - 11 所示。因此，卡塞格伦天线的工作原理与旋转抛物面天线的工作原理相同。

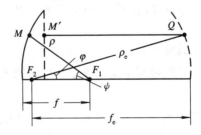

图 9 - 11 卡塞格伦天线的工作原理

应当指出，由于这种等效方法是由几何光学定律得到的，而微波频率远低于光频，因此这种等效只能是近似的。尽管如此，在一般情况下，用它来估算卡塞格伦天线的一些主要性质还是非常有效的。

9.2　典型例题分析

【例 1】　有一位于 xOy 平面上的正方形口径，工作波长为 $3\,\mathrm{cm}$，E 面半功率波瓣宽度 $2\theta_{0.5}=10°$，口径场分布沿 y 轴方向线极化，其表达式为 $f(x)=1-|2x|/a$，其中 a 为正方形边长，如图 9 - 12 所示，$|x|\leqslant a/2$。试求：

①　H 面半功率波瓣宽度。

②　H 面方向图第一旁瓣电平。

③　口径利用因数和天线的增益。

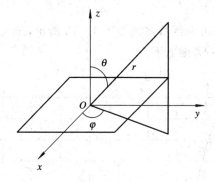

图 9 - 12

解　由于口径场只是 x 的函数，或者说电场沿 y 轴方向均匀分布，所以 $\varphi=90°$ 的平面即 E 面方向函数与口径场均匀分布时相同，因此 E 面方向图半功率波瓣宽度应由下式给出

$$2\theta_{0.5E}=51°\frac{\lambda}{a}$$

由 E 面半功率波瓣宽度 $2\theta_{0.5}=10°$ 求得正方形的边长，即

$$a=\frac{51}{10}\lambda=5.1\times3=15.3\ \mathrm{cm}$$

根据远区场表达式，即教材中式 (9 - 2 - 5)，得

$$E_M=\mathrm{j}\,\frac{\mathrm{e}^{-\mathrm{j}kr}}{r\lambda}\,\frac{1+\cos\theta}{2}\iint_S E_y\,\mathrm{e}^{\mathrm{j}k(x_S\sin\theta\cos\varphi+y_S\sin\theta\sin\varphi)}\,\mathrm{d}S$$

其中，$E_y=1-\dfrac{|2x_S|}{a}$，$\mathrm{d}S=\mathrm{d}x_S\mathrm{d}y_S$。

将 $\varphi=0°$（H 平面）代入上式得

$$E_H=\mathrm{j}\,\frac{\mathrm{e}^{-\mathrm{j}kr}}{r\lambda}\cdot\frac{1+\cos\theta}{2}\int_{-a/2}^{a/2}\left(1-\left|\frac{2x_S}{a}\right|\right)\mathrm{e}^{\mathrm{j}kx_S\sin\theta}\,\mathrm{d}x_S\int_{-a/2}^{a/2}\mathrm{d}y_S$$

$$=\mathrm{j}\,\frac{\mathrm{e}^{-\mathrm{j}kr}}{r\lambda}\cdot\frac{1+\cos\theta}{2}a\int_0^{a/2}\left(1-\frac{2}{a}x_S\right)(\mathrm{e}^{\mathrm{j}kx_S\sin\theta}+\mathrm{e}^{-\mathrm{j}kx_S\sin\theta})\,\mathrm{d}x_S$$

最后积分得

$$E_H = A \cdot S \cdot \frac{1}{2} \left| \frac{\sin\psi/2}{\psi/2} \right|^2$$

其中，$A = j \dfrac{e^{-jkr}}{\lambda r} \cdot \dfrac{1+\cos\theta}{2}$；$S = a^2$ 为口径面积；$\psi = \dfrac{ka\ \sin\theta}{2}$。

此天线的 H 面方向函数为

$$|F_H(\theta)| = \left| \frac{\sin\left(\dfrac{ka\ \sin\theta}{4}\right)}{\dfrac{ka\ \sin\theta}{4}} \right|^2 \cdot \left| \frac{1+\cos\theta}{2} \right|$$

由 $\left| \dfrac{\sin\left(\dfrac{ka\ \sin\theta}{4}\right)}{\dfrac{ka\ \sin\theta}{4}} \right|^2 = \dfrac{1}{\sqrt{2}}$ 求得 H 面主瓣半功率波瓣宽度为

$$2\theta_{0.5H} = 73° \frac{\lambda}{a} = 14.3°$$

或者由 MATLAB 画出 H 面方向函数曲线如图 9 - 13 所示，查此曲线即可求得半功率波瓣宽度。同样，查此曲线得第一旁瓣电平为

$$20\ \lg 0.05 = -26\ dB$$

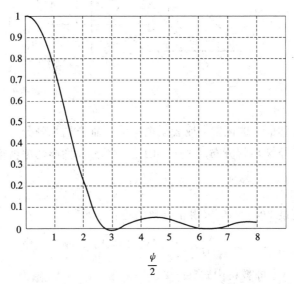

图 9 - 13

将 $|E_{max}| = \dfrac{S}{2R\lambda}$ 及 $P_\Sigma = \dfrac{1}{2\eta} \displaystyle\int_{-a/2}^{a/2} \left(1 - \left|\frac{2x_S}{a}\right|\right)^2 dx_S \int_{-a/2}^{a/2} dy_S = \dfrac{S}{720\pi}$ 代入教材式

(9 - 2 - 12)得方向系数为

$$D = 4\pi \frac{S}{\lambda^2} \cdot \frac{3}{4}$$

所以口径利用系数为

$$\upsilon = 0.75$$

由于面天线的效率很高,可近似等于1,所以天线的增益等于方向系数,即

$$G = D = 4\pi \frac{15.3^2}{3^2} \cdot \frac{3}{4} \approx 245$$

【例2】 有一位于 xOy 平面上的正方形口径,工作波长为 3 cm,E 面半功率波瓣宽度 $2\theta_{0.5} = 10°$,口径场分布沿 y 轴方向线极化,其表达式为 $f(x) = 1$。试求:

① H 面半功率波瓣宽度。

② H 面方向图第一旁瓣电平。

③ 口径利用因数和天线的增益。

④ 将①②③结果与【例1】的结果比较。

解 由题意可知,口径场为沿 x 轴和 y 轴方向都是均匀分布且尺寸相同,因此 E 平面和 H 平面的方向函数完全相同,或者说方向图完全相同,当然半功率波瓣宽度也相同,所以 H 面半功率波瓣宽度为

$$2\theta_{0.5H} = 2\theta_{0.5E} = 51° \frac{\lambda}{a} = 10°$$

H 面方向图第一旁瓣电平可以通过查教材中图 9 - 7 曲线得

$$20 \lg_{10} 0.214 = -13.2 \text{ dB}$$

其方向系数由教材中式(9 - 2 - 13)求得,即

$$D = 4\pi \frac{S}{\lambda^2} = 4\pi \frac{a^2}{\lambda^2} \approx 327$$

天线的口径利用因数 $\upsilon = 1$。

比较【例1】、【例2】两题的结果可见:口径不均匀分布比均匀分布时的主瓣半功率宽度展宽,旁瓣电平降低,口径利用因数降低,天线增益减小。

【例3】 设口径直径为 2 m 的抛物面天线,工作波长为 $\lambda = 10$ cm,其张角为 60°,设馈源的方向函数为

$$D_f(\psi) = \begin{cases} 2\cos^2\dfrac{\psi}{2} & 0° \leqslant \psi \leqslant 90° \\ 0 & \psi > 90° \end{cases}$$

① 求此天线的口径利用因数、口径截获因数和方向系数。

② 若改用张角为 90°的抛物面天线,口径利用因数、口径截获因数和方向系数将如何变化?

③ 馈源的方向函数为

$$D_f(\psi) = \begin{cases} 2\cos^4\dfrac{\psi}{2} & 0° \leqslant \psi \leqslant 90° \\ 0 & \psi > 90° \end{cases}$$

若抛物面的张角仍为 90°,此时,口径利用因数、口径截获因数和方向系数又将为多少?

解 ① 已知馈源的方向函数为

$$D_f(\psi) = 2\cos^2\dfrac{\psi}{2}$$

根据教材中式(9 - 3 - 23)和(9 - 3 - 26)可求得口径截获因数和口径利用因数分别为

$$\upsilon_1 = \frac{1}{2} \int_0^{\psi_0} D_f(\psi) \sin\psi \, d\psi = \int_0^{60°} \cos^2 \frac{\psi}{2} \sin\psi \, d\psi = 0.4375$$

$$\upsilon = \cot^2 \frac{\psi_0}{2} \frac{\left| \int_0^{\psi_0} \sqrt{D_f(\psi)} \tan \frac{\psi}{2} \, d\psi \right|^2}{\frac{1}{2} \int_0^{\psi_0} D_f(\psi) \sin\psi \, d\psi}$$

$$= \cot^2 \frac{60°}{2} \frac{\left| \int_0^{60°} \sqrt{2} \cos \frac{\psi}{2} \tan \frac{\psi}{2} \, d\psi \right|^2}{\int_0^{60°} \cos^2 \frac{\psi}{2} \sin\psi \, d\psi} = 0.9847$$

方向系数为

$$D = \frac{4\pi S}{\lambda^2} \upsilon \upsilon_1 = \frac{4\pi}{0.1^2} \pi \times 0.4308 = 1700$$

② 若改用张角为 90°的抛物面天线时，用与①类似的方法可求得口径截获因数、口径利用因数分别为

$$\upsilon_1 = \frac{1}{2} \int_0^{\psi_0} D_f(\psi) \sin\psi \, d\psi = \int_0^{90°} \cos^2 \frac{\psi}{2} \sin\psi \, d\psi = 0.75$$

$$\upsilon = \cot^2 \frac{90°}{2} \frac{\left| \int_0^{90°} \sqrt{2} \cos \frac{\psi}{2} \tan \frac{\psi}{2} \, d\psi \right|^2}{\int_0^{90°} \cos^2 \frac{\psi}{2} \sin\psi \, d\psi} = 0.9151$$

方向系数为

$$D = \frac{4\pi S}{\lambda^2} \upsilon \upsilon_1 = \frac{4\pi}{0.1^2} \pi \times 0.6863 = 2709$$

③ 馈源的方向函数为

$$D_f(\psi) = \begin{cases} 2\cos^4 \frac{\psi}{2} & 0° \leqslant \psi \leqslant 90° \\ 0 & \psi > 90° \end{cases}$$

张角仍为 90°，此时口径截获因数和口径利用因数分别为

$$\upsilon_1 = \frac{1}{2} \int_0^{\psi_0} D_f(\psi) \sin\psi \, d\psi = \int_0^{90°} \cos^4 \frac{\psi}{2} \sin\psi \, d\psi = 0.5833$$

$$\upsilon = \cot^2 \frac{90°}{2} \frac{\left| \int_0^{90°} \sqrt{2} \cos^2 \frac{\psi}{2} \tan \frac{\psi}{2} \, d\psi \right|^2}{\int_0^{90°} \cos^4 \frac{\psi}{2} \sin\psi \, d\psi} = 0.8571$$

方向系数为

$$D = \frac{4\pi S}{\lambda^2} \upsilon \upsilon_1 = \frac{4\pi}{0.1^2} \pi \times 0.5 = 1974$$

由此例题可见：当馈源方向函数一定时，口径张角越大，口径截获因数则越大，方向系数也越大，但口径利用因数却越小。这是由于当馈源方向函数一定，口径张角越大，口径场分布越不均匀；当口径张角一定时，馈源方向函数变化越快，口径截获因数则增大，口径利用因数下降，方向系数减小。

9.3 基 本 要 求

★ 了解面天线的基本辐射单元——惠更斯元的单方向辐射特性。

★ 掌握矩形口径及圆口径的辐射特性与口径尺寸和口径场分布的关系,学会方向图、主瓣宽度和旁瓣电平、方向系数及口径利用因数的计算,了解口径场不同相时对辐射的影响。

★ 掌握旋转抛物面天线的结构及工作原理,重点掌握馈源方向函数、口径张角与口径场分布及方向系数与最佳照射的关系。

★ 了解旋转抛物面天线对馈源的基本要求。

★ 了解抛物面天线的偏焦特性及其应用。

★ 了解卡塞格伦天线的结构,它与抛物面天线的区别及卡塞格伦天线的工作原理。

9.4 部分习题及参考解答

【9.7】 假设有一位于 xOy 平面内尺寸为 $a \times b$ 的矩形口径,口径内场为均匀相位和余弦振幅分布为:$f(x) = \cos(\pi x/a)$,$|x| \leqslant a/2$,并沿 y 方向线极化,试求:

① xOz 平面的方向函数。

② 主瓣的半功率波瓣宽度。

③ 第一个零点的位置。

④ 第一旁瓣电平。

解 由题可知口径内场表达式为

$$\boldsymbol{E} = \boldsymbol{a}_y \cos\left(\frac{\pi}{a}x\right)$$

将其代入远区场,得

$$E_M = \mathrm{j}\,\frac{\mathrm{e}^{-\mathrm{j}kr}}{r\lambda}\,\frac{1+\cos\theta}{2}\iint \cos\left(\frac{\pi}{a}x\right)\mathrm{e}^{\mathrm{j}k(x_S\sin\theta\cos\varphi + y_S\sin\theta\sin\varphi)}\,\mathrm{d}x_S\mathrm{d}y_S$$

① xOz 平面的方向函数为

$$F_{\mathrm{H}}(\theta) = \left| \frac{\cos\left(\dfrac{ka}{2}\,\sin\theta\right)}{1 - \left(\dfrac{ka}{\pi}\,\sin\theta\right)^2} \right| \left| \frac{1+\cos\theta}{2} \right|$$

②
$$2\theta_{0.5} = 68° \frac{\lambda}{a}$$

③ 第一零点就是同时满足 $\cos\left(\dfrac{ka}{2}\,\sin\theta\right) = 0$ 和 $1 - \left(\dfrac{ka}{\pi}\,\sin\theta\right)^2 \neq 0$,求得

$$\theta = \arcsin\left(1.5\,\frac{\lambda}{a}\right)$$

④ 第一旁瓣电平为 -23 dB。

【9.8】 矩形口径尺寸与题【9.7】相同,若其场振幅分布为 $f(x) = E_0 + E_0 \cos\left(\dfrac{\pi x}{a}\right)$,

相位仍为均匀分布,求其口径利用因数。

解 若口径场振幅分布为

$$\boldsymbol{E} = \hat{\boldsymbol{a}}_y \left[E_0 + E_0 \cos\left(\frac{\pi}{a}x\right) \right]$$

其辐射功率为

$$P_\Sigma = \frac{1}{240\pi} \iint E_y^2 \, \mathrm{d}S = \frac{E_0^2 S}{240\pi} \left(\frac{3}{2} + \frac{4}{\pi} \right)$$

则辐射场的最大值为

$$E_{\max} = \frac{2}{\pi} \frac{E_0 S}{r\lambda} + \frac{E_0 S}{r\lambda}$$

其中,$S = ab$ 为矩形的面积。

根据方向系数的定义:

$$D = \frac{r^2 \mid E_{\max} \mid^2}{P_\Sigma} = 4\pi \frac{S}{\lambda^2} 0.966$$

可知口径利用因数 $\upsilon = 0.966$。

【9.9】 设旋转抛物面天线的馈源功率方向图函数为

$$D_f(\psi) = \begin{cases} D_0 \sec^2\left(\dfrac{\psi}{2}\right) & 0° \leqslant \psi \leqslant 90° \\ 0 & \psi > 90° \end{cases}$$

抛物面直径 $D=150$ cm,工作波长 $\lambda=3$ cm,如果要使抛物面口径振幅分布为:口径边缘相对其中心上的场值为 $1/\sqrt{2}$,试求:

① 焦比 f/D。

② 口径利用因数。

③ 天线增益。

解 根据口径场表达式

$$\mid E^s \mid = \sqrt{60 P_\Sigma D_0} \frac{\cos\dfrac{\psi}{2}}{f}$$

要使口径边缘场等于口径中心场的 $\dfrac{1}{\sqrt{2}}$,口径张角应为 $\psi_0 = 90°$。

① $\dfrac{f}{D} = 4 \tan \dfrac{\psi_0}{2} = 4$

② 口径利用因数为

$$\upsilon = \cot^2 45° \frac{\left| \displaystyle\int_0^{90°} \sqrt{D_0} \sec\dfrac{\psi}{2} \tan\dfrac{\psi}{2} \, \mathrm{d}\psi \right|^2}{\dfrac{1}{2} \displaystyle\int_0^{90°} D_0 \sec^2\dfrac{\psi}{2} \sin\psi \, \mathrm{d}\psi} = 0.99$$

③ 天线增益:

$$G = 4\pi \frac{S}{\lambda^2} \upsilon \upsilon_1$$

$$\upsilon_1 = \frac{1}{2} \int_0^{90°} D_0 \sec^2\dfrac{\psi}{2} \sin\psi \, \mathrm{d}\psi = 0.693 D_0$$

$$G = 1.7 \times 10^4 D_0$$

【9.10】 设口径直径为 2 m 的抛物面天线，其张角为 67°，设馈源的方向函数为

$$D_f(\psi) = \begin{cases} (2n+1)\cos^n\psi & 0° \leqslant \psi \leqslant 90° \\ 0 & \psi > 90° \end{cases}$$

当 $n=2$，$\lambda=10$ cm 时，估算此天线的方向系数及主瓣半功率波瓣宽度；若改用 $n=4$ 的馈源，口径利用因数、主瓣宽度及旁瓣电平将如何变化？

解 当 $n=2$ 时，馈源的方向函数为

$$D_f(\psi) = 5\cos^2\psi$$

此时，方向系数因数为

$$g = \cot^2\frac{\psi_0}{2} \left| \int_0^{\psi_0} \sqrt{5}\cos\psi \tan\frac{\psi}{2} \, \mathrm{d}\psi \right|^2 = 0.6904$$

方向系数为

$$D = \frac{4\pi S}{\lambda^2}g = \frac{4\pi}{0.1^2}\pi \times 0.6904 = 2726$$

主瓣宽度为

$$2\theta_{0.5} = K\frac{\lambda}{2a} \approx 70° \frac{0.1}{2} = 3.5°$$

当 $n=4$ 时，张角 ψ_0 一定，馈源方向函数 $D_f(\psi)$ 变化越快，则口径场分布越不均匀，口径利用因数 υ 越低，方向图的主瓣越宽、旁瓣电平越低。

【9.11】 一卡塞格伦天线，其抛物面主面焦距 $f=2$ m，若选用离心率为 $e=2.4$ 的双曲副反射面，求等效抛物面的焦距。

解 等效抛物面的焦距为

$$f_e = Af = \frac{e+1}{e-1}f = 4.86 \text{ m}$$

9.5 练 习 题

1. 已知矩形口径尺寸为 $D_1=6\lambda$，$D_2=4\lambda$，求 E 面和 H 面的方向图主瓣宽度。设口径场为均匀相位和余弦振幅分布，且沿 y 轴方向线极化，求其方向系数。

（答案：$2\theta_{0.5E}=12.8°$，$2\theta_{0.5H}=11.3°$，244）

2. 有一位于 xOy 平面上的正方形口径，工作波长为 3 cm，E 面半功率波瓣宽度 $2\theta_{0.5}=10°$，口径场分布沿 y 轴方向线极化，其表达式为 $f(x)=\cos(\pi x/a)$，其中 a 为正方形边长，求天线的增益和 H 面半功率波瓣宽度。（答案：265，13.3°）

3. 简述卡塞格伦天线的工作原理。

4. 正方形口径尺寸与题 2 相同，若其场振幅分布为：$f(x)=1+\cos(\pi x/a)$，相位仍为均匀分布，求其口径利用因数。（答案：0.97）

5. 设旋转抛物面天线的馈源功率方向图函数为

$$D_f(\psi) = \begin{cases} 5\cos^2\left(\dfrac{\psi}{2}\right) & 0° \leqslant \psi \leqslant 90° \\ 0 & \psi > 90° \end{cases}$$

抛物面直径 $D=150\text{ cm}$，工作波长 $\lambda=3\text{ cm}$，如果要使抛物面口径振幅分布为：口径边缘相对其中心上的场值为 $1/\sqrt{2}$，试求：

① 口径张角。

② 焦比 f/D。

③ 口径利用因数。

④ 天线增益。

（答案：$54°$，2，0.99，2.26×10^4）

第 10 章 微波应用系统

10.1 基本概念和公式

10.1.1 雷达系统

1. 雷达系统的定义及构成

雷达(Radar)是英文无线电探测与测距(Radio Detection and Ranging)的缩写。现代雷达系统一般由天馈子系统、射频收发子系统、信号处理子系统、控制子系统、显示子系统及中央处理子系统等组成，如图 10-1 所示。

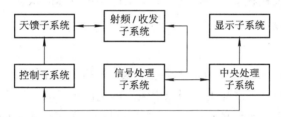

图 10-1 现代雷达系统的组成框图

2. 雷达探测原理

电磁波具有幅度信息、相位信息、频率信息、时域信息及极化信息等多种信息。雷达利用从目标反射或散射回来的电磁波中提取相关信息，从而实现测距、测向、测速及目标识别与重建等目的。

1) 测距

设雷达与目标之间的距离为 s，由发射机经天线发射的雷达脉冲，经目标反射后回到雷达，共走了 $2s$ 的距离，若能测得发射脉冲与回波脉冲之间时间间隔 Δt，则目标离雷达的距离为

$$s = \frac{1}{2}c\Delta t \qquad (10-1-1)$$

传统的雷达采用同步扫描显示方式，使回波脉冲和发射脉冲同时显示在屏幕上，并根据时间比例刻度读出时差或距离，现代雷达则通过数字信号处理器将所测距离直接显示或记录下来。

2) 测向

天线波束按一定规律在要搜索的空间进行扫描以捕获目标，当发现目标时，停止扫

描，微微转动天线，当接收信号最强时，天线所指的方向就是目标所在的方向。

3）测速

当飞行目标向雷达靠近运动时，接收到的频率 f 与雷达振荡源发出的频率 f_0 的频差为

$$f_d = f - f_0 = f_0 \frac{2v_r}{c} \qquad (10-1-2)$$

式中，f_d 称为多卜勒频移，v_r 为飞行目标相对雷达的运动速度。

只要测得飞行目标的多卜勒频移，就可利用上式求得飞行目标的速度。这就是雷达测速原理。

4）目标识别原理

所谓的目标识别，就是利用雷达接收到的飞行目标的散射信号，从中提取特征信息并进行分析处理，从而分辨出飞行目标的类别和姿态。目标识别的关键是目标特征信息的提取，这涉及对目标的编码、特征选择与提取、自动匹配算法的研制等过程。

从目标反射或散射回来的电磁波包含了幅度、相位、极化等有用信息，其中回波中有限频率的幅度响应数据与目标的特征极点有一一对应关系。因此，基于频域极点特征提取的目标识别方法是根据回波中有限频率的幅度响应数据提取目标极点，然后将提取的目标极点与各类目标的标准模板库进行匹配识别，从而实现目标的识别。

3. 几种典型雷达系统

1）单脉冲雷达

单脉冲雷达采用的天线一般为卡塞格伦天线，其馈源为矩形多模喇叭。当天线完全对准目标方向时，接收的电磁波在喇叭馈源中激发的电磁场只有主模 TE_{10} 模，当天线偏离目标方向时，除主模外还会产生高次模，其中 TE_{20} 模会随着天线角度的变化而变化。对矩形喇叭馈源，当目标在喇叭中心线右面时，喇叭右侧的能量等效为主模 TE_{10} 和高次模 TE_{20} 两个模式分量的相加，而左侧是两个模式分量的相减，如图 10-2 所示，因此喇叭右侧的能量较大而左侧较小；当目标在喇叭中心线左面时，激起的 TE_{20} 模极性与上述情形相反。于是只要想法从喇叭馈源中取出 TE_{20} 模，它的幅度随目标偏离天线轴而增加，相位取决于偏离方向而相差 $180°$，从而为单脉冲接收机提供了方向性。检测到的角度误差信号去控制驱动机构使天线转动，改变其方位和俯仰，当误差为 0 时天线瞄准了目标，从而实现了自动跟踪的目的。这就是单脉冲雷达的工作原理。

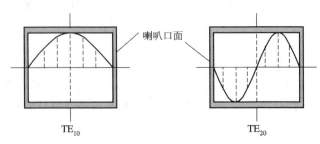

图 10-2 馈源口面不对称照射激起 TE_{10}、TE_{20} 模

2）相控阵雷达

相控阵雷达实际上是阵列天线的一种应用，它由为数众多的天线单元组成阵列，当馈送给阵列天线单元的微波载波幅度与相位不同时，就得到不同的天线阵列辐射方向图。随着时间的变化连续不停地改变单元之间的相位时，便能使形成的波束在一定的空间范围内扫描。这就是称为"相控阵雷达"的原因。

3）合成孔径雷达

合成孔径雷达是一种相干多卜勒雷达，它分为不聚焦型和聚焦型合成孔径雷达。不聚焦型合成孔径雷达的优点是利用雷达天线随运载工具的有规律运动而依次移动到若干位置上，在每个位置上发射一个相干脉冲信号，并依次对一连串回波信号进行接收存储，存储时保持接收信号的幅度和相位，当雷达天线移动一段相当长的距离 L 后，合成接收信号就相当于一个天线尺寸为 L 的大天线收到的信号，从而提高了分辨率。聚焦型合成孔径雷达的优点是在数据存储后，扣除接收到的回波信号中由雷达天线移动带来的附加相移，使其同相合成，使分辨率更高。

10.1.2 微波通信系统

1. 微波中继通信

微波在空间是视距传播的。由于天线架设高度一般在 100 m 以下，所以一般视距为 50 km 左右。因此要利用微波进行远距离传输，必须在远距离的两个微波站之间设置许多中间站（称为中继站），按接力的方式将信号一站一站传递下去，从而实现远距离通信，这种通信方式就称为微波中继通信。

2. 微波中继转接方式

1）三种常用的中继转接方式

① 基带转接：在中继站首先将接收到载频为 f_1 的微波信号经混频变成中频信号，然后经中放送到解调器，解调还原出基带信号，然后再对发射机的载波进行调制，并经微波功率放大后，以载频 f_1' 发射出去，如图 10-3 所示。

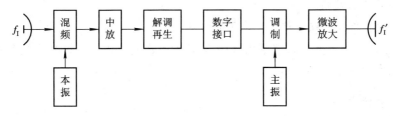

图 10-3 基带转接的原理框图

② 中频转接：它是指在中继站将接收到载频为 f_1 的微波信号经混频变成中频信号，然后经中放后直接上变频得到载频为 f_1' 微波信号，最后经微波功率放大后发射出去。显然它没有上下话路分离与信码再生的功能，只起到了增加通信距离的作用。

③ 微波转接：在中继站直接对接收到微波信号放大、变频后再经微波功率放大后直接发射出去。

2）三种中继转接方式的特点及应用

① 数字系统一般采用基带转接方式。它利用数字差错控制技术实现基带信号再生，从而避免了噪声的沿站积累，将带再生技术的中继站称为再生中继站。设备较复杂。有时为了简化设备、降低功耗，也可采用混合中继方式，即在两个再生中继站之间的一些中继站采用中频转接或微波转接。

② 对模拟系统由于基带电平变化积累，基带频响偏移等原因，故一般不宜用基带转接方式，而采用中频转接或微波转接。

3. SDH 数字微波通信系统

1）SDH 数字微波通信系统的构成

SDH 数字微波通信系统一般由终端站、枢纽站、分路站及若干中继站组成，如图 10-4 所示。无论是终端站还是中间站，它都需要收发天线、馈线及各种微波器件。

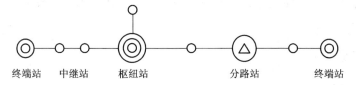

图 10-4　SDH 数字微波中继通信系统组成框图

① 终端站：处于线路两端或分支线路终点，它可上、下全部支路信号，配备 SDH 数字微波传输设备和复用设备。

② 枢纽站：处于干线上，需完成数个方向上的通信任务，它要完成某些波道的转接、复接与分接，还有某些波道的信号可能需要再生后继续传输，故这一类站的设备最多。

③ 分路站：处于线路中间，除了可以在本站上、下某收/发信波道的部分支路外，还可以沟通干线上两个方向之间的通信。它有时还完成部分波道的信号再生后继续传输，一般配备 SDH 数字微波传输设备和 SDH 分插复用设备，有时还需再生型传输设备。

④ 中继站：指处于线路中间不上、下话路的站，可分为信码再生中继和非再生中继。在 SDH 系统中一般采用再生中继方式，它可以去掉传输中引入的噪声、干扰和失真，这也体现了数字通信的优越性。

2）SDH 数字微波中继通信系统采用的技术

SDH 数字微波中继通信系统采用基带数字信号处理方式、高效率的数字载波调制技术、自适应的发信功率控制技术等。

10.1.3　微波遥感系统

1. 微波遥感系统的工作原理

当电磁波与物体（不论是固体、液体、气体还是等离子体）相遇时，会发生各种相互作用。相互作用的结果会使入射波的振幅、方向、频率、相位和极化等发生变化，从而产生各种有用的特征信息，由此便能识别不同的物体。这种相互作用主要包括：入射电磁波的反射或散射及透射、热效应及热辐射等。地面目标的电磁辐射通过周围环境（如大气）进入遥感器；遥感器将目标的特征信息加以接收、记录和处理后，再以无线电方式送给信息处理系统；信息处理系统将遥感信息进行加工处理，变成人们能够识别和分析的信号或图像。

2．微波遥感器

1）微波辐射计

任何温度高于绝对零度的物体，都会有热辐射，热辐射的波长为 1 μm～1 m 左右，而热辐射的频率主要取决于它的温度和比辐射率。比辐射率表示物质通过辐射释放热量的难易程度，两个在同样环境中温度相同的物体，具有较高比辐射率的物体将更强烈地辐射出热射线。在微波波段，各种物质的比辐射率相差很大，如油脂的比辐射率比海水的高得多，在同样的温度下，油脂对微波辐射计的辐射能量比海水的大很多，因此在海面上有油脂污染时，将微波辐射计测得的信号转换成图片，就会看到浅色的油污漂浮在深色的海面上。这就是微波辐射计的遥感原理。

从天线接收到的微波辐射能量和参考负载在开关的控制下交替输入到接收机，如图 10 - 5 所示，开关周期 τ_s 一般在 10^{-3} s～10^{-1} s 之间。检波前部分的输入功率分别来自天线的信号和参考负载的噪声功率，忽略输入开关的上升、衰落时间对接收机波形的影响，则平方律检波后的直流电压为

$$u_d = \begin{cases} C_d GkB(T_A' + T_{REC}') & 0 \leqslant t \leqslant \dfrac{\tau_s}{2} \\ C_d GkB(T_{REF} + T_{REC}') & \dfrac{\tau_s}{2} \leqslant t \leqslant \tau_s \end{cases} \qquad (10 - 1 - 3)$$

式中，C_d 为平方律检波灵敏度（V/W），k 为玻尔兹曼常数，τ_s 为开关周期，G、B 分别为滤波放大部分的增益和带宽。则积分器输出的平均电压为

$$\bar{u}_{out} = \frac{G_p}{\tau_s} \left(\int_0^{\tau_s/2} u_d \, dt - \int_{\tau_s/2}^{\tau_s} u_d \, dt \right) \qquad (10 - 1 - 4)$$

式中，G_p 为检波输出到积分器输出间的电压增益。将式（10 - 1 - 3）代入，并令 $G_s = 2G_p C_d GkB$，则有

$$\bar{u}_{out} = \frac{1}{2} G_s (T_A' - T_{REF}) \qquad (10 - 1 - 5)$$

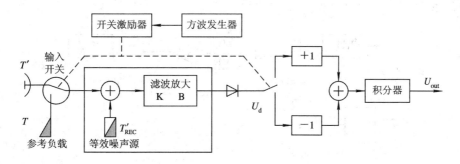

图 10 - 5　微波比较辐射计工作原理图

微波比较辐射计的输出与遥感温度 T_A' 和参考负载温度 T_{REF} 之差成正比，从而检测到了遥感物体的热辐射功率，这就是微波比较辐射计的工作原理。

2）微波成像雷达

微波成像雷达可分为真实孔径侧视雷达和合成孔径侧视雷达两类。机载侧视雷达是将一个长的水平孔径天线装在飞机的一侧或两侧，天线将微波能量集中成一个窄的扇形波束并在地面形成窄带。天线将脉冲微波能量相继照射到窄带上各点（见图 10 - 6），不同距离目标反射回来的回波在接收机中按时间先后分开，一个同步的强度调制光点在摄影胶片或显示器上横扫一条线，以便在与目标的地面距离成比例的地方记录目标的回波，当各条回波记录好后，再发另一个脉冲进行新一次扫描，从而产生条带状的雷达图像。

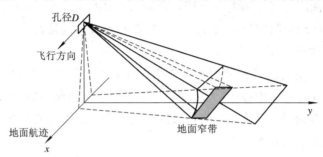

图 10 - 6　机载侧视雷达地面航迹与照射窄带示意图

10.1.4　无线传感与射频识别

随着集成电路、射频与微波技术以及计算机技术的迅速发展，以无线传感网为核心的"物联网"时代已经悄然出现，它是将传感器、微处理芯片、无线收发电路集成在一起构成无线智能传感单元（标签），阅读器接收信息，再通过无线和有线网络无缝连接形成"无线传感网"。射频识别技术是无线传感网中重要的一个环节，它实现了传感单元与阅读器之间的无线信息交换。

1. 射频识别系统的构成

射频识别系统主要由阅读器、应答器和后台计算机系统组成，如图 10 - 7 所示。它是利用无线电波将电子数据载体（即应答器）中的数据非接触地与阅读器进行数据交换从而实现识别的系统。

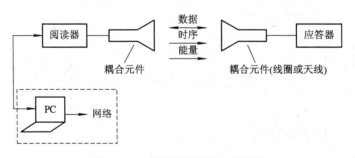

图 10 - 7　射频识别器的组成框图

2. 射频识别系统（RFID）的分类

RFID 系统按数据量来分，可分为 1 比特系统和电子数据载体系统。

RFID 系统按工作频段可分为低频（50～150 kHz，13.56 MHz）、超高频（260～470 MHz）和微波（902～928 MHz，2.45 GHz，5.8 GHz）波段。

3. 微波波段典型 RFID 的工作原理

1) 微波 1 比特应答器

微波 1 比特应答器是利用电容二极管的非线性特性和能量存储特性来实现的，其典型原理图如图 10 - 8 所示。

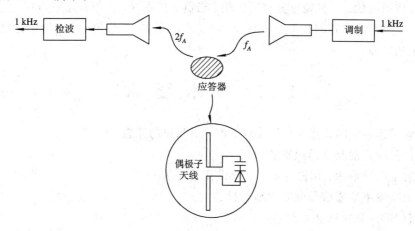

图 10 - 8　微波 1 比特应答器原理图

阅读器持续发射载波频率为 f_A（如 2.45 GHz）的 1 kHz 信号振幅调制（ASK）信号，应答器的偶极子天线接收信号，由于与偶极子天线相连的电容二极管的非线性特性而产生高次谐波，其中二次谐波能量最大；利用电容二极管的能量储存特性，使高次谐波通过天线二次辐射，阅读器的接收通道检测以频率 $2f_A$ 为载波的 ASK 信号并将其还原成 1 kHz 信号，当接收端检测到 1 kHz 信号时表明应答器在阅读器的覆盖范围内，这就是微波 1 比特应答器的工作原理。

2) 电磁反向散射式应答器

电磁反向散射式应答器利用电磁波的散射原理来实现数据的传输，其典型原理图如图 10 - 9 所示。

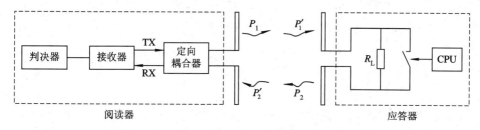

图 10 - 9　反向散射应答器的作用原理

阅读器经定向耦合器再通过天线将功率为 P_1 的电磁波发送到自由空间，经空间传播到达应答器时接收天线的功率为 P_1'。该功率一部分通过接收天线送入负载转变为热能，另一部分则反向散射至自由空间。设反向散射的功率为 P_2，再次通过自由空间衰减，到达阅读器天线处的功率为 P_2'，经定向耦合器进入接收机，接收机可以获得反向散射功率 P_2' 与发射功率 P_1 的比值为

$$b = \frac{P_2'}{P_1}$$

(10 - 1 - 6)

在一定的发射功率、收发距离的前提下，比值 b 的大小取决于反向散射功率，而此功率取决于接收天线与负载的匹配程度。当接收天线与负载几乎匹配时，几乎没有功率被反向散射回去；而当天线开路或短路时，几乎全部功率反射回去；特别当工作波长处于天线的谐振区时，反射十分明显。电磁反向散射式应答器正是利用电磁波的谐振反射特性，通过改变天线负载的状态，实现数据流的传输。当负载匹配时，比值 b 几乎为零，此时可以代表数字"0"；当 CPU 控制的开关使负载变为零（即短路）时，比值 b 将达到一定的数值，此时可以代表数字"1"。

10.2　基　本　要　求

★ 了解雷达系统的构成及雷达测距、测向、测速的原理。
★ 了解目标识别及目标识别的原理。
★ 了解单脉冲雷达、相控阵雷达、合成孔径雷达。
★ 了解微波中继通信及微波中继转接方式。
★ 了解 SDH 数字微波通信系统的构成。
★ 了解微波遥感系统的工作原理。
★ 了解射频识别系统(RFID)的工作原理。

10.3　练　习　题

1. 雷达测距、测向及测速的原理分别是什么？
2. 什么是目标识别？其原理是什么？
3. 常用的微波中继转接方式有哪些？它们分别有何特点？
4. 简述微波遥感的原理。

附录　微波技术与天线实验

实验一　利用 HFSS 设计微波滤波器与天线

（1）利用电磁仿真软件 Ansoft HFSS 设计一款微带带通滤波器或微带天线。

① 微带带通滤波器的要求：工作频率为 2.5 GHz，带宽（3 dB）大于 5%，插入损耗小于 2 dB。

② 微带天线的要求：工作频率为 2.5 GHz，带宽（S11<−10 dB）大于 5%。

（2）掌握利用电磁仿真软件设计各种微波元件的过程。

一、HFSS 仿真软件的求解原理

HFSS 软件将所要求解的微波问题等效为计算 N 端口网络的 S 矩阵，流程图如附图 1-1 所示，具体步骤如下：

（1）将结构划分为有限元网格（自适应网格剖分）。

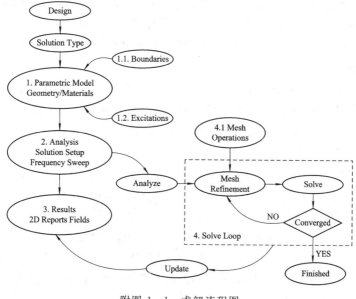

附图 1-1　求解流程图

（2）在每一个激励端口处计算与端口具有相同截面的传输线所支持的模式。

（3）假设每次激励一个模式，计算结构内全部电磁场模式。

（4）由得到的反射量和传输量计算广义 S 矩阵。

自适应网格剖分是在误差大的区域内对网格多次迭代细化的求解过程，利用网格剖分结果来计算在求解频率激励下存在于结构内部的电磁场。自适应网格如附图 1-2 所示。初始网格是基于单频波长进行粗剖分，然后进行自适应分析，利用粗剖分对象计算的有限元解来估计在问题域中的哪些区域其精确解会有很大的误差（收敛性判断），再对这些区域的四面体网格进行细化（进一步迭代），并产生新的解，重新计算误差，重复迭代过程（求解—误差分析（收敛性判断）→自适应细化网格）直到满足收敛标准或达到最大迭代步数。如果正在进行扫频，则对其他频点求解问题不再进一步细化网格。

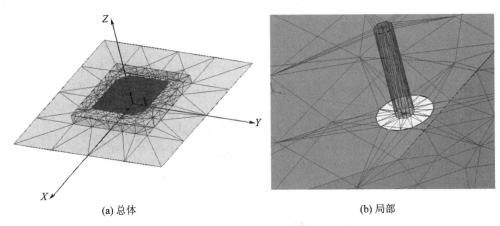

（a）总体   （b）局部

附图 1-2　自适应网格

二、HFSS 操作界面和菜单功能介绍

Ansoft HFSS 的界面主要包括菜单栏（Menu Bar）、工具栏（Tool Bar）、工程管理（Project Manage）窗口、状态栏（Status Bar）、属性窗口（Properties Window）、进度窗口（Progress Window）、信息管理（Message Manage）窗口和 3D 模型窗口（3D Modeler Window），如附图 1-3 所示。

菜单栏（Menu Bar）由绘图、3D 模型、HFSS、工具和帮助等下拉式菜单组成。

工具栏（Tool Bar）对应菜单中常用的各种命令，可以快速方便地执行各种命令。

工程管理（Project Manage）窗口显示所有打开的 HFSS 工程的详细信息，包括边界、激励、剖分操作、分析、参数优化、结果、端口场显示、场覆盖图和辐射等。

状态栏（Status Bar）位于 HFSS 界面底部，显示当前执行命令的信息。

属性窗口（Properties Window）显示在工程树、历史树和 3D 模型窗口中所选条目的特性或属性。

进度窗口（Progress Window）监视运行进度，以图像方式表示进度完成比例。

信息管理（Message Manage）窗口显示工程设置的错误信息和分析进度信息。

3D 模型窗口（3D Modeler Window）是创建几何模型的区域，包括模型视图区域和历史树（记录创建模型的过程）。

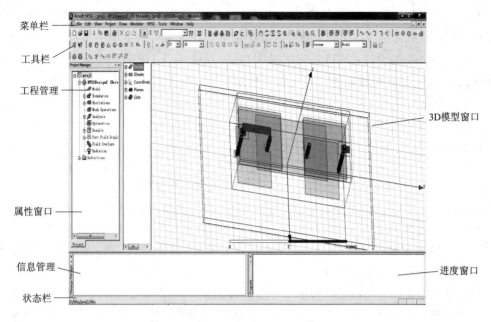

菜单栏 —

工具栏 —

工程管理 —

属性窗口 —

信息管理 —

状态栏 —

— Sheets
— Coordinates
— Planes
— Lists

— 3D模型窗口

— 进度窗口

附图 1-3   Ansoft HFSS 的操作界面

三、创建工程及步骤

下面以缝隙耦合贴片天线为例具体说明 HFSS 软件的基本操作。

附图 1-4 所示为将要创建的天线模型的结构图，我们将结合上述理论，通过详细的操作步骤来学习利用该软件仿真天线的基本方法。

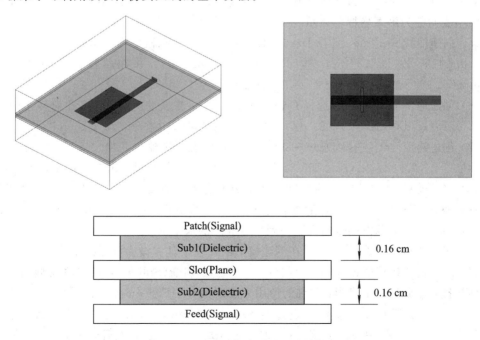

Patch(Signal)
Sub1(Dielectric)	0.16 cm
Slot(Plane)
Sub2(Dielectric)	0.16 cm
Feed(Signal)

附图 1-4   缝隙耦合贴片天线结构图

（1）打开 HFSS，程序会创建一个默认工程和设计，我们将工程重新命名为"slotpatch"；若要建立新的工程，则可以选择菜单 File→New 或者单击工具栏中的 ⬜；若要在工程中插入新的设计，可以从菜单选择 Project→Insert HFSS Design 或者单击工具栏中的 ⬚；此外还可以对设计进行复制和粘贴操作。

（2）从菜单 HFSS→Solution Type 选择求解类型（Solution Type）为 Driven Model，对于不同求解类型的应用说明可以参照 HFSS 帮助。

（3）设置单位，选择菜单 Modeler→Units 或者 Tools→Options→General Options→Default Units→cm，如果是双核计算机，还可以将 Tools→Options→HFSS Options 的 Solver 标签页的 Number of Processors 中改成 2，单击"确定"退出。

（4）画图前应选择参考平面，这里我们选择 XY 平面。先画介质板 sub，选择菜单 Draw→Box 或者单击工具栏中的快捷按钮。在状态栏中用 Tab 键输入起点坐标："－7，－4.5，0"，按回车键（Enter）确定，再输入相对坐标"12，9，0.32"（长、宽、高），确定后即可在模型窗口中创建一个立方体。

属性窗口的使用：几何图形的尺寸可通过属性窗口作出相应的修改，也可通过设置变量并赋值来确定，以便于进行参数优化；几何图形的名称、材料及特性可通过属性窗口进行设置，重命名该立方体为"sub"，并对其赋予相对介电常数为 2.2 的材料，方法是，单击 Materials toolbar 进行选择。此外还可以设置图形的颜色及透明度等，使显示效果更加直观。

操作技巧：画完图形后，我们可以通过按住 Alt 键，或者 Shift 键，或者 Alt＋Shift 键并拖动鼠标分别实现图形的旋转、平移和放大缩小的操作，这三个操作是最常用的操作。另外 Ctrl＋D 可以让我们的模型以最合适的尺寸显示在 3D 模型窗口中，Alt＋双击左键会将视图角度调整为沿某坐标轴显示。

（5）创建馈线 feedline。选择 Draw→Rectangle，在状态栏中输入几何尺寸："X －5，Y －0.2475，Z 0"；"dX 7，dY 0.495，dZ 0"；并在属性窗口中重命名为"feedline"。

（6）创建地平面 Ground。选择 Draw→Rectangle，在属性窗口中输入几何尺寸："－7，－4.5，0.16"；"dX 12，dY 9，dZ 0"；并在属性窗口中重命名为"Ground"。

（7）创建缝隙 slot。选择 Draw→Rectangle，在状态栏中输入几何尺寸："X －0.0775，Y －0.7，Z 0.16"；"dX 0.155，dY 1.4，dZ 0"；并在属性窗口中重命名为"slot"。

（8）完成地平面。按住 Ctrl 键同时选择已经创建的图形 Ground 和 slot，在右键菜单中选择 Edit→Boolean→Subtract，在弹出的 Subtract 对话框中确保 Blank parts 为 Ground，Tools parts 为 slot，单击确定后即可得到带有缝隙的地平面。

注：图形的布尔运算（Boolean）在创建模型的过程中具有极为重要的作用，它包括相加运算（Unit）、相减运算（Subtract）、相交（Intersect）、切断（Split），可使三维模型的创建更加方便快捷，也更加丰富多彩，详细的使用方法请参考 HFSS online help。

（9）创建矩形辐射贴片 patch。选择 Draw→Rectangle，在状态栏中输入几何尺寸："X －2，Y －1.5，Z 0.32"；"dX 4，dY 3，dZ 0"；并在属性窗口中重命名为 patch。

（10）激励端口的设置。首先更改坐标平面为 YZ 面，选择 Draw→Rectangle，在属性窗口中输入几何尺寸："－5，－0.2475，0"；"dX 0，dY 0.495，dZ 0.16"；命名为

port。该端口的宽度与馈线 feedline 相同，上端与地平面 Ground 相接触，下端与馈线 feedline 相接触。

（11）求解区域设置。天线属于辐射问题，基于有限元的 HFSS 必须在有限空间内求解才有意义，所以我们在天线周围画一有限大的长方体空气腔作为天线的求解空间，并给空气腔加上辐射边界条件，通常辐射边界与天线体的距离略大于四分之一个工作波长。在工具栏选择 Draw box，在 3D modeler 窗口画出立方体空气盒子（−7，−4.5，−2；12，9，4.32），其材料为默认的真空 vacuum。

（12）设置边界（Boundaries）。选择计算区域空气盒子，在右键菜单中选择 Assign boundary→Radiation，给边界条件命名并单击"确定"完成设置，这时在工程管理树的 Boundary 节点下会新建一个名称为"Rad1"的辐射边界项。

辐射边界：一种模拟波辐射到空间的无限远处的吸收边界条件，是自由空间的近似。

（13）按住 Ctrl 键选择所创建的二维图形 feedline、Ground 和 Patch，在右键菜单中选择 Assign boundary→Perfect E（理想导体边界），给边界条件命名并点击"确定"完成设置，这时在工程管理树的 Boundary 节点下会添加默认名称为"perfE1"的理想导体边界项。

理想导体边界：描述微波问题中的理想导体表面，使电场垂直于这些表面，即切向电场为零。

（14）设置激励（Excitations）。选定激励端口 port，单击右键选择 Assign Excitation-Lumped port（集总端口），保证电阻为 50 Ω，单击下一步，在 Integration Line 项目中选择 New Line，由上而下画出积分线，此时鼠标会自动捕捉边缘线的中点，并呈现三角形，单击左键即可确定这一点。完成设置后会在工程管理树的 Excitations 节点下添加默认名称为"Lumped port1"的激励端口。

集总端口激励：可设置复阻抗，积分线决定信号和传输波的相位值。

（15）求解设置（Analysis）。选定工程管理窗口中的 Analysis 节点，单击右键选择 Add Solution Setup，弹出 Solution Setup 对话窗口，输入工作频率为"2.28GHz"，收敛迭代最大步数（Maximum Number of Passes）为"15"，单击"确定"退出。选定工程管理窗口中的 Analysis 下的 Setup1，单击右键选择 Add Sweep（添加扫频），选择 Sweep Type 为 Fast，输入计算频率范围（1.28 GHz～3.28 GHz），按"OK"退出。当需要仿真天线在较宽频带特性的时候选择 Fast 扫描可以获得较短的仿真时间，而要精确地计算几个谐振频点上的天线特性可以选择 Discrete 扫描类型。

（16）设置辐射场（Radiation）。选择工程管理窗口中的 Radiation，单击右键选择 Far Field SetupInfinite Sphere，弹出对话框，将 Theta 的范围设置成−180 deg～180 deg，按"OK"退出。

（17）检查错误和分析。由选择主菜单 HFSS→Validation Check 或者单击工具栏中的图标，则弹出确认检查窗口，对设计模型进行有效性检查。对于建模中的错误会在信息窗口提示，全部完成而没有错误时，单击"Close"结束。

（18）由选择主菜单 HFSS→Analyze 或者单击工具栏中的图标，对设计的模型进行求解，在此过程之中，我们可以在进度窗口查看分析的进程。待求解全部完成以后，在信息窗口会出现提示信息。

（19）分析完毕且没有错误提示，就可以看到建模的成果了。但是在创建图表之前，有一点必须注意，查看求解结果是否收敛。因为求解过程没有出错并不代表输出结果就是正确的，有可能因设置的求解条件不合适而导致结果的误差超出可接受的范围。从菜单HFSS→Results→Solution Data→Convergence 就可以看到求解结果是否收敛。

ΔS 最大值：连续的两步迭代中 S 参数值的差。如果两步迭代之间 S 参数的大小和相位总的变化比 Max Delta S Per Pass 中的值要小，则求解收敛，自适应分析停止。

如果结果没有收敛可以返回求解设置一步，增大 Maximum Number of Passes 的值，或者增大 Maximum Delta S 的值，然后重新求解直至求解结果完全收敛。

（20）显示结果（Results）。画 S 参数曲线。选定工程管理窗口中的 Results，单击右键选择 Create Modal Solution Data Report→Rectangular Plot，保留缺省值，按"ok"确定，在 Category 框选择 S Parameter，单击"New Report"，生成的 S Parameter 曲线如附图1-5所示。

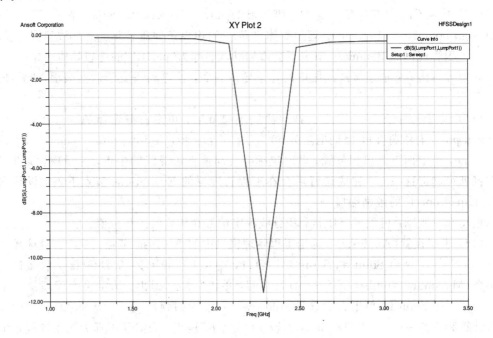

附图 1-5 S11 随频率变化曲线图

对画出的曲线我们可以选择右键菜单中的 Zoom In 进行局部放大 Fit all 进行还原，或用 Data Maker 进行标注，使结果更加清楚。

（21）画 3D 辐射方向图。选定工程管理器窗口中的 Results，单击右键选择 Create ReportFar Fileds3D Polar Plot，按"ok"确定，在 Solution 框选择 Gain 的 dB 值，其他项保持不变，单击"Add Trace"，单击"Done"退出。生成的方向图如附图1-6所示。

（22）画 2D 辐射方向图。选定工程管理器窗口中的 Results，单击右键选择 Create Report→Far Fileds→Radiation Pattern/Rectangual Plot，按"OK"确定。在 Solution 框选择 Gain 的 dB 值，在 Sweeps 选项卡中，选择 phi 为 0，theta 值为 All Values，并保证 theta 的类型为 primary sweep，单击"Add Trace"，单击"Done"退出。生成的 XOZ/YOZ 平面的极坐标和直角坐标辐射方向图分别如附图1-7和附图1-8所示。

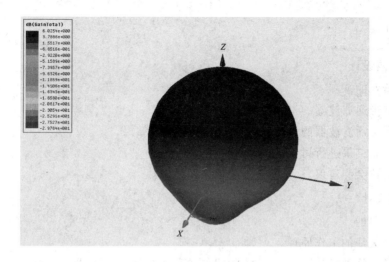

附图 1-6　3D 辐射方向图

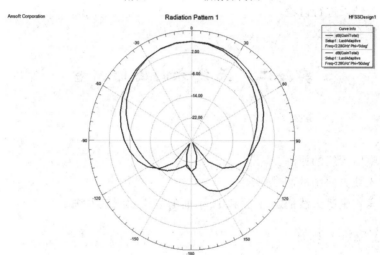

附图 1-7　2D 辐射方向图（极坐标系）

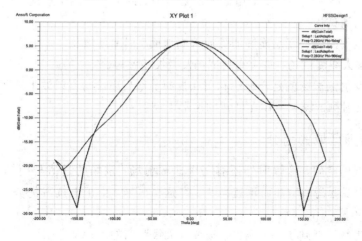

附图 1-8　2D 辐射方向图（直角坐标系）

1. 滤波器设计

（1）实验目的。

（2）微带带通滤波器的工作原理。

（3）微带带通滤波器的设计图以及 S 参数的仿真结果。

（4）对实验结果进行讨论。

（5）实验体会和建议。

2. 天线设计

（1）实验目的。

（2）微带天线的工作原理。

（3）微带天线的设计图，S 参数的仿真结果，方向图以及天线的增益。

（4）对实验结果进行讨论。

（5）实验体会和建议。

实验二　天线方向图的测量

（1）了解喇叭天线的原理。

（2）掌握天线方向图的测试原理。

（3）学习角锥喇叭天线的 E 平面和 H 平面的方向图测试方法。

由于在通信、雷达等用途中，天线都处于它的远区，所以要正确地测试天线的辐射特性，必须具备一个能提供均匀平面电磁波照射待测天线的理想测试场地——自由空间测试场地或地面反射测试场。

所谓自由空间测试场就是能够消除或抑制地面、周围环境及外来干扰等影响的一种测试场地，如高架天线测试场、斜天线测试场及微波暗室等。

所谓地面反射测试场就是合理地利用和控制地面反射波与直射波干涉而建立的一种测试场，如地面反射测试场和工作在低频的锥形无反射室。

一、天线场区域的划分

在紧邻天线的空间，除辐射外还有一个非辐射场，该场的量值与距离的高次幂成反比，它随离开天线距离的增加而迅速减小。在这个区域，由于电抗占优势，所以把此区域叫做电抗近场区。

越过电抗近场区就到了辐射场区。按离开天线距离的远近又把辐射场区分为辐射近场区和辐射远场区。前者又称为菲涅尔区，后者又称为夫朗荷费区。

在辐射近场区，场的角分布与距离有关，天线各单元对观察点场的贡献，其相对相位和相对幅度是离开天线距离的函数。辐射远场即是人们常说的远区。在该区场的角分布与距离无关。公认的辐射近远场的分界距离为

$$R = \frac{2D^2}{\lambda}$$

（附2-1）

式中，D 为天线直径，λ 为工作波长。

附图2-1是 $\frac{D}{\lambda} \geqslant 1$ 口径天线的三个场区，附图2-2是电尺寸 $\frac{L}{\lambda} < 1$（L 线天线的最大尺寸）的天线场区。由图可见，电小天线只存在电抗近场区和辐射远场区。

通常把 $R \geqslant 10\lambda$ 作为电小天线远场的准则，但在实际测量中上述测量距离往往不易满足，如果要求达到一般测试精度，只要 $R \geqslant (3 \sim 5)\lambda$ 即可。

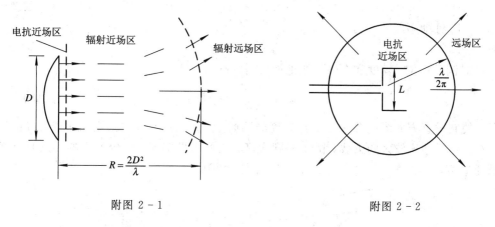

附图2-1

附图2-2

二、自由空间测试场

自由空间测试场就是设法消除地面及周围环境反射而建立的一种测试场。近似实现自由空间测试条件的方法有高架天线测试场、微波暗室等。下面主要介绍高架天线测试场的方法。

为避免地面反射波的影响，把收/发天线架设在水泥塔或高大建筑物的顶上。

采用锐方向发射天线，使它垂直面方向图的第一个零点偏离测试场，指向待测天线塔的底部，如附图2-3所示。

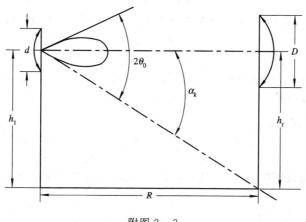

附图2-3

发射天线对接收天线的架设高度 h_r 所张的平面角为

$$\alpha_h = \arctan\frac{h_r}{R} \approx \frac{h_r}{R} \quad (R \gg h_r) \tag{附2-2}$$

设发射天线方向图主瓣零功率波瓣宽度为 $2\theta_0$,要有效抑制地面反射,应使

$$\alpha_h \geqslant \theta_0 \quad 或 \quad \theta_0 \leqslant \frac{h_r}{R} \tag{附2-3}$$

对方向函数为 $\frac{\sin x}{x}$ 的发射天线,主瓣零值波束宽度为

$$2\theta_0 \approx \frac{2\lambda}{d} \tag{附2-4}$$

将式(附2-3)代入式(附2-4),并考虑 $R = 2D^2/\lambda$,得

$$h_r d \geqslant 2D^2 \tag{附2-5}$$

由 0.25 dB 锥削幅度准则得

$$d \leqslant 0.5D \tag{附2-6}$$

为了同时满足相位、幅度和有效抑制地面反射的准则,显然有

$$h_r \geqslant \frac{2D^2}{0.5D} = 4D \tag{附2-7}$$

可见,使它垂直方向图的第一个零点偏离测试场,需要将待测天线架设在 4 倍直径的高度上。对几何尺寸比较大的天线,由于高度太高,往往不易实现。比较实用的办法是让发射天线垂直方向图的第一个零点指向地面反射点,如附图 2-4 所示。

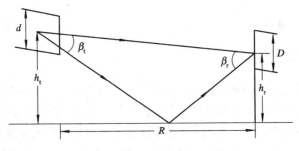

附图 2-4

使收/发天线最大辐射方向对准,设 β_t、β_r 分别为辅助发射天线和待测天线最大辐射方向与地面反射线之间的夹角。通常,$R \gg (h_t + h_r)$,由附图 2-4 的几何关系得出

$$\beta_r \approx \frac{2h_t}{R}, \quad \beta_t \approx \frac{2h_r}{R} \tag{附2-8}$$

为使发射天线垂直面方向图的第一个零辐射方向对准地面反射点,必须使

$$\theta_{0t} \leqslant \beta_t \tag{附2-9}$$

由式(附2-8)和式(附2-9)得

$$h_r \geqslant \frac{\lambda R}{2d} \tag{附2-10}$$

可见,接收天线的架设高度满足式(附2-10),就能保证发射天线零辐射方向对准地面反射点。

三、旋转天线法测方向图

附图 2-5 为待测天线作为发射天线时的测量装置方框图，若将待测天线与辅助天线互换可得待测天线用作接收时的测量装置方框图。附图 2-6 为简易旋转的测试系统，主要包括微波信号源、手动旋转台、发射喇叭、待测喇叭以及检波器及微安表。

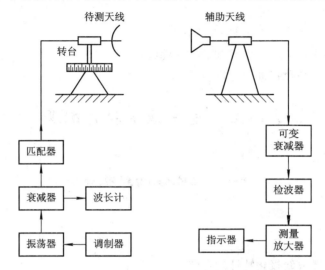

附图 2-5 当待测天线作为发射天线时的测量装置方框图

附图 2-6 方向图实验的仪器布置

实验步骤

（1）仪器布置如附图 2-6 所示，使发射喇叭和接收喇叭口面的宽边与水平面平行，并保证两个喇叭的轴线与工作台面平行。

（2）按照信号源操作规程接通电源。

（3）调节衰减器，使微安表的读数指示合适（如 80 μA）。

（4）转动活动臂，并记录每一个角度微安表的读数 I_H。

（5）发射喇叭和接收喇叭均旋转 90°，使发射喇叭和接收喇叭口面的宽边与水平面垂直。

（6）调节衰减器，使微安表的读数指示合适（如 $80\ \mu A$）。

（7）转动活动臂，并记录每一个角度微安表的读数 I_E。

（8）实验结束，将衰减器调节至衰减最大，关闭电源。

（1）实验目的。

（2）实验原理。

（3）画出归一化的 $I_H \sim \varphi$ 曲线和 $I_E \sim \varphi$ 曲线。

（4）对实验现象和数据进行分析和讨论。

实验三 电磁波的极化测量

（一）电磁波的线极化

实验目的

（1）加深对电磁波线极化特性的理解。

（2）学会电磁波的线极化特性测量。

实验原理

一、极化的概念

平面电磁波是横波，它的电场强度矢量 $\boldsymbol{E}$ 和波的传播方向垂直。如果 $\boldsymbol{E}$ 在垂直于传播方向的平面内随着时间沿着一条固定直线变化，这样的横电磁波叫线极化波。线极化波在光学中也叫线偏振波，初始光强为 I_0 的某一方向的偏振光经传输到达偏振方向与之夹角相差为 φ 的检测器时接受到的光强度 I 与初始光强有 $\cos^2 \varphi$ 的关系，这就是光学中的马吕斯(Malus)定律：

$$I = I_0 \cos^2 \varphi$$

式中，I_0 为初始偏振光的强度；I 为偏振光的强度；φ 是 I 与 I_0 间的夹角。

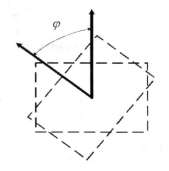

附图 3-1 收发喇叭天线的极化

如附图 3-1 所示，矩形角锥喇叭天线所发射出来的电磁波属于线极化波，极化方向与矩形喇叭宽边垂直，同时矩形角锥喇叭天线也只能接收与其宽边垂直的电磁波。如果两个喇叭之间有一个夹角 φ，则接收喇叭所接收到的电磁波的电场和功率分别为

$$E = E_0 \cos\varphi$$

$$P = P_0 \cos^2 \varphi$$

（附 3-1）

式中，E_0 和 P_0 分别为接收喇叭所接收到的电场和功率。

二、实验系统构成

（1）仪器布置如附图 3-2 所示。

（2）保证两个喇叭的轴线与工作台面平行。

（3）松开平台中心三个十字槽螺钉，取下工作台。

附图 3-2　电磁波极化实验的仪器布置

实验步骤

（1）按照信号源操作规程接通电源。

（2）调节衰减器，使微安表的读数指示合适（如 $80\mu\text{A}$）。

（3）旋转接收喇叭（改变接收喇叭的极化方向），并记录每一个角度的微安表的读数。

（4）实验结束，将衰减器调节至衰减最大，关闭电源。

实验报告

（1）实验目的。

（2）实验原理。

（3）绘出 $I \sim \varphi$ 曲线。

（4）对实验现象和数据进行分析和讨论。

（二）电磁波的圆极化

实验目的

（1）加深对电磁波的圆极化特性的理解。

（2）学会左旋/右旋圆极化电磁波特性的测试。

（3）了解利用介质片及圆波导产生圆极化波的方法。

实验原理

平面电磁波的极化是指电磁波传播时，空间某点电场强度矢量 $\boldsymbol{E}$ 随时间变化的轨迹。

若 E 的末端总在一条直线上周期性变化,称为线极化波;若 E 末端的轨迹是圆(或椭圆),称为圆(或椭圆)极化波。若圆的运动轨迹与波的传播方向符合右手(或左手)螺旋规则时,则称为右旋(或左旋)圆极化波。

一、圆极化喇叭天线的原理

本实验主要使用 DH30002 型电磁波极化天线(如附图 3-3 所示)和 DH926B 型微波分光仪。

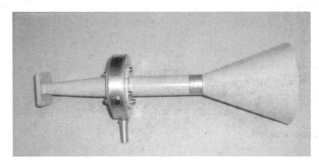

附图 3-3 DH30002 型电磁波极化天线

电磁波极化天线 DH30002 是由方圆波导转换、介质圆波导和圆锥喇叭组成的。介质圆波导可作 $360°$ 旋转,并有刻度指示给出转动的角度,当矩形波导中的 TE_{10} 波经方圆波导转换到圆波导口面时,就过渡为圆波导的 TE_{11} 波,并可在介质圆波导内分成两个分量的波,即电场垂直于介质片平面的波和电场平行于介质面的波。本系统设计为频率在 9370 MHz(即 $\lambda=32$ mm)左右,使两个分量的波相位差 $90°$,适当调整介质圆波导(亦可转动介质片)的角度使两个分量的幅度相等时则可得到圆极化波。

方圆波导变换器(如附图 3-4 所示)将矩形波导中 TE_{10} 波的 E_y 过渡到圆波导的 TE_{11} 波的 E_r 分量,在装有介质片的圆波导段内分成 E_t 和 E_n 两个分量,E_t 和 E_n 的传播速度不同,

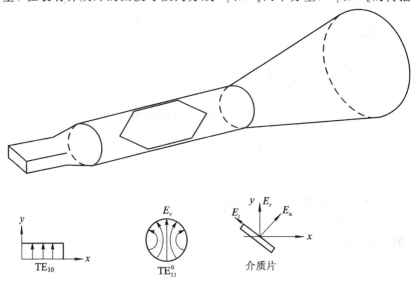

附图 3-4 DH30002 型电磁波圆极化天线的工作原理

即 $V_c = V_n > V_t = V_c / \sqrt{\varepsilon_r}$，当介质片的长度 L 合适时，E_n 的相位超前 E_t 的相位 90°，这就实现了圆极化波相位条件的要求；为使 E_t 和 E_n 的幅度相等，可使介质片的 $\hat{n}$ 方向跟 y 轴之间夹角为 $\alpha = \pm 45^\circ$。若介质片的损耗略去不计，则有 $E_{tm} = E_{nm} = (1/\sqrt{2})E_{rm}$，实现了圆极化波幅度相等条件的要求(实际上有时需稍偏离 45°，以实现幅度相位的要求)。

圆极化波是右旋还是左旋特性的确定：电场旋转方向和波的传播方向符合右手螺旋规则的波，定为右旋圆极化波，反之定为左旋圆极化波。

本组件中介质片长度 L 已定在适合于 $9370\ \text{MHz} \pm 50\ \text{MHz}$ 的带宽范围内工作，其椭圆度 $\geqslant 93^\circ$。

圆极化天线除作为圆极化波工作外，也可作线极化波、椭圆极化波使用。作为线极化工作时，介质片 $\hat{n}$ 与 y 轴相垂直(或平行)。作为椭圆极化波工作时，介质片 $\hat{n}$ 与 y 轴夹角 α 可在 $0 \sim 45^\circ$ 之间。

二、实验系统构成

(1) 将发射端喇叭换成 DH30002 型电磁波极化天线，即如附图 3-3 所示的圆锥喇叭，并使圆锥喇叭连接方式同原矩形发射喇叭连接(圆锥喇叭的方圆波导转换仍连接微波分光仪的衰减器和 DH1121B 型三厘米固态信号源的振荡器)。

(2) DH926B 型微波分光仪的接收喇叭(矩形喇叭)口面应与 DH30002 型电磁波极化天线(圆锥喇叭)口面互相对正，它们各自的轴线应在一条直线上，指示两喇叭位置的指针分别指于工作平台的 90 刻度或 0～180 刻度处。附图 3-5 所示为实验的仪器布置。

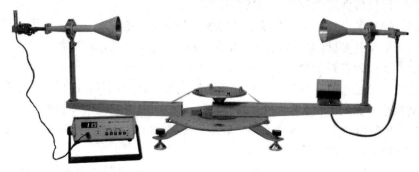

附图 3-5　实验的仪器布置

实验步骤

(1) 按照信号源操作规程接通电源。

(2) 调节信号源的频率到 $9370\ \text{MHz} \pm 50\ \text{MHz}$ 范围(注：一般已调好)。

(3) 旋转发射喇叭的极化方向为 45°，其内部介质片也随之旋转，内部介质片应与矩形波导的宽边成 45°，理论上实现了圆极化波幅度相等条件的要求。

(4) 由于测试条件的限制，当接收喇叭在 $0 \sim 360^\circ$ 旋转时，总会出现检波电流波动；但当 $E_{\min}/E_{\max} \propto \sqrt{I_{\min}/I_{\max}} \geqslant 0.93$ 时，即椭圆度为 0.93 时，可以认为基本实现了圆极化波。

(5) 旋转接收喇叭记下不同角度的检波电流，求出圆极化波的椭圆度。

(6) 实验结束，将衰减器调节至衰减最大，关闭电源。

(1) 实验目的。

(2) 实验原理。

(3) 整理数据，绘出曲线。

(4) 对实验现象和数据进行分析和讨论。

实验四 微波测量仪器及其调整

(1) 熟悉基本微波测量仪器。

(2) 了解各种常用微波器件。

(3) 学会调整微波测量线。

(4) 学会测量微波波导波长和信号源频率。

一、基本微波测量仪器

微波测量技术是通信系统测试的重要分支之一，也是射频工程中必备的测试技术。它主要包括微波信号特性测量和微波网络参数测量。

微波信号特性参量主要包括微波信号的频率与波长、电平与功率、波形与频谱等，微波网络参数包括反射参量(如反射系数、驻波比)和传输参量(如[S]参数)。

测量的方法分为点频测量、扫频测量和时域测量三大类。

所谓点频测量是指信号源只能工作在单一频点逐一进行测量；扫频测量是在较宽的频带内测得被测量的频响特性，如加上自动网络分析仪，则可实现微波参数的自动测量与分析；时域测量是利用超高速脉冲发生器、采样示波器、时域自动网络分析仪等在时域进行测量，从而得到瞬态电磁特性。

附图 4-1 是典型的微波测量线。它由微波信号源、隔离器或衰减器、定向耦合器、波长/频率计、测量线、终端负载、选频放大器及小功率计等组成。

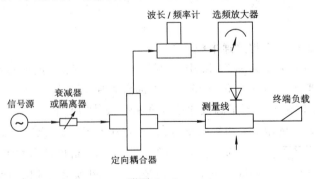

附图 4-1

二、常用微波器件简介

微波器件的种类很多，下面主要介绍实验室里常见的几种器件：

① 检波器   ② E-T接头   ③ H-T接头

④ 双T接头   ⑤ 波导弯曲   ⑥ 波导开关

⑦ 可变短路器   ⑧ 匹配负载   ⑨ 吸收式衰减器

⑩ 定向耦合器   ⑪ 隔离器

三、微波测量线的调整

1. 微波测量系统组成

微波测量系统的组成见附图 4-1。

2. 测量线的调整

① 将信号源设置在内调制状态，选择工作频率在 10 GHz，将衰减器调整到合适的位置。

② 开槽测量线是指在波导宽边中央开一条狭窄的槽缝，在其中放一个可以沿槽移动的探针与波导中的电场耦合，并经检波二极管输出低频 1 kHz 信号送入选频放大器输出指示。为了保证输出有两处可以调整：探针深度调整和耦合输出匹配调整，探针深度既不能太深，影响波导内场分布，也不能太浅，否则耦合输出太弱。

③ 反复调整输出衰减器、探针位置、探针耦合匹配、选频放大器灵敏度，使测量线工作在最佳状态。

四、用测量线测波导波长和信号源频率

测量线的基本测量原理是基于无耗均匀传输线理论。当负载与测量线匹配时，测量线内是行波，此时能量被负载完全吸收；当负载为短路或开路时，传输线上为纯驻波，能量全部反射。因此，通过测量线上驻波比，然后换算出反射系数模值，再利用驻波最小点位置 l_{min1} 便得到微波信号特性和网络特性等。

1. 波导波长的测量

按附图 4-1 所示连接微波测量线系统，将系统调整到最佳工作状态，终端接上短路片，从负载端开始，旋转测量线上的探针位置，使选频放大器指示最小，此时即为测量线等效短路面，记录此时的探针位置，记作 z_{min0}；继续旋转探针位置，可得到一组指示最小点位置 z_1、z_2、z_3、z_4。根据相邻波节点的距离是波导波长的 1/2，故可由下式计算出波导波长：

$$\lambda_{\text{g}} = \frac{1}{2}\left[\frac{z_4 - z_{\text{min0}}}{4} + \frac{z_3 - z_{\text{min0}}}{3} + \frac{z_2 - z_{\text{min0}}}{2} + z_1 - z_{\text{min0}}\right] \qquad (\text{附} 4-1)$$

由教材中习题 2.5 可知，工作波长与波导波长有如下关系：

$$\lambda = \frac{\lambda_{\text{g}}\lambda_{\text{c}}}{\sqrt{\lambda_{\text{g}}^2 + \lambda_{\text{c}}^2}} \qquad (\text{附} 4-2)$$

式中，λ_{c} 为截止波长。一般波导工作在主模状态，其截止波长为 $\lambda_{\text{c}} = 2a$。本实验中波导型号为 BJ-100，故宽边长度为 $a = 22.86$ mm，代入上式算得工作波长，于是信号源工作频率由下式求得

$$f = \frac{3 \times 10^8}{\lambda} \qquad\qquad \text{(附 4 - 3)}$$

2. 用吸收式频率计测量信号源工作频率

通过定向耦合器将一部分微波能量分配至频率测量支路，吸收式频率计连在定向耦合器和检波器之间。当吸收式频率计失谐时，微波能量几乎全部通过频率计，因此调整检波器使选频放大器输出最大，慢慢调节吸收式频率计，当调至频率计谐振状态时，一部分微波能量被频率计吸收，此时选频放大器输出最小，读得吸收式频率计上指示的频率即为信源工作频率。这就是用吸收式频率计测量信号源工作频率的原理。

将测量结果与用波导波长换算的结果进行比较。

数据记录

$z_{min0} =$

参数 测量次数	z_1	z_2	z_3	z_4
1				
2				
3				

	f_1	f_2	f_3
测量频率／GHz			

实验报告要求

（1）实验目的。

（2）实验原理。

（3）实验数据及处理：计算出波导波长及工作频率，并与吸收式频率计的测量值进行比较，说明误差可能的原因。

思考：测量线为什么在波导中心线开缝？

（4）实验体会和建议。

实验五　微波驻波、阻抗特性及功率的测量

实验目的

（1）学会测量驻波比。

（2）学会测量复反射系数。

（3）学会测量输入阻抗。

（4）学会测量功率。

在任何的微波传输系统中，为了保证传输效率，减小传输损耗和避免大功率击穿，必须实现阻抗的匹配。描述系统匹配程度的参数有电压驻波比和复反射系数，另外，等效输入阻抗也是很重要的参数。

一、驻波比等的测量

由教材第 1 章微波传输线理论知，传输线上的驻波比与波节点、波腹点电压的关系为

$$\rho = \frac{|U|_{\max}}{|U|_{\min}} \tag{附 5 - 1}$$

而终端复反射系数的模值 $|\Gamma_1|$ 与驻波比有如下关系：

$$|\Gamma_1| = \frac{\rho - 1}{\rho + 1} \tag{附 5 - 2}$$

而终端反射系数的相位 ϕ_1 与节点位置 $z_{\min n}$ 有以下关系：

$$z_{\min n} = \frac{\lambda_g}{4\pi} \phi_1 + (2n+1)\frac{\lambda_g}{4} \tag{附 5 - 3}$$

根据波导主模特性阻抗 $Z_{TE_{10}}$ 及测得的驻波比 ρ 和第一波节点位置 $z_{\min 1}$ 可得终端负载阻抗为（教材习题 1.3）：

$$Z_1 = Z_{TE_{10}} \frac{1 - j\rho \ \text{tg}\beta z_{\min 1}}{\rho - j \ \text{tg}\beta z_{\min 1}} \tag{附 5 - 4}$$

其中，$Z_{TE_{10}} = \dfrac{120\pi}{\sqrt{1-(\lambda/2a)^2}}$；$\beta = \dfrac{2\pi}{\lambda_g}$。

根据以上公式就可利用测量线测得驻波比、复反射系数，进而算出输入阻抗和负载阻抗。

二、晶体校准曲线

在测量线中，晶体检波电流与高频电压之间关系是非线性的，因此，要准确测出驻波（行波）系数就必须知道晶体的检波特性曲线。

晶体二极管的电流 I 与检波电压 U 的一般关系为

$$I = CU^n \tag{附 5 - 5}$$

式中，C 为常数，n 为检波律，U 为检波电压。

检波电压 U 与探针的耦合电场成正比。晶体管的检波律 n 随检波电压 U 改变。在弱信号工作（检波电流不大于 $10\ \mu A$）情况下，近似为平方律检波，即 $n=2$；在大信号范围，n 近似等于 1，即直线律。

测量晶体校准曲线最简便的方法是将测量线输出端短路，此时测量线上载纯驻波，其相对电压按正弦规律分布，即

$$\frac{U}{U_{\max}} = \sin\left(\frac{2\pi d}{\lambda_g}\right) \tag{附 5 - 6}$$

式中，d 为离波节点的距离，U_{max} 为波腹点电压，λ_g 为传输线上波长。因此，传输线上晶体电流的表达式为

$$I = C\left[\sin\left(\frac{2\pi d}{\lambda_g}\right)\right]^n \qquad (\text{附} 5-7)$$

根据式(附 5 - 7)就可以用实验的方法得到附图 5 - 1 所示的晶体校准曲线。

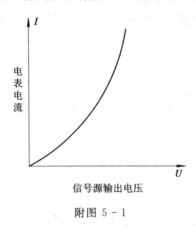

附图 5 - 1

实验步骤

1. 等效参考面的选取与波导波长的测量

（1）将测量线调至最佳工作状态。

（2）终端接短路片，从负载端开始，旋转测量线上的探针位置，使选频放大器指示最小，此时即为测量线等效短路面，记录此时的探针位置，记作 z_{min0}。

（3）按实验一的办法测出波导波长 λ_g。

2. 晶体校准曲线

（1）终端接短路片，在波节点和波腹点之间（见附图 5 - 2）等间距取 10 点，从波节点开始将探针逐次移动到 $d_1, d_2, \cdots, d_{10}$，并记录电表的相应读数 $I_1, I_2, \cdots, I_{10}$，列入表中。

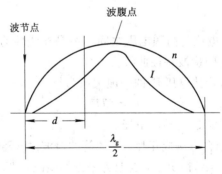

附图 5 - 2

（2）以 U 为横轴，I 为纵轴，将其对应数据画在坐标纸上，并连成平滑曲线。此曲线即为晶体校准曲线。

$U=\sin(2\pi d/\lambda_g)$	0	0.17	0.34	0.50	0.64	0.77	0.87	0.94	0.98	1.0
I										

3. 驻波比的测量

终端接上待测负载，探针从 z_{min0} 开始向信号源方向旋转，依次得到指示最大值和最小值三次，记录相应的读数，查晶体曲线得相应的 U_{min} 和 U_{max}。

4. 反射系数的测量

终端接上待测负载，探针从 z_{min0} 开始向信号源方向旋转，记录波节点的位置 z_{minn}。

5. 功率的测量

在终端处接上微波小功率探头，调整衰减器，观察微波功率计的指示并作相应记录。

实验数据

$z_{min0}=$　　　　　　$z_{min1}=$　　　　　　$z_{min2}=$

参数 测量次数	I_{min}	查晶体曲线得 U_{min}	I_{max}	查晶体曲线得 U_{max}
1				
2				
3				

参数 测量次数	z_{min1}	z_{min2}	z_{min3}	z_{min4}
1				
2				

衰减器位置								
功率计读数								

实验报告要求

（1）实验目的。

（2）实验原理。

（3）实验数据及处理：根据测得的实验数据算出波导波长、驻波比、复反射系数及终端阻抗。画出衰减器指示与功率指示的关系曲线。

思考：实验步骤1对后续测量有何意义？

（4）实验体会和建议。

实验六　微波网络参数测量

（1）理解用可变短路器实现开路。

（2）学会利用三点法测量网络的[S]参数。

[S]参数是微波网络中重要的物理量，其中[S]参数的三点测量法是基本测量方法，其测试原理如下：

对于互易双口网络，$S_{12}=S_{21}$，故只要测量求得 S_{11}、S_{22} 及 S_{12} 三个量就可以了。被测网络连接如附图6-1所示，设终端接负载阻抗 Z_1，此时终端反射系数为 Γ_1，则有 $a_2=\Gamma_1 b_2$，代入[S]参数定义式得

$$\left.\begin{aligned} b_1 &= S_{11}a_1 + S_{12}\Gamma_1 b_2 \\ b_2 &= S_{12}a_1 + S_{22}\Gamma_1 b_2 \end{aligned}\right\} \qquad \text{（附6-1）}$$

于是输入端（参考面 T_1）处的反射系数为

$$\Gamma_{\text{in}} = \frac{b_1}{a_1} = S_{11} + \frac{S_{12}^2 \Gamma_1}{1 - S_{22}\Gamma_1} \qquad \text{（附6-2）}$$

令终端短路、开路和接匹配负载时，测得的输入端反射系数分别为 Γ_s、Γ_0 和 Γ_m，代入式（附6-1）并解出：

$$\left.\begin{aligned} S_{11} &= \Gamma_m \\ S_{12}^2 &= \frac{2(\Gamma_m - \Gamma_s)(\Gamma_0 - \Gamma_m)}{\Gamma_0 - \Gamma_s} \\ S_{22} &= \frac{\Gamma_0 - 2\Gamma_m + \Gamma_s}{\Gamma_0 - \Gamma_s} \end{aligned}\right\} \qquad \text{（附6-3）}$$

由此可得[S]参数，这就是三点测量法原理。

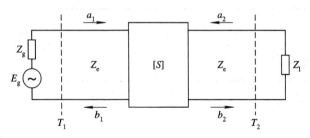

附图6-1

在实际测量中，由于波导开口并不是真正的开路，故一般用精密可移短路器实现终端等效开路，如附图6-2所示。

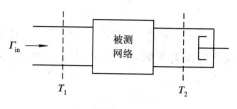

附图 6 - 2

（1）将匹配负载接在测量线终端，并将测量线调整到最佳工作状态。

（2）将短路片接在测量线终端，从测量线终端向信源方向旋转探针位置，使选频放大器指示为零，此时的位置即为等效短路面，记作 z_{min0}。

（3）接上可变短路器，在探针位置 z_{min0} 处调节可变短路器，使选频放大器指示为零，记下可变短路器的位置 l_1。

（4）继续调节可变短路器，使选频放大器指示再变为零，再记下可变短路器的位置 l_2。

（5）接上待测网络，终端再接上匹配负载，按照实验五的方法测得此时的反射系数 Γ_m。

（6）终端换上可变短路器，并将其调到位置 l_1，测得此时的反射系数 Γ_s。

（7）将可变短路器调到等效开路位置 $l_0 = (l_1 + l_2)/2$，测得此时的反射系数 Γ_0，再根据（附 6 - 3）式计算得到 $[S]$ 参数。

要求反复三次测量，并处理数据。

$z_{min0} =$ $l_1 =$ $l_2 =$

测量次数 \ 参数		I_{min}	查晶体曲线得 U_{min}	I_{max}	查晶体曲线得 U_{max}	z_{min1}
匹配	1					
	2					
短路	1					
	2					
开路	1					
	2					

（1）实验目的。

（2）实验原理。

（3）实验数据及处理：分析可变短路器实现开路的原理，计算出匹配、开路及短路三种负载条件下的等效短路面处的反射系数，计算待测网络的[S]参数。

思考：实验步骤(1)的作用是什么？

（4）实验体会和建议。

实验七[①]　微波定向传输与功率分配的设计与实现

（1）熟悉定向耦合器、功率分配器、衰减器的工作原理。

（2）设计并实现微波功率的定向传输及功率分配。

（3）学会用频谱分析仪测量定向耦合器、功率分配器、衰减器的参数。

定向耦合器由于本身具有插损小、频带宽、能承受较大的输入功率、可根据需要扩展量程、使用方便灵活、成本低等优点，因此广泛应用于射频和微波传输系统中，更是近代扫频反射计的核心部件。

定向耦合器是一种有方向性的无源射频和微波功率分配器件，其构成通常有波导、同轴线、带状线及微带等几种类型。定向耦合器包含主线和副线两部分，在主线中传输的射频和微波功率经过小孔或间隙等耦合方法，将一部分功率耦合到副线中去。在副线中，由于波的干涉和叠加，使功率仅沿一个方向（称为正方向）传输，而在另一方向（称反方向）几乎没有功率传输。理想的定向耦合器一般为无耗互易四端口网络，如附图 7-1 所示。主线①、②和副线③、④通过耦合机构彼此耦合。

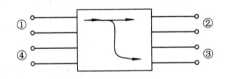

附图 7-1

定向耦合器的特性参数主要是耦合度、隔离度、方向性、输入驻波比和带宽范围。

在微波系统中，有时需要将传输功率分几路传送到不同的负载中去，或将几路功率合成为一路功率，以获得更大的功率。此时需要应用三端口功率分配/合成元件。对这种元件的基本要求是损耗小、驻波比小、频带宽。在工程中大量使用的是微带形式的功率分配器，参见教材中 5.2 节，附图 7-2 是环形两路等分微带威尔金森功率分配器。

---

① 本实验为设计性实验。

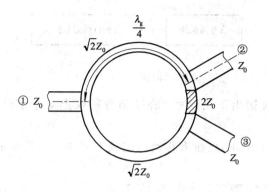

附图 7 - 2

当信号从端口①输入时，端口②和端口③等功率输出，如果有必要，功率可按一定比例分配（如教材中式（5 - 2 - 27）所描述），并保持电压同相。若端口②和端口③有反射，则反射功率通过分支叉口和电阻 $2Z_0$ 两路到达另一支路，其两路信号电压等幅反相而抵消，从而保证两输出端口有良好的隔离。

功率分配器的技术指标主要有：频率范围、承受功率、插入损耗、分配比、隔离度和输入端口驻波比。

在射频和微波系统中，通常需要控制功率电平，改变功率的动态范围，衰减器有时作为一个去耦元件减小后级对前级的影响。从射频和微波网络的观点看，衰减器是一个有耗的二端口元件，因此构成它的基本材料是电阻材料。由通常的电阻形成的电阻衰减器是集总参数衰减器，通过一定的工艺把电阻材料放置到不同波形的射频/微波电路结构中就形成了相应频率的衰减器。随着现代电子技术的发展，在许多场合要用到快速调整衰减器，如 PIN 管或 FET 单片集成衰减器。

衰减器的性能指标主要包括工作频带、衰减量、功率容量、驻波比等。

附图 7 - 3 中输入功率为 P_1，输出功率为 P_2，衰减器的衰减量为 A，若功率的单位为 dBm，则两端之间功率的关系为

$$P_2 = P_1 - A$$

附图 7 - 3

实验步骤

1. 熟悉 AT5011 频谱仪

（1）打开 AT5011 频谱分析仪，熟悉各个按钮的操作和用途。

（2）把 AT5011 设置为最大衰减量（40 dB 全部按下）和最宽扫频范围。

（3）按照附图 7 - 4 所示的方式连接实验模块。

附图 7 - 4

（4）使信号源模块输出正弦信号，在频谱分析仪上测量信号频率和可能的各谐波分量。

（5）通过旋转（MARKER）旋钮来移动标记频率对准示波管显示的信号谱线，读出频率示数。

（6）逐步弹起衰减器，观察示波管显示的变化。

（7）改变扫频宽度按键和视频滤波器按键，观察显示的变化。

（8）改变信号源模块波形，重复上述步骤。

2. 熟悉实验仪器设备

（1）熟悉定向耦合器、功率分配器、衰减器的性能参数及工作原理。

（2）熟悉信号源模块。

3. 设计并实现微波功率的定向传输及功率分配

用所给仪器设备构成一功率定向传输和 3 dB 功率分配网络，并测量其输入驻波比和插入损耗。

实验报告要求

（1）实验目的。

（2）设计实验原理框图。

（3）实验数据及处理。

（4）实验体会和建议。

实验八　天线输入阻抗的测量

实验目的

（1）理解传输线上驻波比、反射系数和输入阻抗及负载阻抗的关系。

（2）学会测量天线的输入阻抗。

实验原理

测量线是测量阻抗和驻波比的一种很精密的通用基本设备。利用它可以测量传输线的电场分布、线上的波长和驻波系数。根据这些参数就能确定待测天线的输入阻抗。

由传输线理论，端接天线负载时传输线上任一点 z 处的阻抗可由下式计算：

$$Z_{in}(z) = Z_0 \frac{Z_A \cos\beta z + jZ_0 \sin\beta z}{Z_0 \cos\beta z + jZ_A \sin\beta z} \qquad （附 8 - 1）$$

式中，Z_A 为天线输入阻抗；Z_0 为传输线的特性阻抗；$\beta = 2\pi/\lambda_g$，λ_g 为传输线上波长。

当位于第一波节点 $z = z_{min1}$ 时，$Z_{in}(z_{min1}) = Z_0 K = Z_0/\rho$（其中，$K$ 为行波系数）。因此，天线的输入阻抗为

$$Z_A = Z_0 \frac{K - j\frac{1}{2}(1 - K^2)\sin(2\beta z_{min1})}{K^2 \sin^2(\beta z_{min1}) + \cos^2(\beta z_{min1})} \qquad (\text{附} 8-2)$$

由此可见，只要测得了第一波节点的位置 z_{min1}、线上波长 λ_g 和行波系数 K，就能由式（附 8-2）算出天线的输入阻抗。

一、z_{min1} 的确定

因测量线与天线之间有一段馈线，测量线的标尺的起点又是任意的，所以很难测出第一个波节点到负载输入端的距离。当馈线衰减与场型畸变不大时，可根据馈线上沿线阻抗 $\lambda/2$ 的重复性来确定 z_{min1}。先将天线输入端短路，在测量线上任找一个波节点作为参考点（如附图 8-1 所示的 a 点），这个参考点相当于天线的输入端。现把天线接入，并测量驻波系数及与参考点相邻的电压波节点的位置，如附图 8-1 所示的 b 点或 c 点，则 $z_{min1} = b - a$。

工程中通常都是通过查圆图求出待测阻抗，所以也可以取 $z'_{min1} = c - a$。若取 z_{min1}，则转圆图的方向应向负载转；若取 z'_{min1}，则应向电源方向转。旋转的方向取决于电压波节点到参考点的方向。

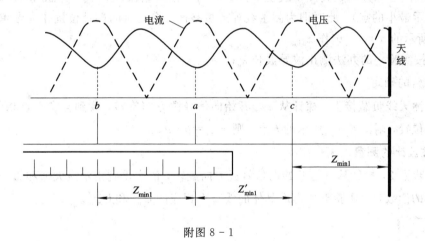

附图 8-1

二、小行波系数的测量

当行波系数小于 0.1 时，检波电流最大值与最小值相差约 100 倍，因此很难测准，此时，可应用局部测量的方法来确定。

根据波节点附近的曲线变化规律，可以导出附图 8-2 中各量与行波系数的关系：

$$K = \frac{\sin\left(\frac{\pi W}{\lambda_g}\right)}{\sqrt{\left(\frac{U_i}{U_{min}}\right)^2 - \cos^2\left(\frac{\pi W}{\lambda_g}\right)}} \qquad (\text{附} 8-3)$$

式中，U_i 的值根据方便可任意选择。

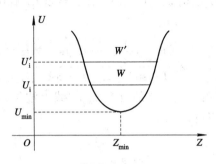

附图 8 - 2

为了提高测量精度，应适当多取几个 U_i 及相应的 W 值，然后将计算的 K 值取其平均。

实验步骤

1. 波导波长的测量

（1）将测量线调至最佳工作状态。

（2）因测量线与天线之间有一段馈线，将馈线与天线连接的一端即天线的输入端短路，从负载向电源方向旋转测量线上的探针位置，在测量线上任找一个波节点（即使选频放大器指示最小的点），此时即为测量线等效短路面，将此时的探针位置作为参考点（如附图 8 - 1 所示的 a 点），记作 z_{min0}。

（3）按实验一的办法测出波导波长 λ_g。

2. z_{min1} 的确定

将待测天线负载接上，探针从 z_{min0} 开始向信号源方向旋转，找到与参考点相邻的电压波节点的位置，附图 8 - 1 所示的 b 点，则 $z_{min1} = b - a$。

3. 驻波比的测量

接续步骤 2，探针从 z_{min0} 开始向信号源方向旋转，依次得到指示最大值和最小值三次，记录相应的读数，由实验五所得的晶体曲线查得相应的 U_{min} 和 U_{max}。

实验数据

1. 驻波比或行波系数的测量

参数\\测量次数	I_{min}	查晶体曲线得 U_{min}	I_{max}	查晶体曲线得 U_{max}
1				
2				
3				

2. 第一个波节点的测量

测量次数 ＼ 参数	$z_{\text{min}1}$
1	
2	
3	

实验报告要求

（1）实验目的。

（2）实验原理。

（3）实验数据及处理：根据测得的实验数据算出波导波长、驻波比和行波系数及天线的输入阻抗。

思考：应用圆图是否可以求出天线的输入阻抗？

（4）实验体会和建议。